JN224262

Microsoft 365 で仕事効率超アップ

Copilot & アプリ 連携・活用術

阿部 香織 著
(edit KaO)

Copilotで大きく変わった Microsoft 365 に対応

日経BP

はじめに

　Microsoft（マイクロソフト）が提供しているクラウドサービス「Microsoft 365」は、Excel や PowerPoint といった Office アプリを使うためだけのサービスだと思っていませんか。

　Microsoft 365 には、Office アプリのほかに、Teams や SharePoint、Loop といったコミュニケーションや共同作業を円滑にするためのアプリや機能が多数用意されています。

　ただアプリや機能が豊富にあるため、どんな機能が用意されているのか、それぞれをどのように使ったらよいのか、よく分からないという人もいるでしょう。

　本書では、Microsoft 365 のアプリや機能の中から便利で仕事に役立つものを厳選して、具体的な操作方法を多くの画面を使って分かりやすく紹介しています。

　1章では、2023 年 11 月にリリースされたばかりの生成 AI サービス「Copilot for Microsoft 365」を利用する方法を紹介しています。生成 AI を活用して、仕事の大幅な効率アップを目指します。

　2章、3章では Microsoft 365 を使いこなすために必要な検索機能や、メールのやり取りとスケジュール管理に欠かせない Outlook の使い方を紹介しています。

　4章、5章、7章、8章では、コミュニケーションツールの Teams を取り上げました。Teams は Web 会議やチャットだけでなく、別のアプリと組み合わせて、複数のユーザーで情報を共有したり共同作業を行ったりするときに重宝します。

　6章では、ファイルの管理や共有に便利な OneDrive と SharePoint を取り上げています。具体的な操作方法のほかに、それぞれの特性を理解してどんなときにどちらを使ったらよいかといった一歩進んだ使い方も紹介します。

Microsoft 365 を利用できる環境にある人は、本書を手に取って紹介されているアプリやサービスを試してみましょう。きっとこれまでやってきた作業が楽になるはずです。

本書を通して、Microsoft 365 を利用する皆さまの少しでもお役に立てれば幸いです。

最後に、本書の発行に際し、多大なご尽力をいただいた編集部の齊藤様をはじめ、携わっていただいた皆様に、心から深く感謝いたします。

2024 年 8 月

阿部 香織

CONTENTS

本書を利用いただくにあたって

本書では、Microsoft 365 Business Standardのプランで利用できる機能やサービスを紹介しています。一部の生成AI機能については、Copilot for Microsoft 365のライセンスが必要です。

すべての内容について、2024年以降に主にEdgeを使って動作を確認しています。ただ、Microsoft 365は頻繁に仕様が変更されるため、OSやOffice、アプリ、Edgeのバージョンによって、紹介したアプリや機能が使えなくなっていたり、画面が異なっていたりする場合があります。

本書は、日経クロステックの連載「Microsoft 365徹底活用術」の中から仕事に役立つ記事を厳選して、書籍化するために最新情報を取り入れて再編集したものです。

Copilotの出力には、誤った情報が含まれる場合があります。出力結果を利用されるときは、必ず事前に内容を確認してください。

第1章

Officeアプリで Copilotを利用する

1-1　Microsoftが提供する生成AI「Copilot」は4種類、Officeアプリから使ってみよう

　Copilot for Microsoft 365 は、米 Microsoft（マイクロソフト）が提供する法人向けの生成 AI（人工知能）サービスだ。有料で提供され、利用開始すると Word や Excel、PowerPoint などの Office アプリから使えるようになる。今回は、マイクロソフトが提供する Copilot の種類や利用方法を中心に紹介する。

EdgeとOSのCopilotは無料、Microsoft 365用のCopilotは有料

　マイクロソフトが提供する Copilot には、複数の種類がある。執筆時点では、Web ブラウザーで使える「Microsoft Copilot」、OS の 1 機能として提供される「Microsoft Copilot in Windows」、個人向けで有料の「Microsoft Copilot Pro」、法人向けで有料の「Copilot for Microsoft 365」の 4 つが提供されている。

　　Microsoft Copilot（無料）
　　Microsoft Copilot in Windows（無料）
　　Microsoft Copilot Pro（個人向け、有料）
　　Copilot for Microsoft 365（法人向け、有料）

　無料の Microsoft Copilot は、Edge のサイドバーや検索サービス Bing にある Copilot アイコンをクリックすると利用できる。職場のアカウントでサインした状態の Edge で開くと、入力したデータが外部に漏洩しない「商用データ保護」が適用される。

　Copilot in Windows は、タスクバーにある「Copilot」ボタンから利用できる。

無料で利用できるMicrosoft Copilot。Bing.comからアクセスして開いたところ。Microsoftアカウントでサインインしていなくても利用できる。サインインするとチャット履歴を残せる

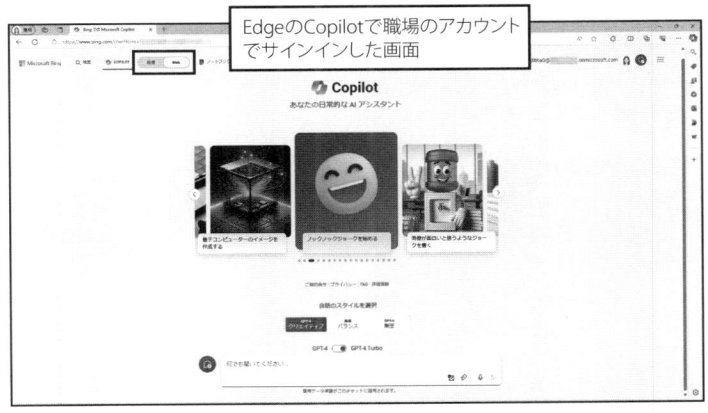

職場のアカウントでサインインすれば、商用データを保護された状態で利用できる。左上に「職場」と「Web」のタブが表示され、「職場」は仕事用のデータから、「Web」はインターネット上の情報から回答が生成される

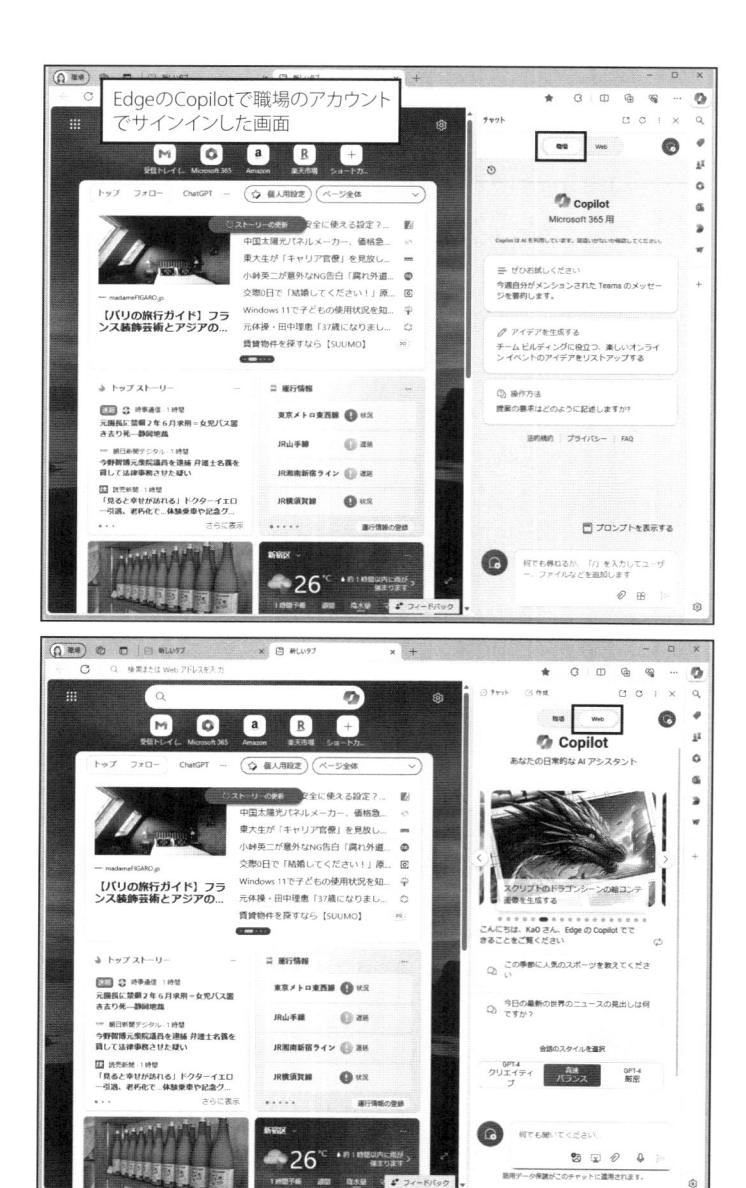

Edge のサイドバーから開いた Copilot。こちらも職場のアカウントでサインインしている場合は、上部のタブで「職場」と「Web」を切り替えられる

Windows 11に付属しているCopilot。職場のアカウントでサインインしていると「職場」と「Web」の
タブが表示される

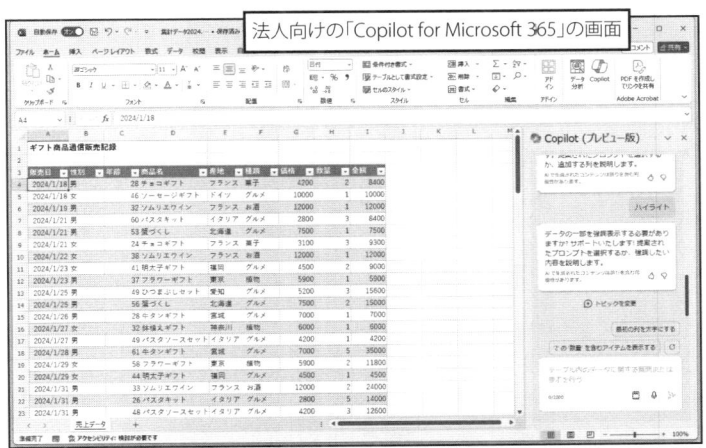

法人向けの有料版「Copilot for Microsoft 365」の画面。「Copilot」作業ウィンドウに回答が表示さ
れる

Copilot for Microsoft 365のプランと価格

　無料の Microsoft Copilot と有料版の Copilot の違いを表にまとめた。有料版はサブスクリプションプランで契約する必要がある。月額料金は執筆時点。

	Microsoft Copilot	Microsoft Copilot Pro	Copilot for Microsoft 365
対象	全員	個人向け	法人向け
月額利用料	無料	3200円 (税込み、1ユーザー)	年払い5万3964円 (税別、1ユーザー) ※月当たり4497円 (税別)
無料試用版	―	1カ月間無料試用版あり	無料試用版なし
利用条件	なし	Microsoft 365 Personal Microsoft 365 Family のプランの契約が必要	Microsoft 365のビジネス版プランの契約が必要※
Microsoft 365アプリ	なし	Word、Excel、PowerPoint、Outlook、OneNote	Word、Excel、PowerPoint、OneNote、Outlook、Teamsなど

※法人はMicrosoft 365 E3、E5、F1、F3、またはOffice 365 E1、E3、E5、F3、Microsoft 365 Business Basic、Business Standard、Business Premiumなど。教育機関はMicrosoft 365 A1、A3、A5、またはOffice 365 A1、A3、A5 など

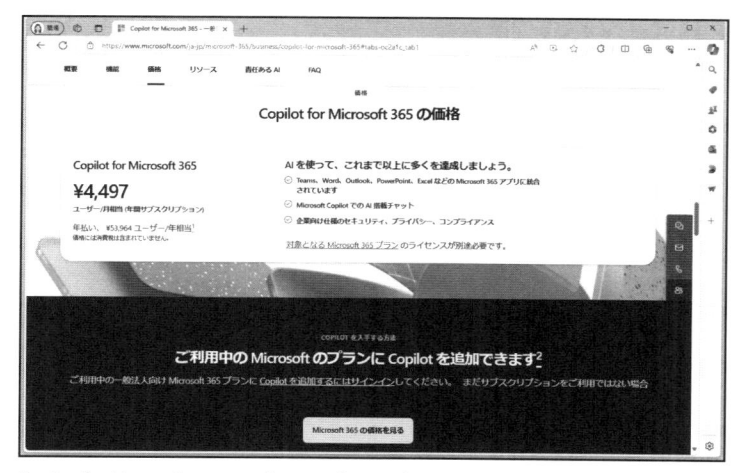

Copilot for Microsoft 365のWeb画面。必要なプランに加入していれば、サインインした後、画面の指示に従って、Copilotを追加できる

Copilotで最適な回答を生成する

どのバージョンの Copilot でも、最適な回答や結果を生成させるには、いかに的確なプロンプト（指示文章）を入力できるかがポイントになる。Microsoft の Web サイトでは、プロンプトに関しての動画や情報が掲載されているので参考にしよう。

効果的なプロンプトを作成するコツは次の3つの要素を含めることとしている。

・目的を説明する
・場面と役割を設定する
・回答の表現や出力方法を伝える

なお、プロンプトの試用が可能な具体例が「Copilot Lab（コパイロットラボ）」で公開されているので、こちらも参考にしよう。

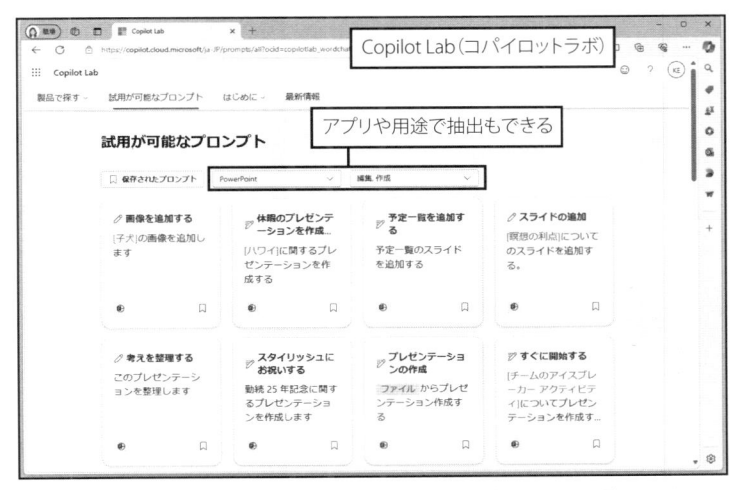

「試用が可能なプロンプト」を「Copilot Lab（コパイロットラボ）」でWeb公開している

Officeアプリで**Copilot**を利用する

　Copilot for Microsoft 365 が利用できるようになると、Office アプリの「ホーム」タブで「Copilot」ボタンが追加され、アプリによってそれぞれの場面で Copilot を利用できるようになる。

　なお、Copilot を追加後、アプリを起動しても、「Copilot」ボタンが表示されない場合は、「ファイル」タブの「アカウント」の「製品情報」で「ライセンスの更新」をクリックして、アプリを再起動してみよう。

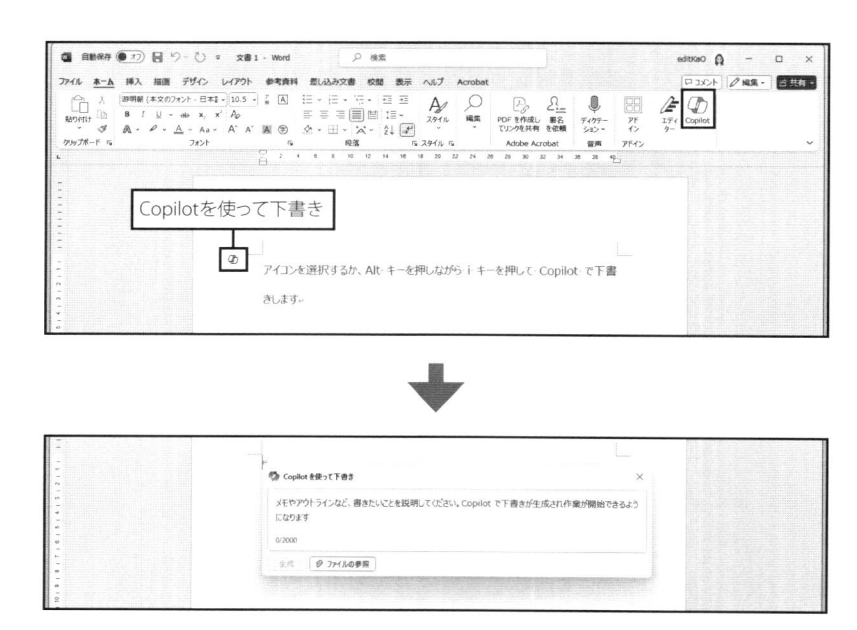

Officeアプリ用のCopilot。画面はWordのデスクトップアプリ。左側に表示されている「Copilotを使って下書き」アイコンをクリックすると、下書きを作成するためのウィンドウが表示される

1-2　Copilotに提案されたプロンプトや「Copilot Lab」を使ってみよう

　Copilot for Microsoft 365 を追加すると、Office アプリから生成 AI 機能の「Copilot」を直接利用できるようになる。Copilot は、プロンプト（指示文章）の内容を提案してくれる。今回は、PowerPoint でプロンプトの提案を使ってみよう。

「Copilot」作業ウィンドウの提案からプロンプトを入力する

　PowerPoint で Copilot を利用すると、プレゼンテーションの要約や下書きを作ったり、ファイルからプレゼンテーションを作成したりできる。プロンプトを使いこなせば、時間がかかるプレゼンテーション作成を効率よく作業でき、時短につなげられるはずだ。

　PowerPoint で Copilot を利用するには、「ホーム」タブの「Copilot」ボタンをクリックし、表示された「Copilot」作業ウィンドウで操作する。

　「Copilot」作業ウィンドウの上部には、Copilot の利用に関する説明や

「ホーム」タブの「Copilot」ボタンをクリックすると、画面の右側に「Copilot」作業ウィンドウが表示される。画面はPowerPointのデスクトップアプリ

「Copilot」作業ウィンドウの上部に説明が表示される。今回は「このプレゼンテーションを要約する」をクリックする。下のボックスにそのテキストが追加されるので「送信」をクリックする

「Copilot」作業ウィンドウに、このプレゼンテーションの要約がAIによって生成されて表示される

　プロンプトの提案が表示される。最初はこの提案を利用して動作を確認してみよう。もちろん、直接プロンプトを入力することもできる。
　処理が終わると、「Copilot」作業ウィンドウに回答が表示される。なお、AIで生成された内容は間違えていることもある。生成結果はそのまま使用せず、必ず確認しよう。
　要約した内容が表示され、その後ろに「1」や「2」などの数字が表示

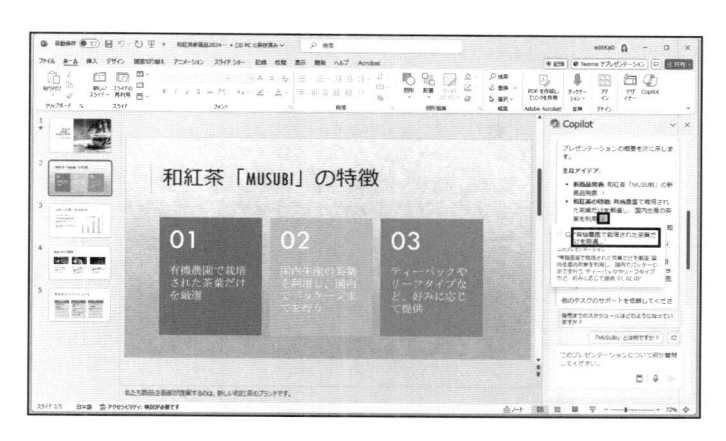

要約の段落末尾に表示されている「1」や「2」などの数字をクリックすると、その元となったスライドやテキストが表示される。このタイトル部分をクリックしても当該のスライドに移動できる

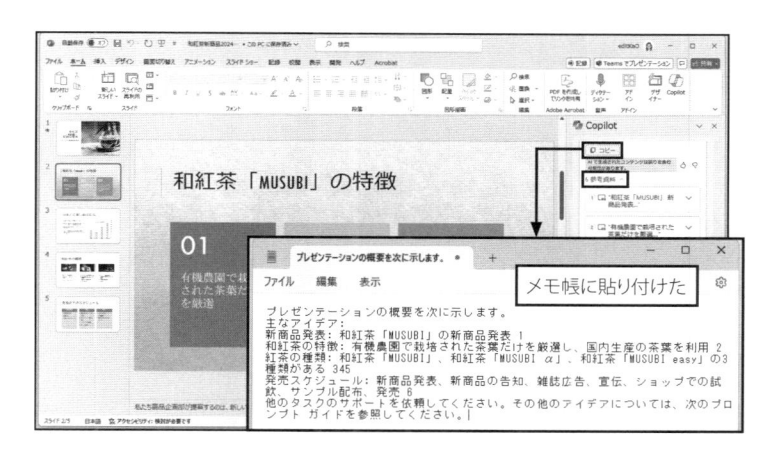

最後の「参考資料」をクリックすると、数字の元になったスライドの内容の一覧が表示される。また、この要約した内容のテキストをコピーしたい場合は、「コピー」をクリックする。テキストがクリップボードにコピーされるので、メモ帳などのアプリに貼り付ければよい

される。これは要約の根拠になったスライドやテキストを示している。

　最後に表示された「参考資料」は「1」や「2」などの資料をまとめたものだ。また、生成された内容を他のアプリでも利用したい場合は、クリップボードにコピーすれば、他のアプリに貼り付けて利用できる。

スライドにイメージ画像を追加する

　今度は、「プロンプトの表示」で提案されたプロンプトを使って、スライドに画像を追加する。「プロンプトの表示」をクリックすると、項目ごとにまとめられた一覧が表示される。この項目の「>」をクリックすれば、プロンプトが表示される。今回は「編集する」から「次のイメージを追加する」をクリックして、具体的な画像のイメージを入力して「送信」しよう。

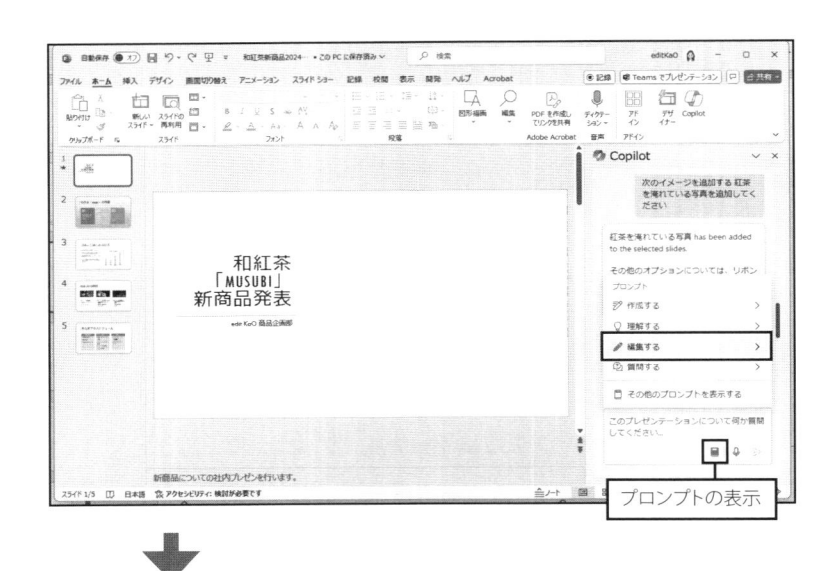

プロンプトの表示

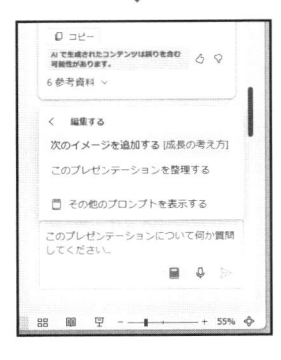
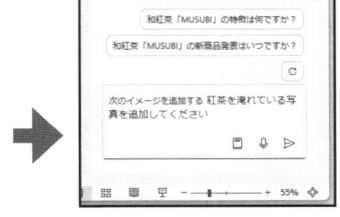

「プロンプトの表示」をクリックし、表示されたプロンプトの項目から、今回は「編集する」をクリック。一覧から「次のイメージを追加する」をクリックする。「次のイメージを追加する」の後に、具体的な画像のイメージを追加して、「送信」をクリックする

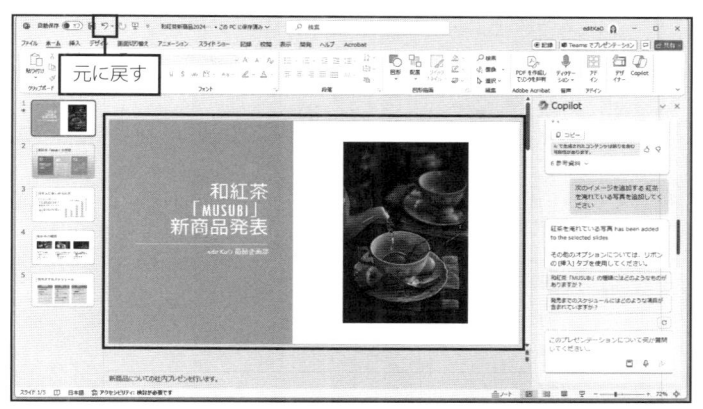

プロンプトに合った写真が追加され、それに応じてデザインが変更される。この結果を反映したくない場合は、クイックアクセスツールバーの「元に戻す」をクリックする

「Copilot Labからのプロンプト」画面でプロンプトを保存する

　米 Microsoft（マイクロソフト）は、Copilot のプロンプトの利用例を「Copilot Lab（コパイロットラボ）」の Web ページで公開している。「Copilot for Microsoft 365」を利用していれば、Office アプリから直接、

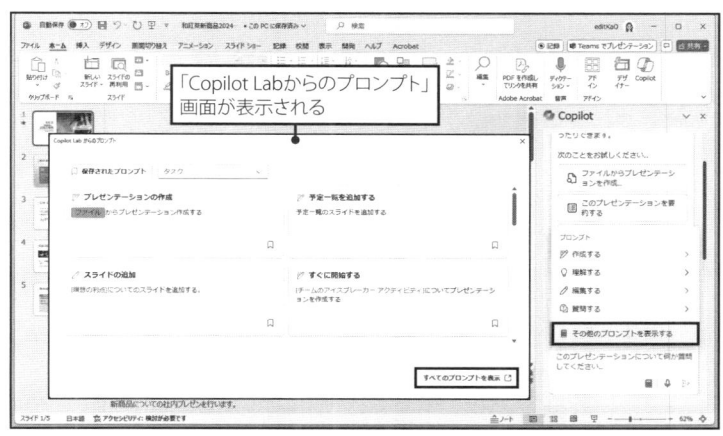

「プロンプトの表示」の「その他のプロンプトを表示する」をクリック。「Copilot Labからのプロンプト」画面が表示される。「すべてのプロンプトを表示」をクリックすると、Webブラウザーで「Copilot Lab」のWebページが表示できる

「Copilot Lab」を利用できる。

　さらによく利用するプロンプトを、すぐに再利用できるように保存し
ておくことが可能だ。

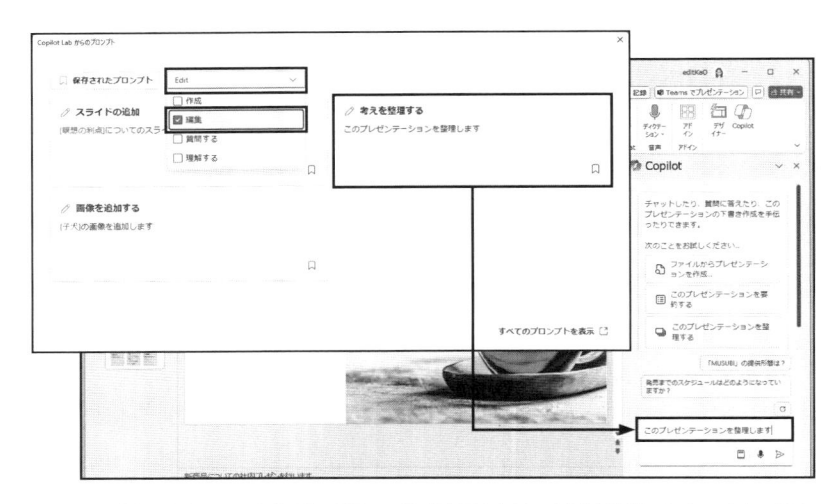

この画面の「タスク」をクリックすると、項目の一覧が表示される。今回は「編集」をチェックし、表示
された「考えを整理する」をクリックすると、「Copilot」作業ウィンドウにそのプロンプトが表示される

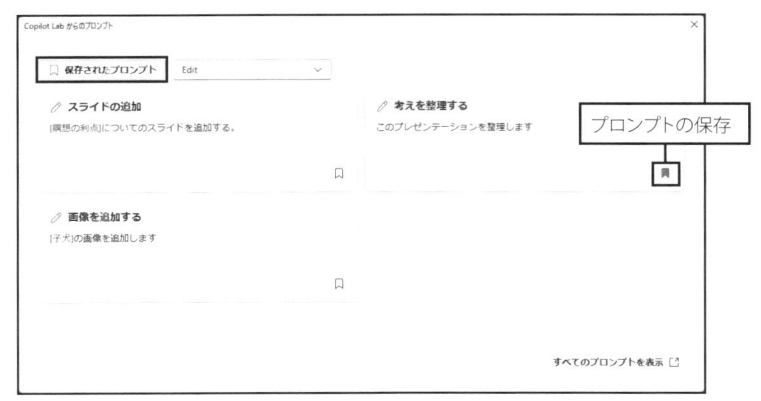

「Copilot Labからのプロンプト」画面に表示されたプロンプトを常に利用したい場合は、右下にある
「プロンプトの保存」をクリックする。次からは「保存されたプロンプト」をクリックすれば表示される
ようになる

1-3　CopilotでPowerPointのプレゼンテーションを作成する

　Copilot for Microsoft 365 があれば、PowerPoint で生成 AI 機能を使ったプレゼンテーションを作成できる。プロンプト（指示文章）を入力するだけで、スライドが完成する。PDF や Word といった文書ファイルから作る方法もある。今回は、Copilot を使ってプレゼンテーションを作成する方法を紹介する。

　プロンプトの提案にある「以下についてのプレゼンテーションを作成する」を選択し、プレゼンテーションの内容を日本語で入力すると、複数のスライドで構成されたプレゼンテーションを自動で作成してくれる。プロンプトを直接入力して作成することもできる。思い通りのプレゼンテーションが作成できない場合は、何度かやり直すか、表現を変えて試してみよう。なお、PowerPoint の Copilot は、「ホーム」タブの「Copilot」ボタンをクリックし、表示された「Copilot」作業ウィンドウで操作する。

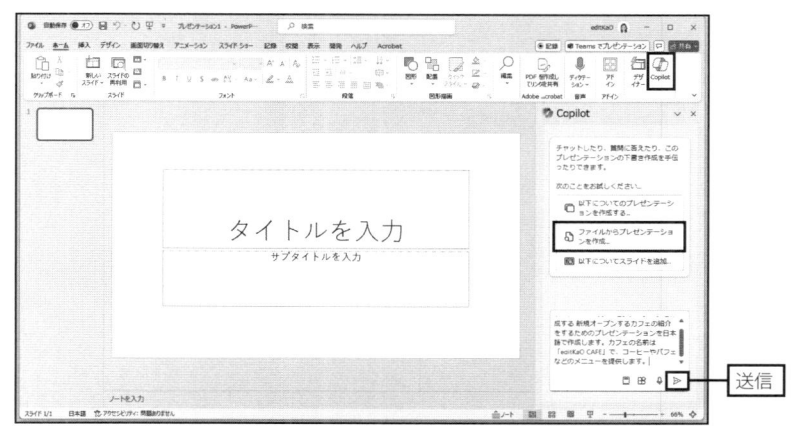

今回は、新しいカフェのコンセプトや特徴を紹介するプレゼンテーションを作成してみよう。プロンプトの提案から「以下についてのプレゼンテーションを作成する」を選択し、カフェの名前やコンセプト、メニューなどを入力して「送信」をクリックした

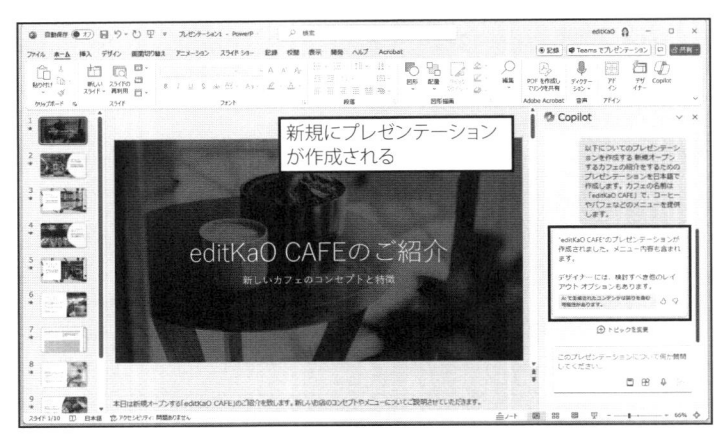

プレゼンテーションを具現化する処理が行われ、自動的に複数のスライドで構成されたプレゼンテーションが作成される。内容によって、生成されたスライドの一部は英文で表示される場合もある。その場合は、プロンプトに「日本語で」と指示を加えよう

PDFファイルからプレゼンテーションを作成する

　今度は PDF ファイルからプレゼンテーションを作成してみよう。元になるファイルは、あらかじめ SharePoint や OneDrive for Business に保存しておく必要がある。

　「Copilot」作業ウィンドウに表示されたプロンプトの提案で、ファイル候補の一覧から PDF ファイルを指定すると、スライドや画像、アニメーション、ノートなどが含まれたプレゼンテーションが作成される。

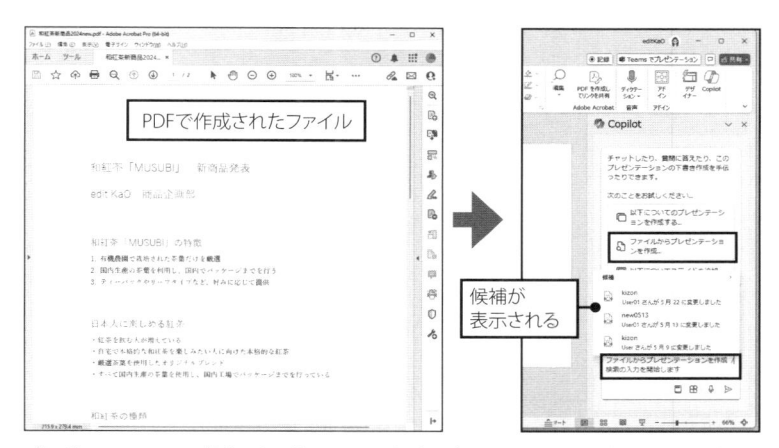

プレゼンテーションの提案にある「ファイルからプレゼンテーションを作成」をクリックすると、下のボックスにそのプロンプトが入力され、後ろに「／」が付いた状態になり、ファイルの候補の一覧が表示される。ここで表示された一覧のファイルを指定するには、そのファイルをクリックする

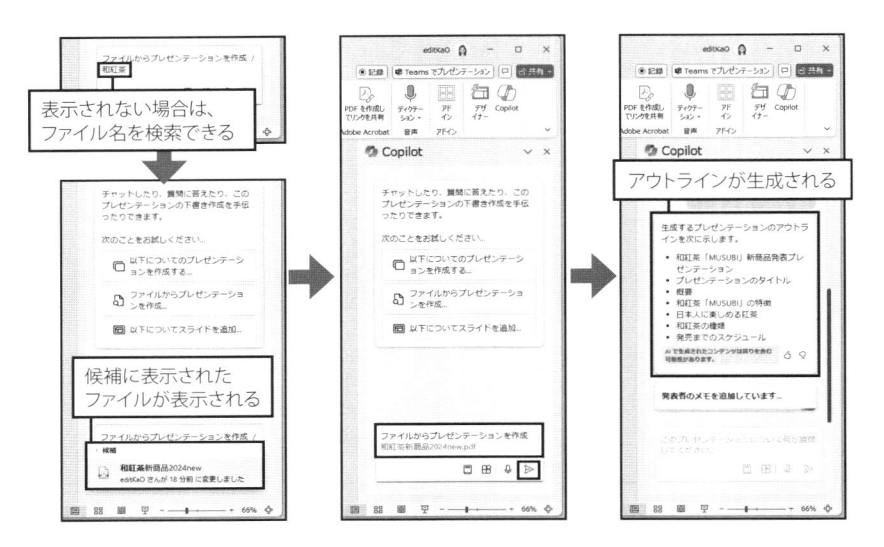

候補にファイルが表示されない場合は、ファイル名を検索することも可能だ。検索したいファイルの一部を入力すると、候補にそのファイルが表示される。ファイル名をクリックすると、ボックスにそのファイル名が表示されるので「送信」をクリックする。次に、プレゼンテーションの下書きが始まり、アウトラインが生成される

その後、PDFファイルを元にプレゼンテーションが作成される。「Copilot」作業ウィンドウには、スライドの下書きを作成し、いくつかの変更を行ったことを示す説明が表示される

Wordファイルからプレゼンテーションを作成する

　次に Word ファイルからプレゼンテーションを作成してみよう。執筆時点では、24MB 未満のドキュメントファイルが最もうまく動作すると Web ページで説明されている。また、スタイルやアウトライン、追加したい画像や表はあらかじめ挿入しておくと効率がよい。Word ファイルも、あらかじめ SharePoint や OneDrive for Business に保存しておく。

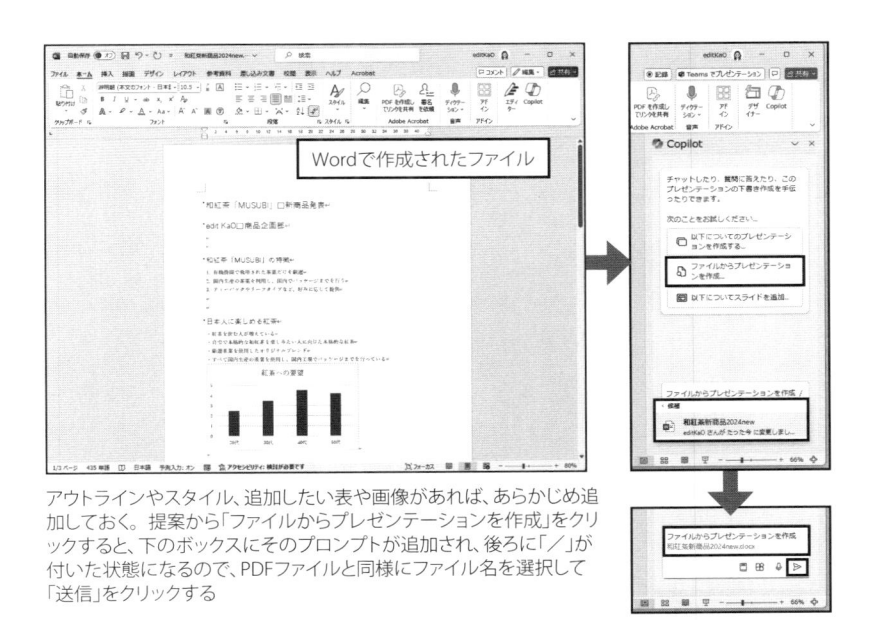

アウトラインやスタイル、追加したい表や画像があれば、あらかじめ追加しておく。提案から「ファイルからプレゼンテーションを作成」をクリックすると、下のボックスにそのプロンプトが追加され、後ろに「／」が付いた状態になるので、PDFファイルと同様にファイル名を選択して「送信」をクリックする

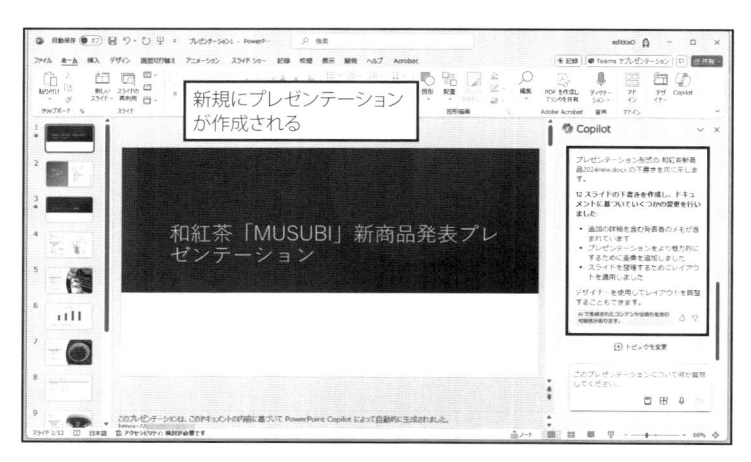

選択したWordファイルを元に、新規でプレゼンテーションが作成される。「Copilot」作業ウィンドウには作成したスライドについての内容が表示される

テーマや会社名などを追加してプレゼンテーションを作成する

　社内で共有しているプレゼンテーションの書式や会社のロゴなどを反映したい場合は、あらかじめそのプレゼンテーションのファイルを表示

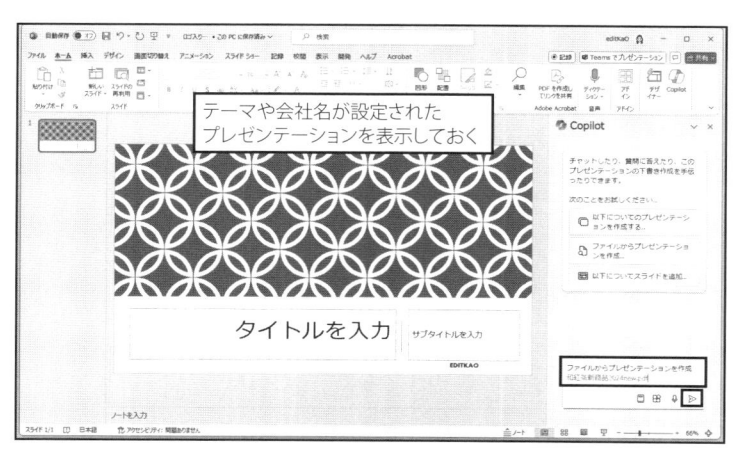

もし会社のロゴやテーマなど、プレゼンテーションに反映したい書式がある場合は、そのファイルを表示した状態で、プレゼンテーションを作成しよう

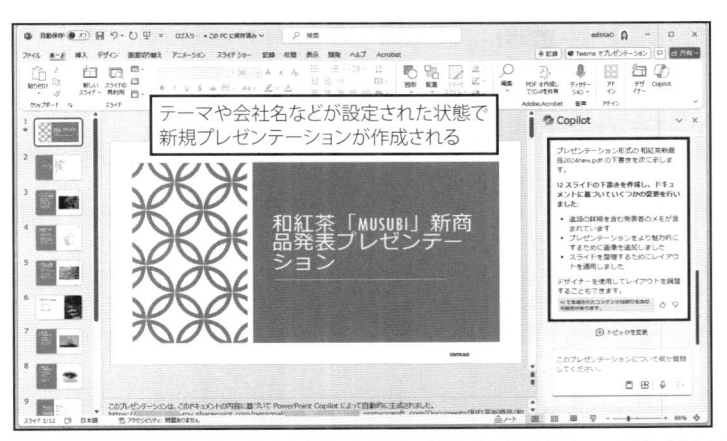

テーマや会社名、ロゴ画像などが設定された状態で新規プレゼンテーションが作成される

Copilotを使って、画像やスライドを追加したり、アニメーションを追加したりすることもできる。画面は選択したスライドにアニメーションを設定した

してから、作成しよう。そのファイルの書式などを使用して、新規のプレゼンテーションが作成される。

　作成したプレゼンテーションは後から手動で変更することが可能だ。Copilotを使って、画像やスライドの追加、アニメーションを追加することもできる。

1-4　Word文書作成を時短、 Copilotに下書きをお願いする

Word に Copilot for Microsoft 365 を追加すると、生成 AI を使って文書の下書きを作成できる。実際に作成する手順を紹介しよう。

「白紙の文書」からCopilotで文書の下書きを作成する

Word では、Copilot を使って新規文書の下書きを作成したり、ファイルから文書を作成したりすることができる。なお、AI によって生成された文書の内容に間違いが含まれている可能性もある。そのまま使用せずに、必ず確認して間違いは修正するようにしよう。

Word で「ファイル」タブの「新規」から「白紙の文書」をクリックすると、文書の先頭に「Copilot を使って下書き」アイコンと説明が表

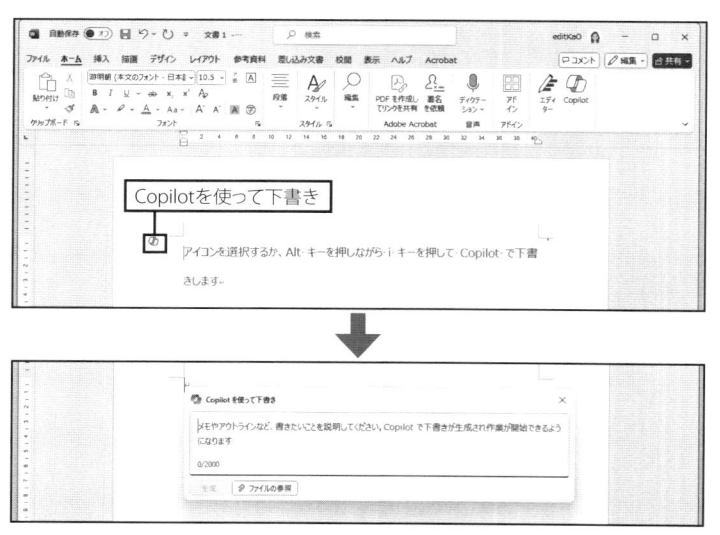

新規文書を作成すると、文書の先頭に「Copilotを使って下書き」アイコンと説明が表示される。「Copilotを使って下書き」アイコンを選択するか、「Alt」+「i」キーを押すと、「Copilotを使って下書き」画面が表示される

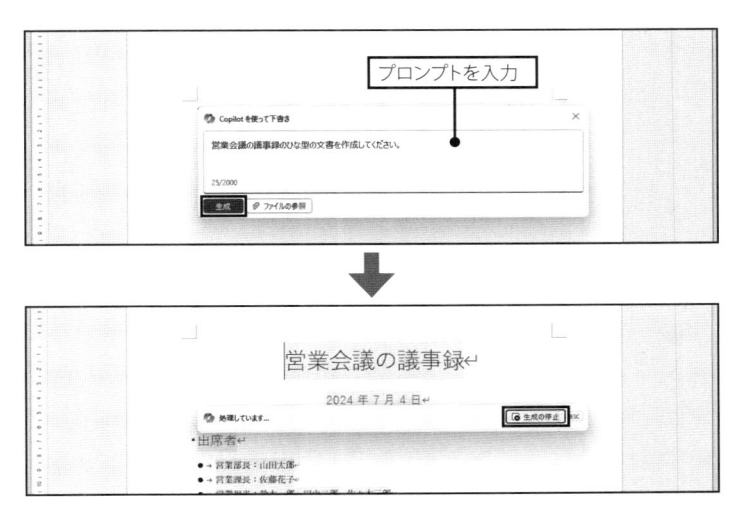

「Copilotを使って下書き」画面に、作成したい文書のプロンプトを入力して「生成」をクリックすると、処理が始まる。途中で生成を中止したい場合は、「生成の停止」をクリックする

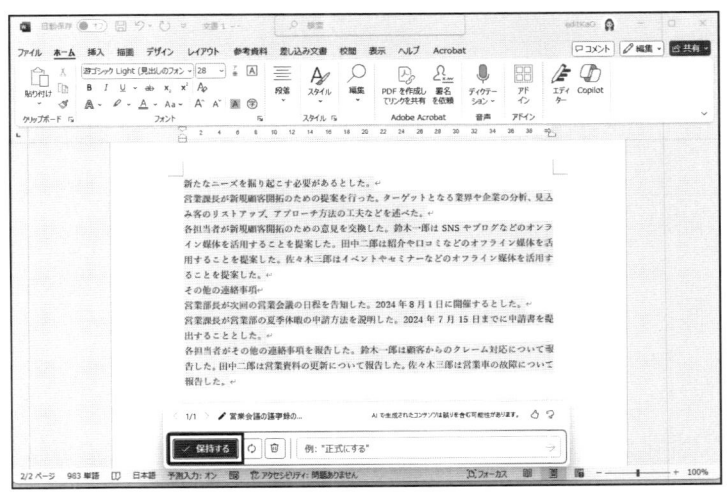

生成が終了すると、文書が表示される。さらに、画面下にプロンプトの詳細を設定するための画面が表示される。今回は、この文書を使用するので、「保持する」をクリックして確定する

示される。このアイコンをクリックするか、ショートカットキー（「Alt」＋「i」キー）を押すと、「Copilot を使って下書き」画面が表示される。この画面でプロンプトを入力して、文書を生成できる。執筆時点では、1 つのプロンプトで入力できるのは 2000 字までだ。

　処理が終了すると、下書きの文書が生成される。生成後には、詳細を設定するための画面が表示される。

生成した下書き文書を変更する

　生成された文書の内容が合わない場合は、再生成することもできる。プロンプトの内容を変更せずにもう 1 度生成する場合は「再生成」、プロンプトを修正してから生成する場合は「プロンプトの編集」をクリックしてプロンプトを修正してから生成しよう。生成した文書が不要なら「破棄」をクリックする。プロンプトや生成された文書が白紙に戻る。

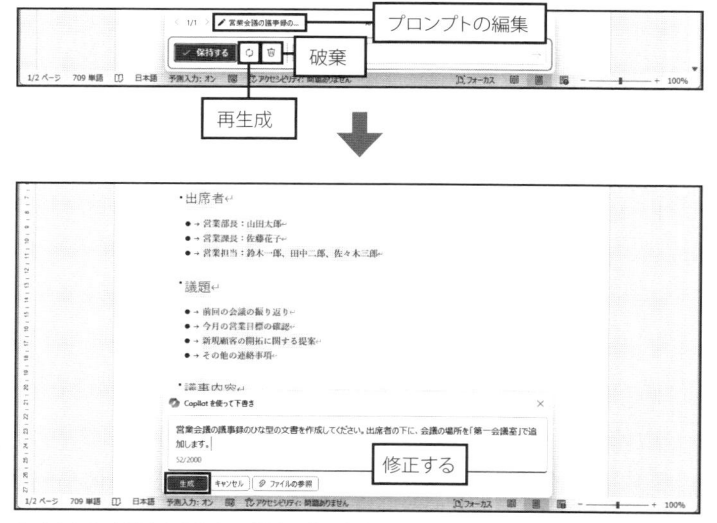

生成された文書を変更したい場合は「再生成」をクリックする。プロンプトの内容を変更せずに文書を生成し直すことができる。生成した文書が不要なら「破棄」をクリックする。プロンプトの内容を修正、追加したい場合は、「プロンプトの編集」をクリックする。プロンプトを入力する画面が再度表示されるので、プロンプトの内容を変更して「生成」をクリックする

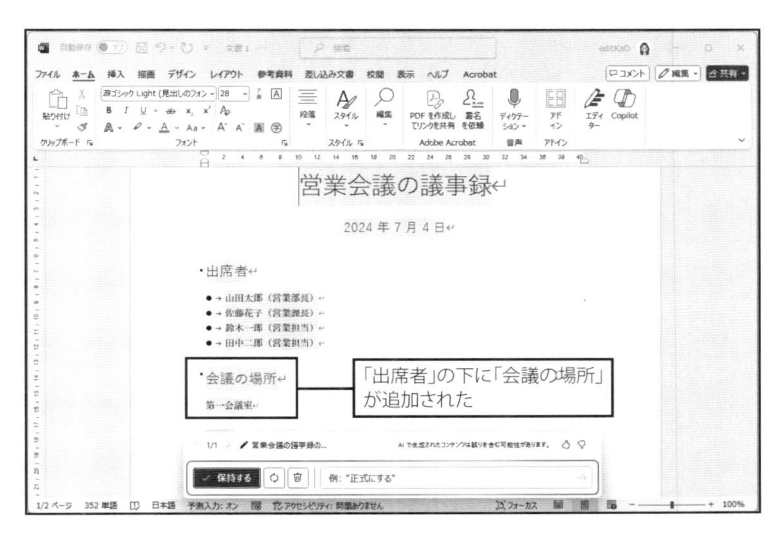

再度、生成が始まり、指定した内容に修正される

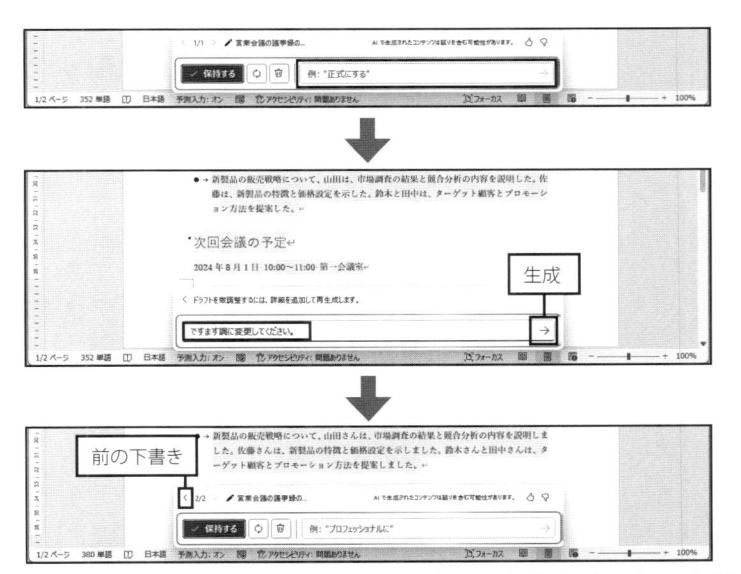

微調整したい場合は、右側のボックスをクリックし、表示されたボックス内でプロンプトを入力して「生成」をクリックする。再度、生成が始まり修正される。修正後、元の文書に戻りたい場合は、「＜」（前の下書き）をクリックする

　表現や文体など、生成された文書を微調整したい場合は、右側のボックスにプロンプトを入力してから生成する。なお、同じプロンプトで生成しても、同じ結果が表示されない場合もある。生成した文書の表示を元に戻したい場合は、「＜」（前の下書き）をクリックしよう。

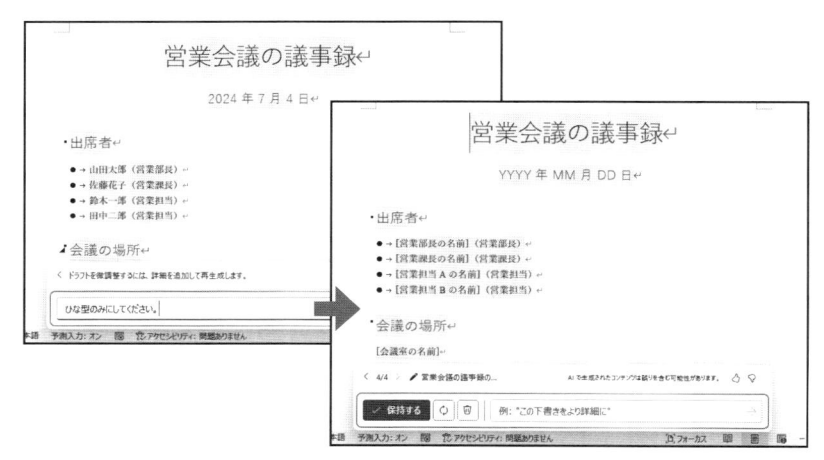

生成した文書には具体的な内容が入力されている。この文書が不要で、項目のみにしたい場合は、「ひな型のみ」などとプロンプトを入力すると、項目のみを表示した文書を再生成できる

ファイルを使って文書を生成する

　Copilot for Microsoft 365 を追加していれば、ファイルを使って下書きを生成することが可能だ。ファイルは SharePoint や OneDrive for Business に保存しておく必要があり、3つまでのファイルを選択できる。執筆時点では、Word、PowerPoint、PDF のファイルに対応していた。

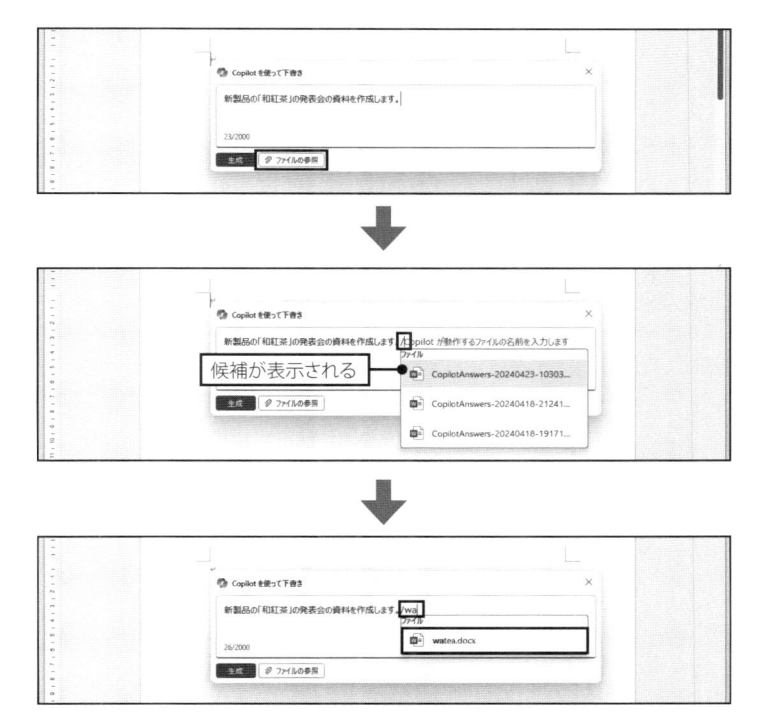

入力したプロンプトとファイルから文書を作成することが可能だ。プロンプトを入力後、「ファイルの参照」をクリックすると、半角の「／」が表示され、ファイルの候補一覧が表示される。なお、ファイルが候補に表示されない場合は、ファイル名を入力すると検索できる。目的のファイルが表示されたらクリックして選択する

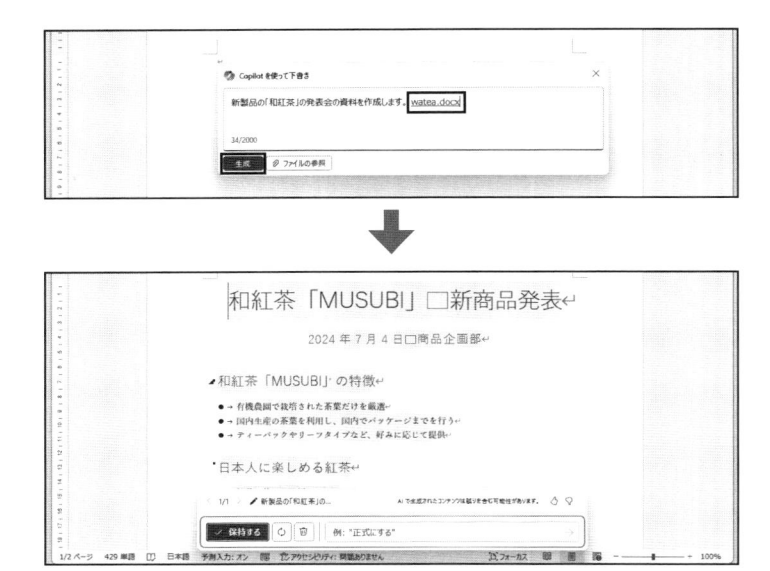

ファイル名が表示されたら、「生成」をクリックする。プロンプトと指定したファイルに基づいて下書きの文書が作成される

1-5 CopilotでWord文書を読みやすく書き換え、シーンに合わせた調整も可能

Wordで Copilot for Microsoft 365 を利用すると、作成済みの Word 文書を読みやすく書き換えることが可能だ。指定した「トーン」（文章の雰囲気）に合わせて、ビジネス向きの硬い感じやカジュアル調に変化できる。今回は、Copilot で Word 文書を書き換える方法を紹介しよう。

ミニツールバーから文章を書き換える

Copilot は文章を一から生成するだけでなく、作成済みの文章を AI で書き換えることが可能だ。対象となる文章を選択し、表示されたミニツールバーの「自動書き換え」から操作する。この機能は「Copilot を使って書き換え」アイコンからも起動できる。

なお、AI の書き換えによって文章が誤解されるような表現に変わったり、誤った情報が加わったりする恐れがある。書き換えられた文章は

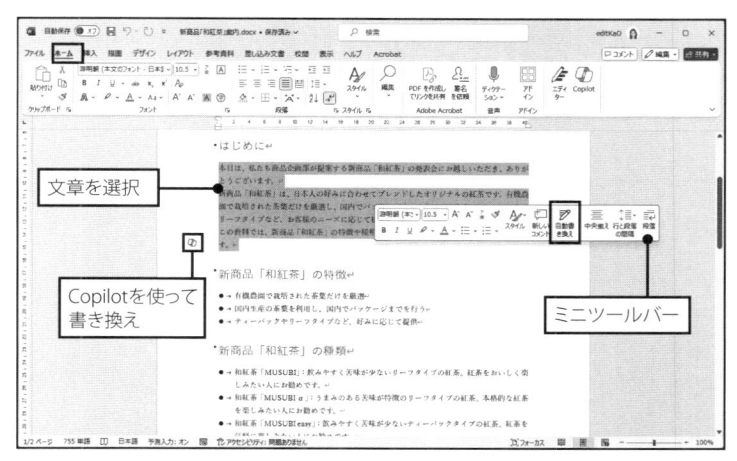

書き換えたい文章を選択すると、ミニツールバーが表示されるので、「自動書き換え」をクリックする。左側の「Copilotを使って書き換え」アイコンからも操作できる

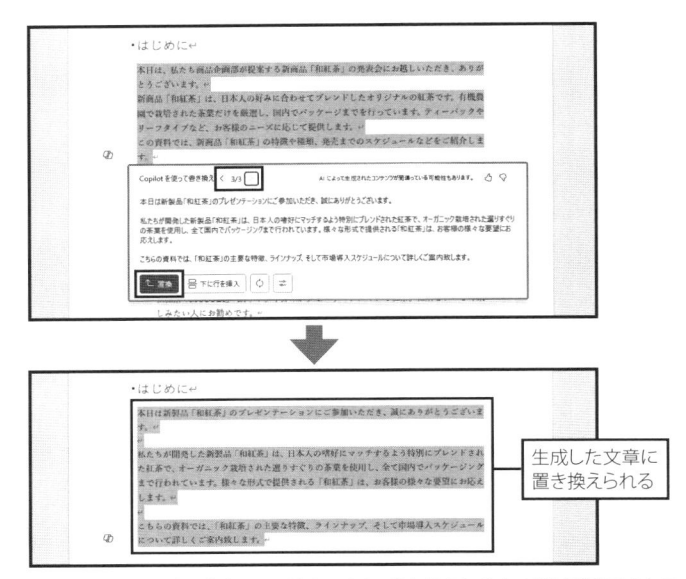

「Copilotを使って書き換え」画面が表示され、書き換えた内容の候補が表示される。文章によっては複数の書き換え候補が表示されている。先頭の「<」(前へ)、「>」(次へ)をクリックして切り替えることが可能だ。使用したい文章があった場合は、その文章を表示して「置換」をクリックする

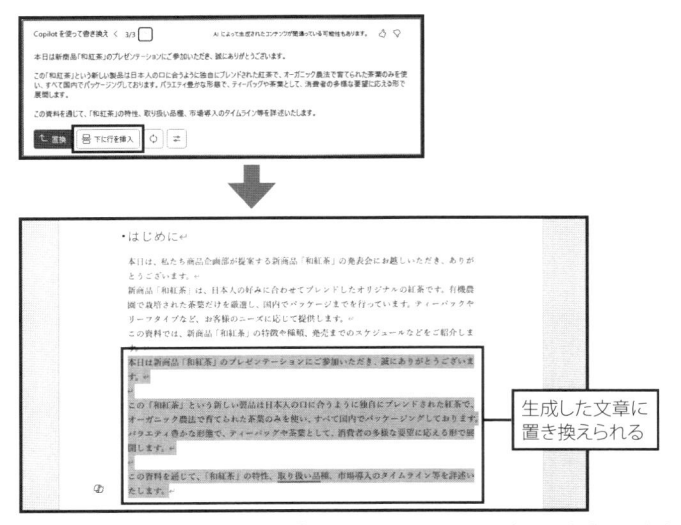

「Copilotを使って書き換え」画面で「下に行を挿入」をクリックすると、生成元の文章はそのままで、文章の下の位置に生成した文章が挿入される

そのまま使用せず、必ず確認しよう。

　AIによって生成された文章の書き換え候補が、「Copilotを使って書き換え」画面に表示される。複数の候補がある場合は、画面上部にある「＜」（前へ）、「＞」（次へ）をクリックして切り替えできる。使用したい文章があった場合は、画面左下の「置換」をクリックすれば、選択した文章に置き換えられる。

　文章を書き換えるのではなく、文章は残したまま、その下に追加することも可能だ。追加するには、「Copilotを使って書き換え」画面の「下に行を挿入」をクリックすればよい。

トーンを変えて再生成する

　書き換えを再度実行して、異なる文章を生成することもできる。「Copilotを使って書き換え」画面の「再生成」をクリックする。

　再生成する際に、文章のトーンを変更して生成することも可能だ。トー

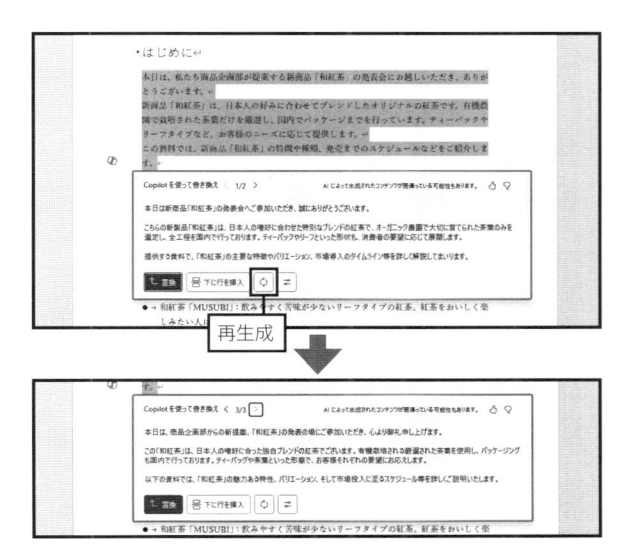

「Copilotを使って書き換え」画面の「再生成」をクリックすると、文章が再生成され、変更された内容が表示される

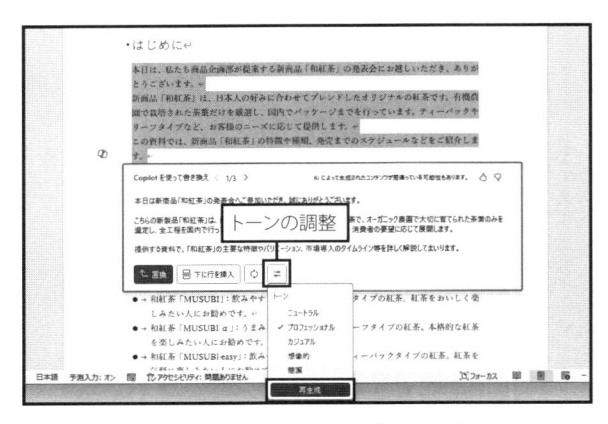

文章のトーンを変更して生成したい場合は、「トーンの調整」をクリックする。一覧から、変更したい
トーンを選択して「再生成」をクリックしよう

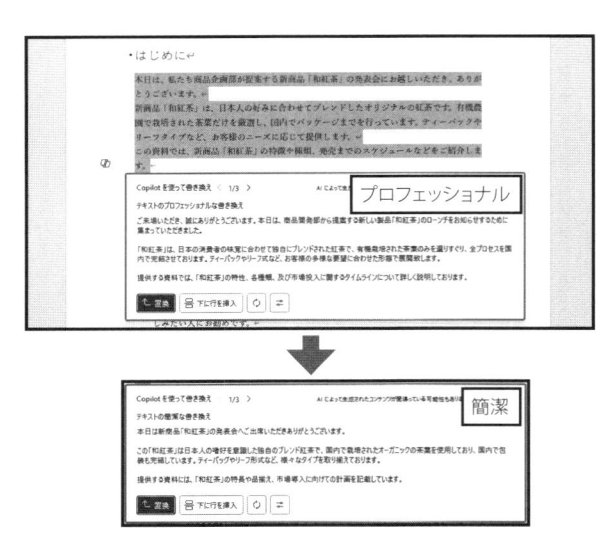

選択したトーンに応じた文章が生成される。社外や社内用のメールや文章など、シーンに応じた
トーンに調整して、生成することができる。画面は、同じ文章から「プロフェッショナル」と「簡潔」を
選んだ結果

ンの種類は、執筆時点では「ニュートラル」「プロフェッショナル」「カジュ
アル」「想像的」「簡潔」から選択できた。

　トーンを変更するには、同じ画面の「トーンの調整」をクリックし、一覧からトーンの種類を選択する。ビジネスに利用するときは「ニュートラル」や「プロフェッショナル」「簡潔」を選ぶとよいだろう。なお、初期設定では「ニュートラル」が選択されている。

「Copilotを使って書き換え」アイコンから起動する

　文章を選択すると、左側の余白部分に「Copilot を使って書き換え」アイコンが表示される。このアイコンをクリックすると、文章を書き換えるためのメニューが表示される。なお、文章を右クリックして、表示されたメニューの「Copilot」からも同じメニューを表示できる。

　「プロンプトを書き込みます」を選択すると、「Copilot を使って下書き」画面が表示されるので、この文章について書き換えたい内容を入力して生成する。

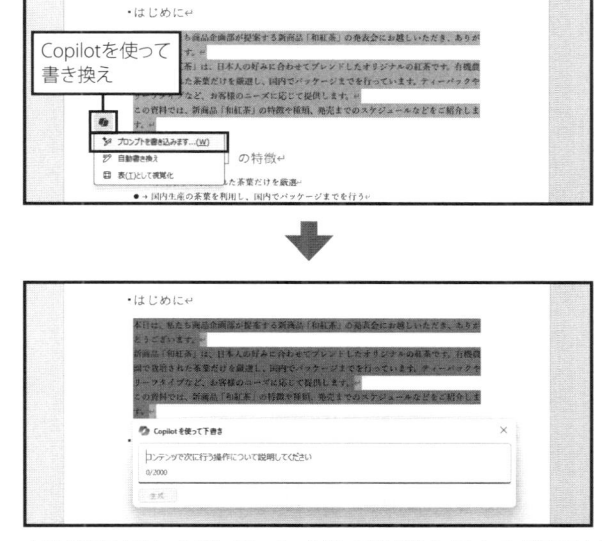

文章を選択すると、左側に「Copilotを使って書き換え」アイコンが表示される。このアイコンをクリックすると、一覧が表示される。「プロンプトを書き込みます」をクリックすると、「Copilotを使って下書き」画面が表示される

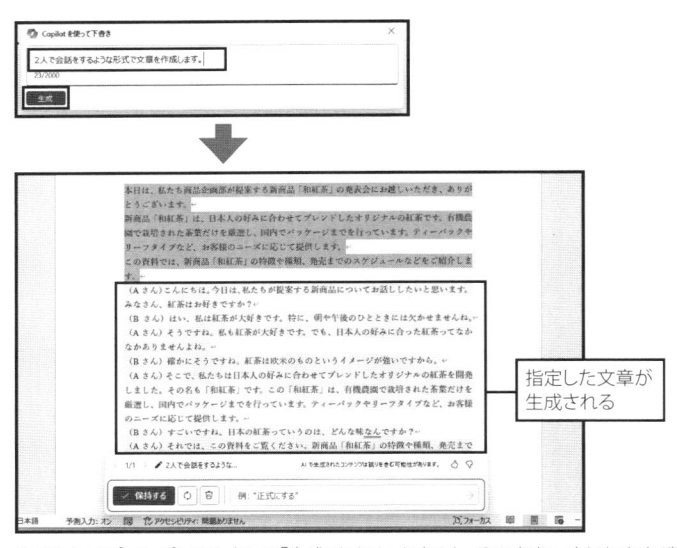

生成したいプロンプトを入力して「生成」をクリックすると、その内容に応じた文章が生成される。
画面では会話形式の文章になるようにプロンプトを入力した

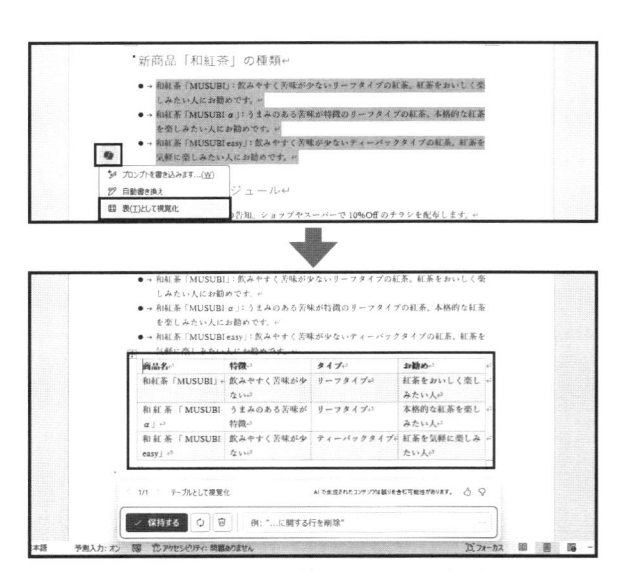

文章を選択して左側に表示された「Copilotを使って書き換え」アイコンをクリックし、「表として視覚
化」をクリックする。選択した文章が表形式で生成され、自動的に見出しやスタイルが設定される

　「自動書き換え」をクリックすると、「Copilot を使って書き換え」画面を表示して操作できる。

　表形式に変更したい文章があれば、「表として視覚化」をクリックしよう。選択した文章の下に、表形式のスタイルで生成される。生成された表は自動的に分割され、表の見出しや表のスタイルが設定されている。表を追加すると、「テーブルデザイン」や「レイアウト」タブが表示され、表に関連した項目を指定できる。

1-6 Copilotの作業ウィンドウを使いこなす、Word文書の要約作りや文章校正

Copilot for Microsoft 365 を使えば、Word 文書を AI で要約したり、校正したりできる。今回は「Copilot」作業ウィンドウを使った操作を中心に紹介する。

「Copilot」作業ウィンドウで文書を要約する

Word で文書の下書きを生成したり、選択したテキストの内容を書き換えたりできる Copilot。今回は、他のアプリと共通のインターフェースになっている「Copilot」作業ウィンドウを使って作業する。「Copilot」作業ウィンドウではプロンプトを入力して「送信」をクリックすると、ウィンドウ内に生成結果が表示される。

まず、提案されたプロンプトを使ってみよう。Word の場合、提案されたプロンプトをクリックするとすぐに生成が始まり、結果が表示され

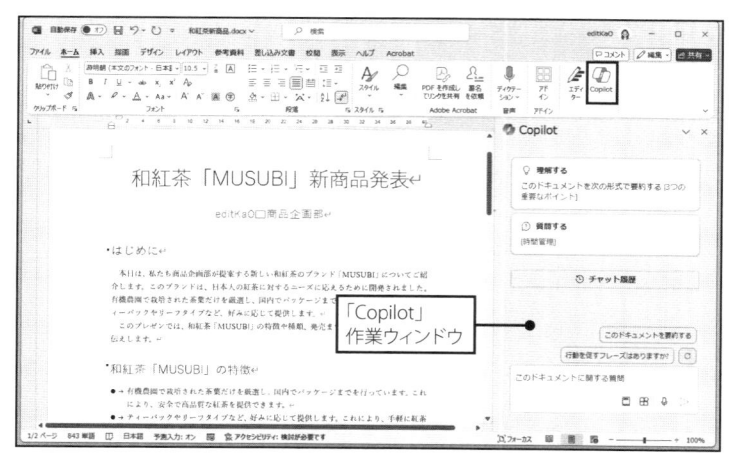

Wordでも「Copilot」作業ウィンドウを利用できる。利用するには、「ホーム」タブの「Copilot」ボタンをクリックする。右側に「Copilot」作業ウィンドウが表示される

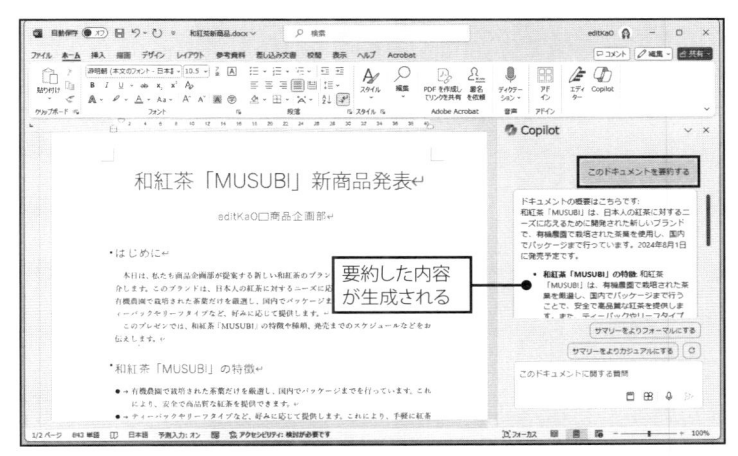

作成した文書の内容を要約してみよう。今回は「Copilot」作業ウィンドウに表示されているプロンプト「このドキュメントを要約する」をクリックした。すぐに生成が始まり、この文書の要約が表示される

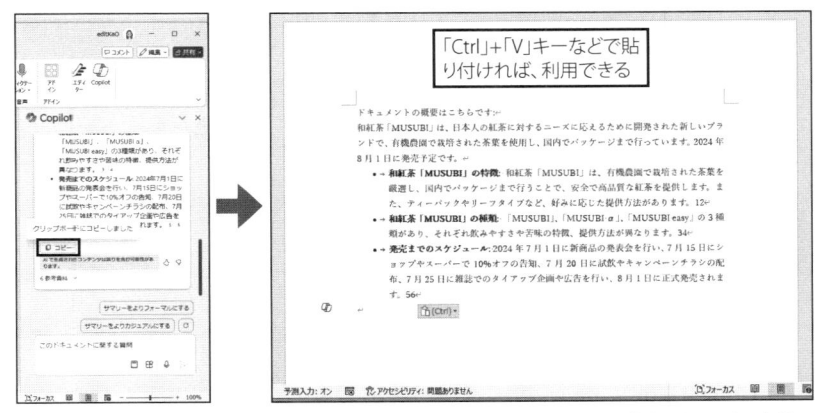

生成された要約のテキストを利用するには、「コピー」をクリックする。クリップボードにテキストがコピーされるので、貼り付ければよい

　る。生成された要約のテキストをクリップボードにコピーして、他のアプリに貼り付けることも可能だ。

　なお、生成した内容で文書を書き換えたい場合は「Copilot で書き換え」機能を利用しよう。

　プロンプトを直接入力したいときは、下の入力ボックスを使う。意図しない結果が生成されるときは、表現を変えると改善されることがある。

　AI の生成結果には、誤解される表現や誤った情報が含まれている場合がある。結果はそのまま使用せず、必ず読み返しておかしなところは修正しよう。

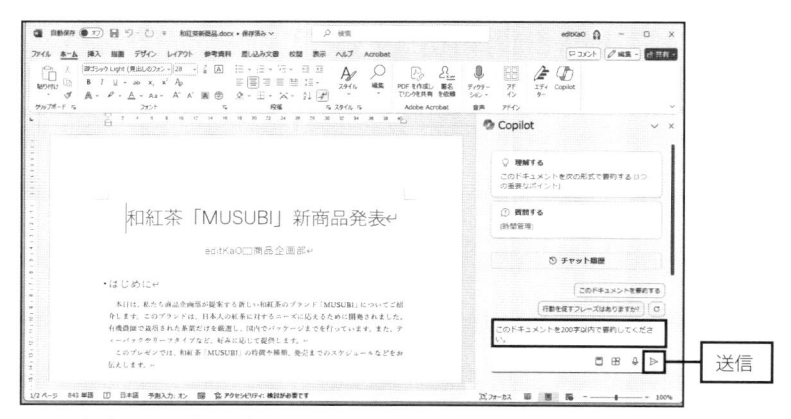

下の入力ボックスにプロンプトを直接入力することも可能だ。今度は、文字数を限定した要約にした。プロンプトを入力後、「送信」をクリックする

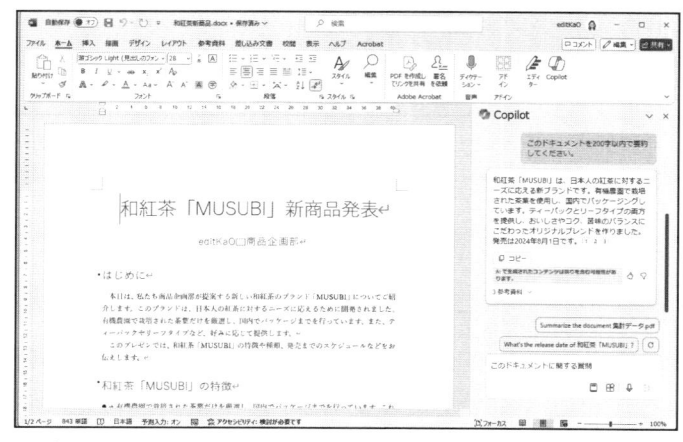

200字を超える場合もあるが、おおよそ200字以内で要約される

CopilotでWord文書を校正する

Word には「スペルチェックと文章校正」という機能が用意されているが、Copilot による AI を使った校正のほうが、より詳細に修正方法を提案してくれる。

「Copilot」作業ウィンドウで文書を校正するためのプロンプトを入力すると、作業ウィンドウ内にタイプミスや漢字の間違いなどの指摘が表示される。文書に自動では反映されないので、手動で変更しよう。

「Copilot を使って下書き」機能を使って、文書ファイルから間違いのない正しい文書を生成し直すことも可能だ。この機能を使う場合は、ファイルを SharePoint か OneDrive に保存する必要がある。

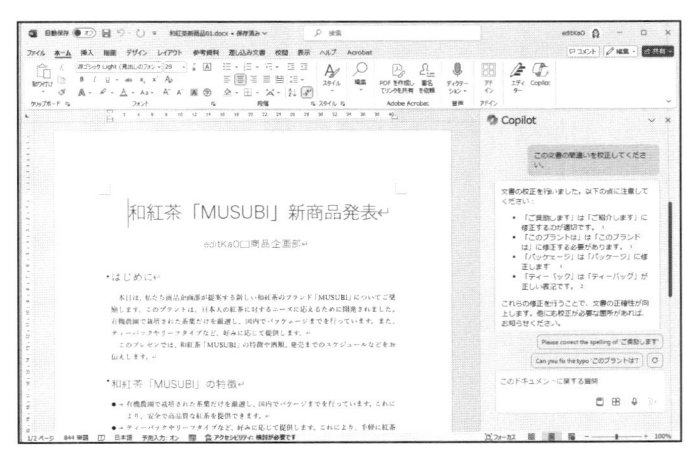

プロンプトで文書の校正を依頼することもできる。Wordの「スペルチェックと文章校正」機能とは違い、結果は「Copilot」作業ウィンドウに表示される。内容を確認して、該当箇所を直接修正しよう

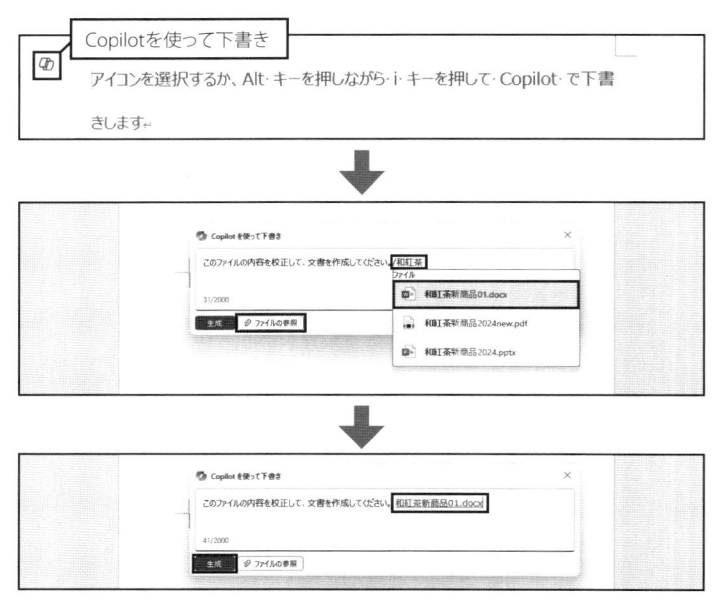

起動時に表示された「Copilotを使って下書き」アイコンをクリックして「Copilotを使って下書き」画面を表示する。プロンプトを入力後、「ファイルの参照」をクリックすると「/」が表示される。続けてファイル名を入力して表示されたファイルを選択し、「生成」をクリックする

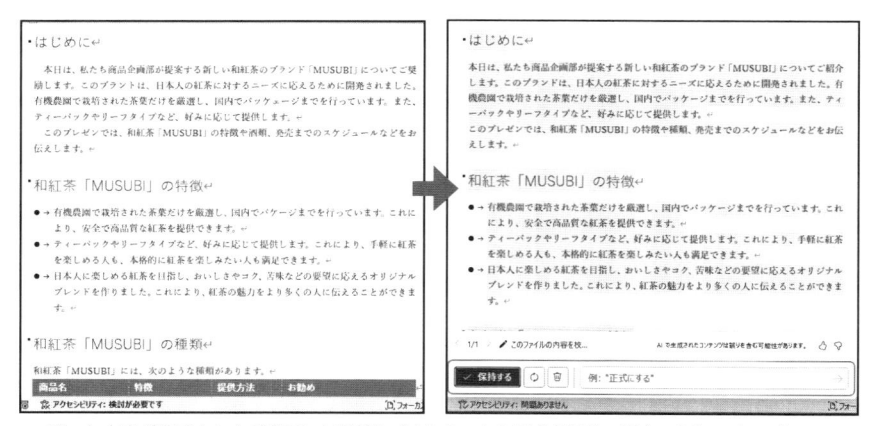

誤った内容が修正された状態で、文書が生成される。たとえば、「奨励→紹介」、「ブラント→ブランド」などが修正されて生成された。なお、生成内容はその都度変わり、結果が異なる場合もある

生成結果（チャット履歴）の履歴を削除する

　OneDrive や SharePoint に保存されたファイルなら、プロンプトを入力した生成結果が履歴として残る。「Copilot」作業ウィンドウの「チャット履歴」をクリックすると、「Copilot Chats」に表示されている。ただし、すべてのプロンプトが保存されているわけでもないようだ。履歴の一覧に表示されている情報を表示したい場合は、クリックすればその生成結果を表示できる。

　「チャット履歴」は削除することが可能だ。操作履歴を残したくない場合や、PC の共用などによってセキュリティー上の問題が生じそうな場合は削除しよう。削除するには、「Copilot」作業ウィンドウの「チャット履歴」をクリックして、チャットの右側の削除アイコンから削除するか、画面下の「すべての Copilot 履歴を削除する」をクリックする。

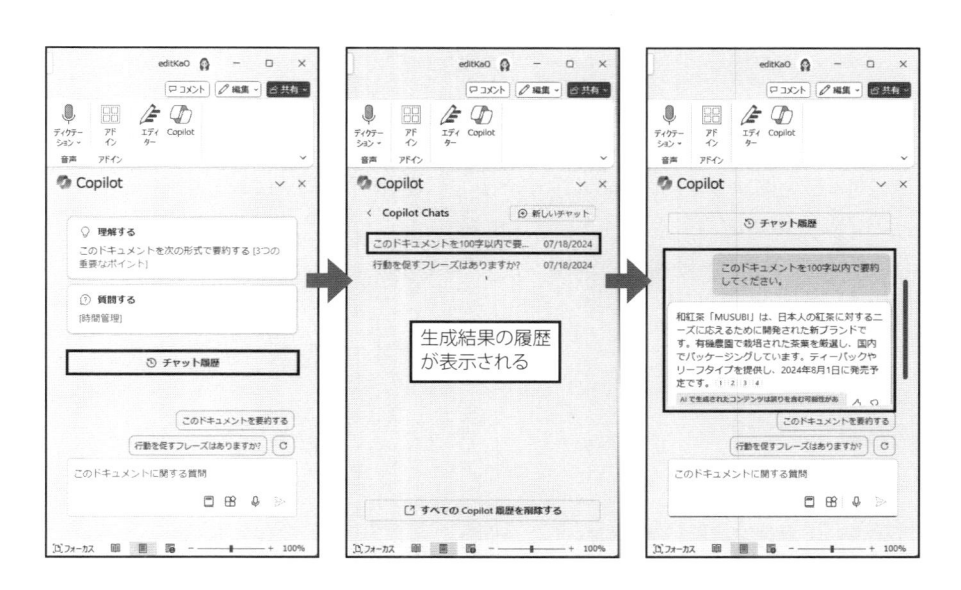

「Copilot」作業ウィンドウの「チャット履歴」をクリックすると、「Copilot Chats」が表示され、過去にプロンプトを入力して生成された結果の履歴が残っている。履歴の一覧に表示されている生成結果の情報を表示したい場合は、その内容をクリックしよう

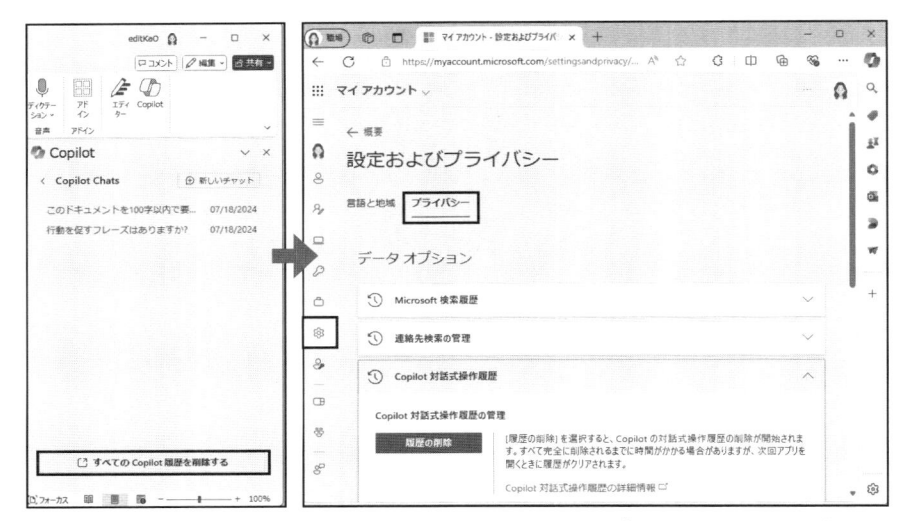

チャット履歴を削除するには、「チャット履歴」をクリックし、表示された「すべてのCopilot履歴を削除する」をクリックする。Edgeが起動して「マイアカウント」の「設定およびプライバシー」が表示される。「Copilot対話式操作履歴」の「履歴の削除」をクリックする

　Web ブラウザーでサインインしているアカウントの「マイアカウント」の「設定およびプライバシー」が表示される。「プライバシー」の「Copilot 対話式操作履歴」の「履歴の削除」で削除する。次に、アプリを再起動すると、チャット履歴が削除されているのが確認できる。

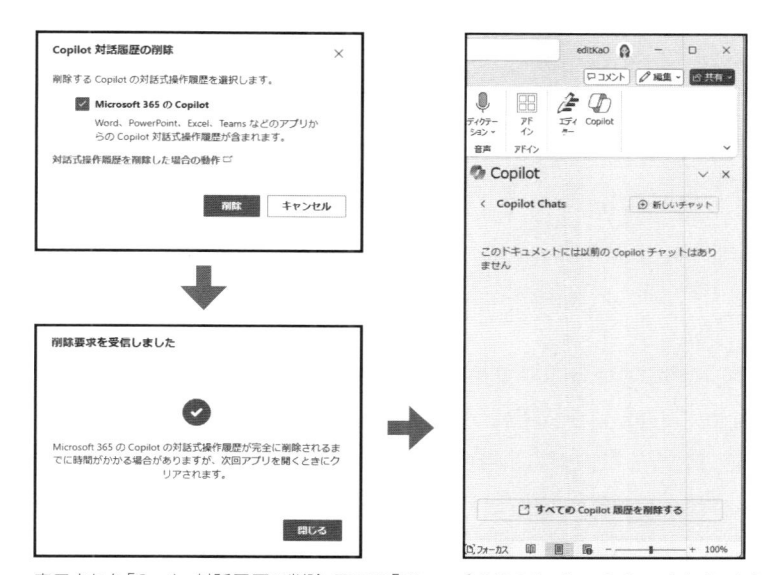

表示された「Copilot対話履歴の削除」画面の「Microsoft 365のCopilot」のチェックをオンにし、「削除」をクリックする。削除をしたことを通知する画面が表示された「閉じる」をクリックする。Wordを再起動すると、チャット履歴が削除されていることが確認できる

1-7 Copilotを使ってExcelのピポットテーブルを生成、初めてでも操作できる

　Excel で Copilot for Microsoft 365 を利用すると、選択したデータの集計や傾向の分析を行ったり、書式を設定したりできる。今回は、Excel での Copilot の操作を紹介する。

Copilotを利用するにはテーブルに変換する

　Excel で Copilot を使うと、データの分析や並べ替え、フィルターの操作、書式設定、数式列の生成などの操作を、対話形式で指示可能だ。

　Excel で Copilot を利用するには、まず SharePoint や OneDrive にファイルを保存して自動保存を有効にする必要がある。さらに、Copilot で使用する表をテーブルに変換しておく。「Copilot」作業ウィンドウに操作を補助する内容が表示されるので、それを参考にしよう。

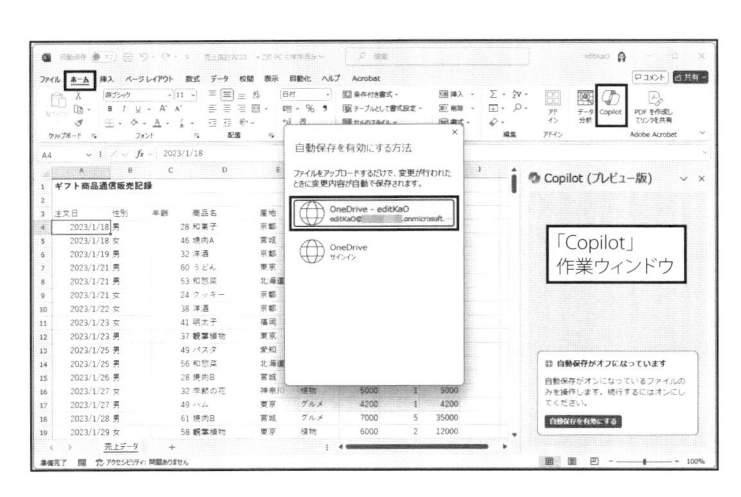

Copilotを利用するには、「ホーム」タブの「Copilot」ボタンをクリックする。右側に表示された「Copilot」作業ウィンドウの「自動保存を有効にする」をクリック。OneDriveのアカウントを選択する画面が表示されたら、使用するアカウントを選択する。自動的にOneDriveにファイルが保存される

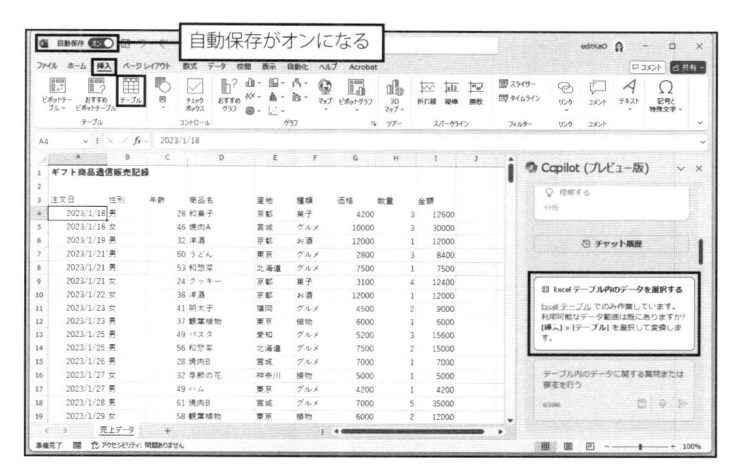

ファイルがOneDriveに保存され、自動保存がオンになる。さらに、Excelの表はテーブルにしておく。「挿入」タブの「テーブル」ボタンをクリックして、テーブルにする

Copilotでデータの分析情報を表示する

　Excel の Copilot では、選択した表からデータの傾向を AI が分析して、その結果のグラフや情報を表示してくれる。

　通常の Excel にも、自動的にデータを分析して表示する「データ分析」機能がある。この機能は基本的な AI アルゴリズムを基にその傾向やパターンを自動的に分析して、「データ分析」作業ウィンドウに複数のグラフや表などを表示するものだ。

　一方、Copilot は米 OpenAI（オープン AI）の GPT-4 をベースにした大規模言語モデル（LLM）を採用している。これにより、対話形式でプロンプト（指示文章）を入力すると、それに基づいた分析結果を表示できる。

　まずは、プロンプトの提案から「データの分析情報を表示する」を選択して、生成された結果を確認してみよう。結果を反映したい場合は、その下の「新しいシートに追加」をクリックする。

　新しいワークシートが追加され、データを要約した結果をまとめたピボットテーブルやピボットグラフが生成される。この生成結果を元に戻

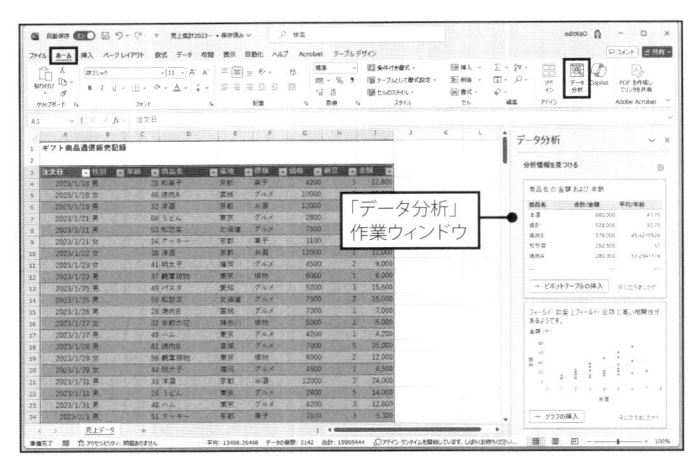

「ホーム」タブの「データ分析」ボタンをクリックすると、「データ分析」作業ウィンドウが表示される。
データの傾向に基づいた複数の分析情報が自動的に表示される

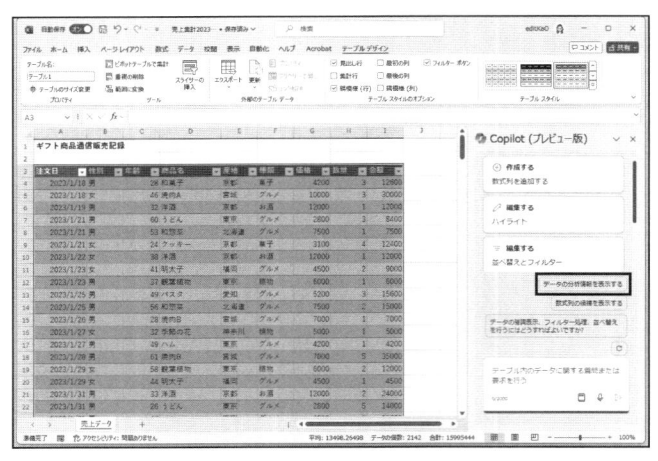

「Copilot」作業ウィンドウに表示されているプロンプトの提案から「データの分析情報を表示する」
をクリックする

したい場合は「元に戻す」をクリックする。挿入したピボットグラフや
ピボットテーブルが削除される。ただし、追加されたワークシートはそ
のままだ。基になったテーブルに戻りたい場合は「データに戻る」をク

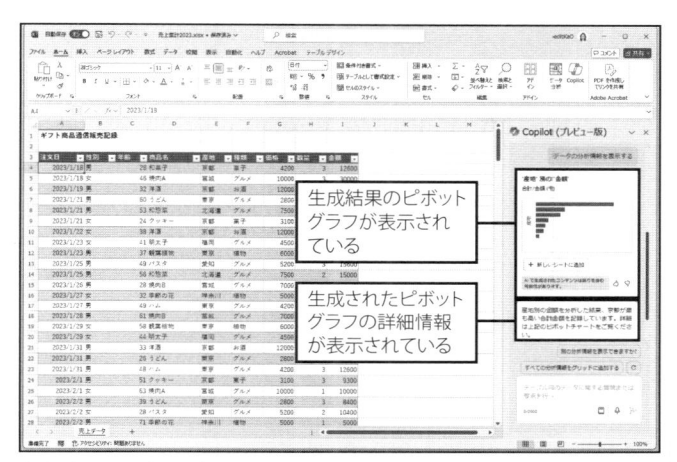

生成が始まり、プロンプトに基づいた分析結果のピボットグラフと情報のテキストが表示される。
この結果を反映したい場合は、ピボットグラフの下にある「新しいシートに追加」をクリックする

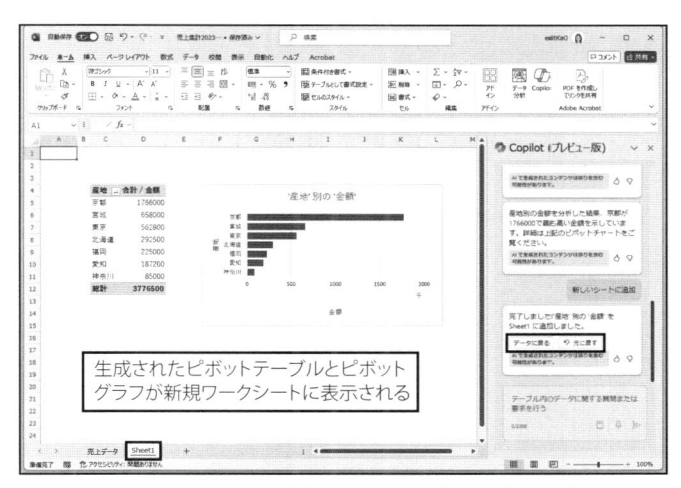

新しいワークシートが挿入され、ピボットテーブルとピボットグラフが挿入される。今回の分析結果
は、産地別で売上額が高い順に表示されている。この結果を元に戻したい場合は「元に戻す」、ピ
ボットグラフの基になったテーブルに戻りたい場合は「データに戻る」をクリックする

リックする。

プロンプトを入力して限定した結果を生成する

　「Copilot」作業ウィンドウの入力ボックス（プロンプト領域）に、詳細なプロンプトを入力すれば、より具体的な結果を生成することもできる。例えば、外れ値（データ内で他とはかけ離れた値）の確認や男女別の売上傾向、産地を限定した商品の売上などの集計や分析結果を生成できる。

　データの集計や分析をする必要があり、集計の方針も決めているが、具体的な操作方法が分からない、短時間で作業を済ませたいといった場合に役立つだろう。

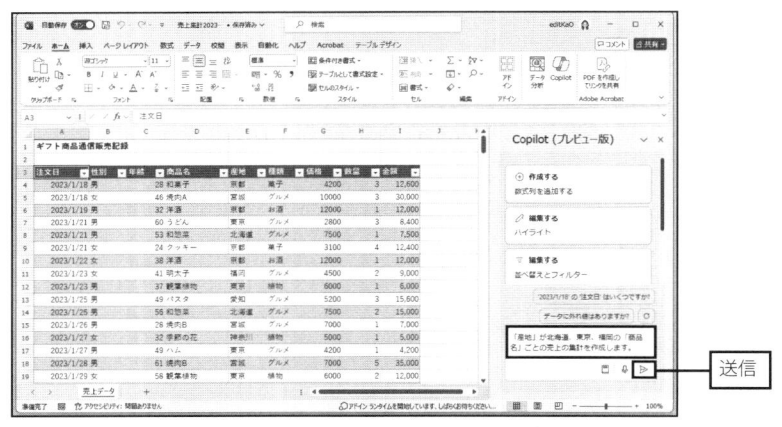

「Copilot」作業ウィンドウの下の入力ボックス（プロンプト領域）にプロンプトを入力する。今回は「産地」が北海道、東京、福岡の「商品名」ごとの売上の集計表を作成するプロンプトを入力して、「送信」をクリックする

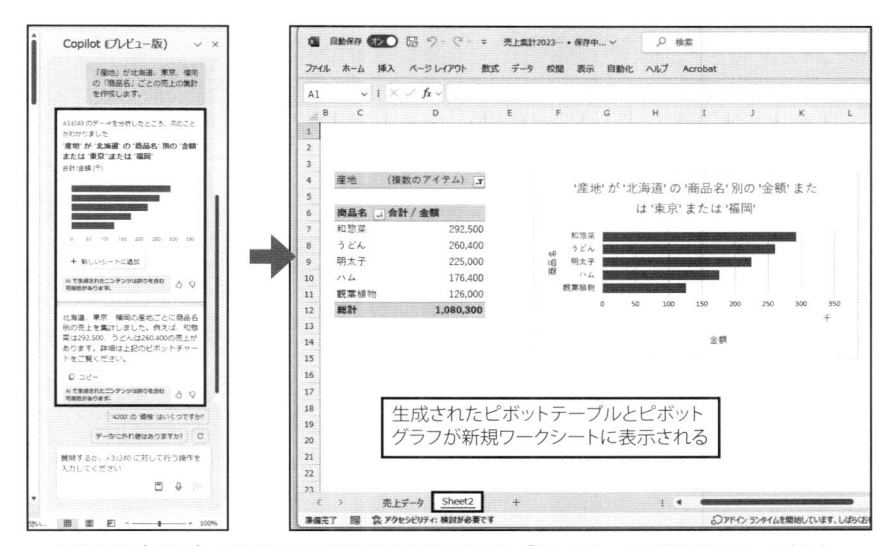

自動的にプロンプトに生成された集計結果が表示される。「新しいシートに追加」をクリックすると、新規ワークシートにピボットテーブルとピボットグラフが追加される

プロンプトで書式を設定する

　プロンプトを使って、セルの書式や表示形式などを変更することも可能だ。5000 以上、上位何項目までに書式を付けるなどの条件付き書式も自動的に作成できる。

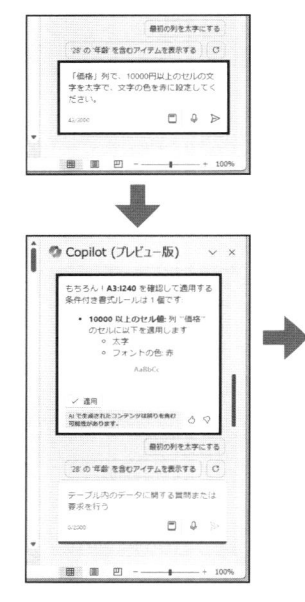

例えば、「価格」列の10000円以上の文字を赤で太字に設定するプロンプトを入力する。すると、適用する内容が表示されるので、それで問題なければ「適用」をクリックする。自動的に該当のセルの書式が変更される

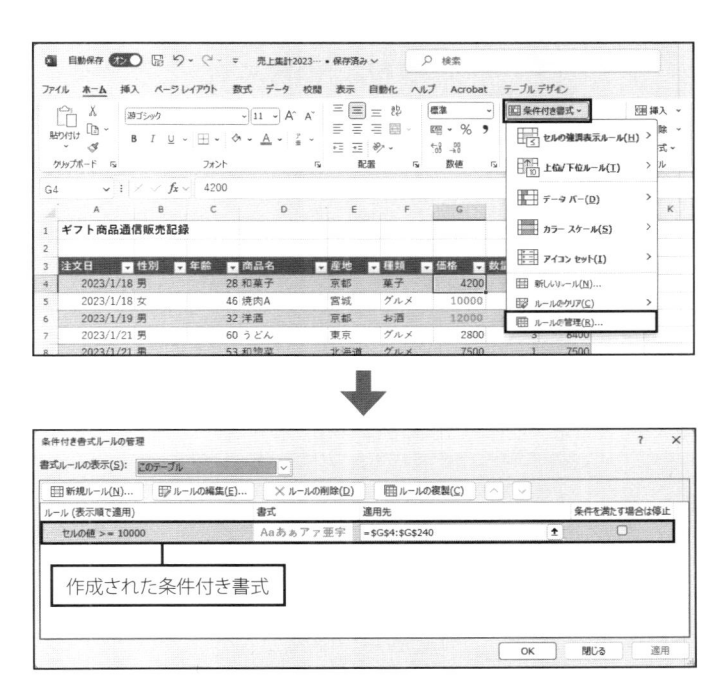

このプロンプトの場合、セルの書式が変更されているわけでなく、自動的に条件付き書式が作成され、条件に応じた書式を設定するようになっている。変更したい場合は、「ホーム」タブの「条件付き書式」ボタンから「ルールの管理」をクリックし、表示された「条件付き書式ルールの管理」画面から変更しよう

1-8 Excelでデータ並べ替えや数式作成、操作不明でもCopilotを使ってプロンプトで指示

　Copilot for Microsoft 365 を Excel で使って、複数の条件からデータを並び替えたり、数式の列の候補を作成したりすることが可能だ。簡単な操作であれば Excel の機能を使ったほうが早く処理できるが、具体的な操作や数式が分からない場合はプロンプトを使うと効率的だ。今回は、Excel で Copilot を使った並べ替えや数式列の作成などの操作を紹介する。執筆時点で提供されている Copilot はプレビュー版になる。

Copilotを使うにはOneDriveに保存する

　Excel で Copilot を利用するには、まずファイルを OneDrive や SharePoint に保存しよう。テーブルにしていなくても、一定の条件を満たしたデータであれば、Copilot が利用できる。この条件は、列見出しは列だけ、空白行や空白列はなし、結合セルはなしなどが Web ペー

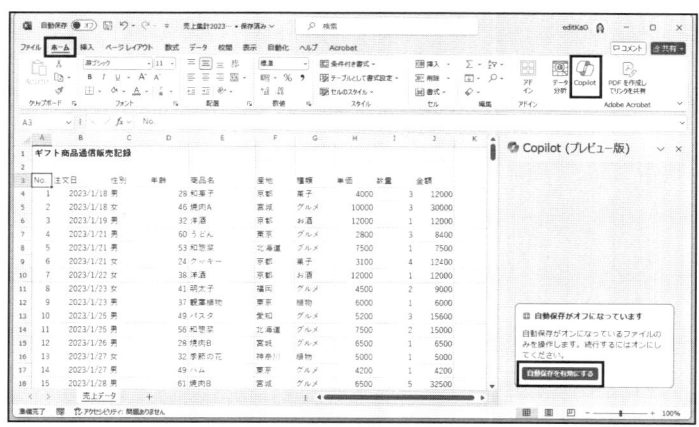

ExcelでCopilotを利用するには、OneDriveやSharePointに保存し、自動保存を有効にする必要がある。PCに保存されたファイルでも、「Copilot」作業ウィンドウの「自動保存を有効にする」をクリックすれば、OneDriveに保存され、自動保存がオンの状態になる

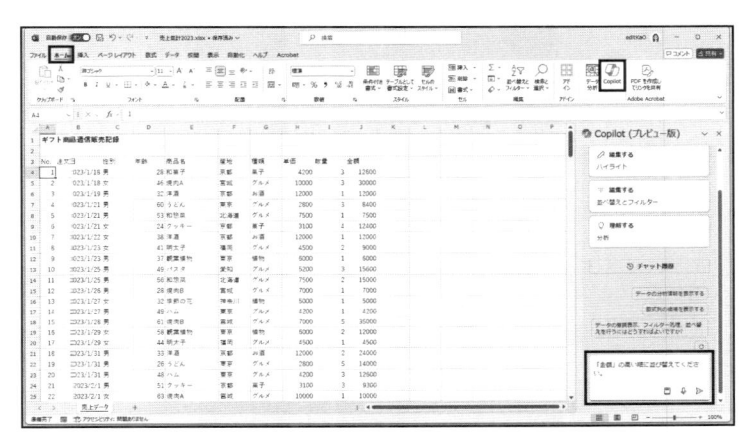

Copilotを利用して、データを並べ替えることができる。並べ替えるには、「ホーム」タブの「Copilot」ボタンをクリックして、「Copilot」作業ウィンドウを表示する。入力ボックス（プロンプト領域）に、プロンプトを入力して「送信」をクリックする

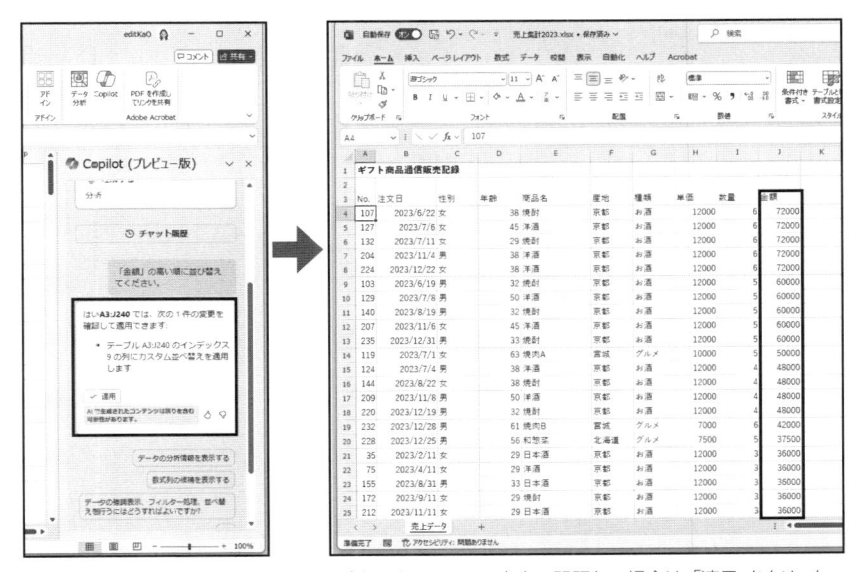

作業ウィンドウ内に、生成された結果が表示される。この内容で問題ない場合は、「適用」をクリックするとワークシートに反映される。今回は「金額」の高い順にデータが並び替えられた。この例では、Excelの「降順」ボタンで作業したほうが早いかもしれない

ジで紹介されている（執筆時点）。この条件は改善や更新に伴って変更される場合がある。詳細は Microsoft の Web ページで確認しよう。

Copilotでデータを並び替える

Excel にはデータの並び替えや抽出する際に、「並べ替え」や「フィルター」、「テーブル」など、複数の機能から操作できる。

1 つの並べ替えなど、1 クリックで操作ができる場合は、Excel の機能を利用したほうが早い場合もあるが、複数の条件が重なっている場合は、Copilot を利用すると効率的に作業が可能だ。

まずは、1 つの条件でデータを並び替えて、操作の流れを確認してみよう。並び替えるには、「Copilot」作業ウィンドウの入力ボックス（プロンプト領域）に具体的な指示を入力して「送信」をクリックする。作業ウィンドウ内に生成の結果が表示されるので、ワークシートに反映する場合は、「適用」をクリックしよう。

1 クリックでは済まないような複数の条件を使った並べ替えや抽出などは、Copilot を利用してみよう。プロンプトで条件を入力するだけで、その条件を満たすための Excel の機能が自動的に設定される。

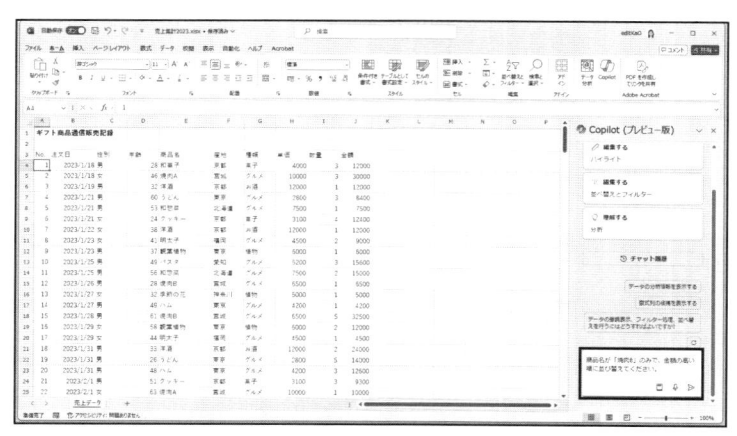

今回は、入力ボックスに商品名が「焼肉B」のみで、金額の高い順に並び替えるように指示を出した

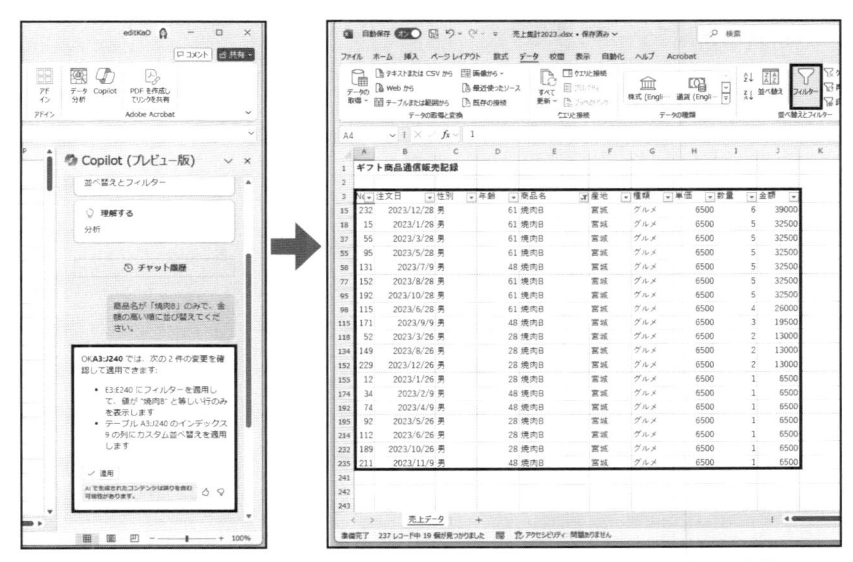

生成が始まり、作業ウィンドウ内に結果の内容が表示される。今回はフィルターで処理した後に、並べ替えの操作が実行されている。内容に問題がない場合は、「適用」をクリックしてワークシートに反映する

数式列の候補を提案してもらう

　Copilot は、データを検索して数式が作成できる候補の列を探し出し、その具体的な数式例を表示させることが可能だ。表示された作業ウィンドウには、数式の説明と入力例、ワークシートに追加されたイメージなどが表示される。

　まずは、プロンプトの提案から数式の候補を表示してみよう。

　作業ウィンドウ内に、生成された結果が表示される。数式の説明を確認し、ワークシートに追加する場合は「列の挿入」をクリックする。数式のみをコピーしたい場合は、数式の右側の「コピー」をクリックすると、クリップボードに数式がコピーされ、セルに直接貼り付けることが可能だ。

　数式列の候補は、データによって表示される内容も変わってくる。例えば、姓と名が分けられたデータなどの場合は、姓と名をつなげた結果が生成できる。

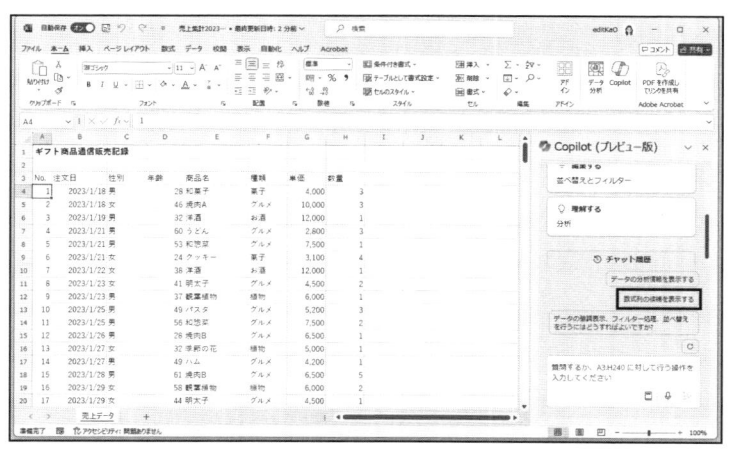

Copilotが提案するプロンプトを使って数式の候補を表示するには、「Copilot」作業ウィンドウ内の「数式列の候補を表示する」をクリックする

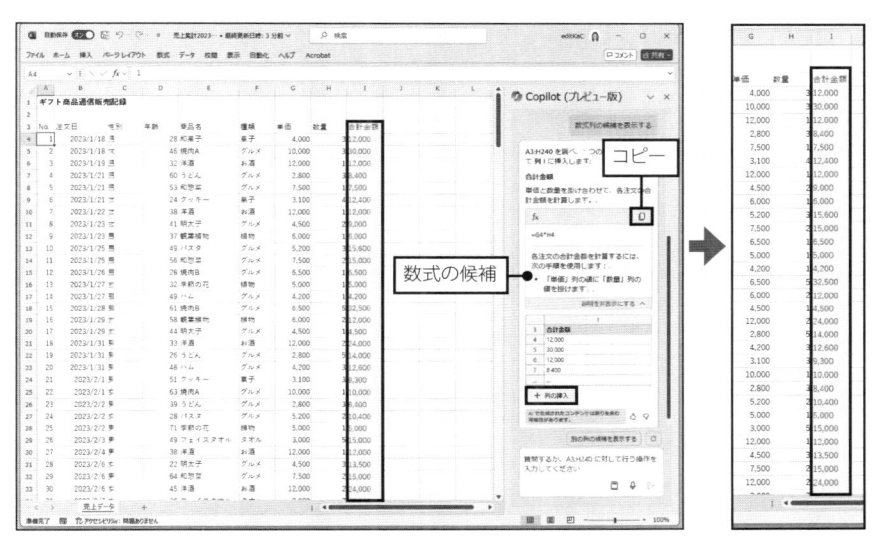

数式が作成できる列の候補として、「単価×数量」で「合計金額」を出す列の候補が表示されている。
数式やその説明とともに、挿入イメージも表示されている。「列の挿入」をポイントすると、ワーク
シート内のセルに挿入されたイメージをプレビューで確認できる。そのままクリックすれば、その
数式の結果が反映される

姓と名が分けられたようなデータで、「数式列の候補を表示する」を実行すると、姓と名をつなげた
数式の候補が表示される。表示通りでよい場合は、「列の挿入」をクリックして反映しよう

具体的な指示を出して数式を生成する

　プロンプトで具体的な指示を入力して「送信」をクリックすると、その内容に基づいた結果が表示される。使う数式や関数がすぐに思いつかないといった場合は、プロンプトで結果を導き出そう。

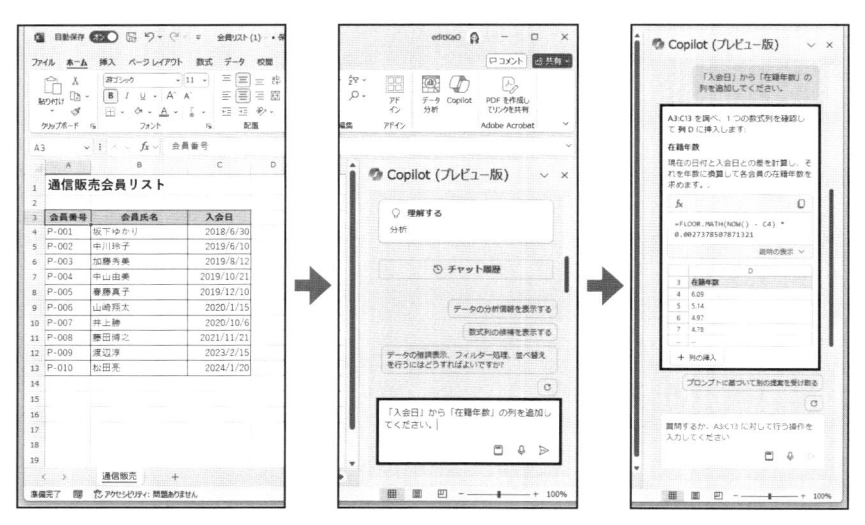

例えば入会日から在籍年数を求めたいけれど、どの関数を使えばよいか分からないといったときなどにも、プロンプトで確認してみると、関数の例を提案してくれる。ワークシートに追加したい場合は、「列の挿入」をクリックする

1-9　TeamsのチャットやWeb会議で交わされた会話、Copilotを使って要約する

　Copilot for Microsoft 365 を使って、Teams の「チャット」のやり取りや Web 会議で交わされた会話の内容を要約できる。今回は、この方法を紹介する。

チャットからCopilotを利用する

　Teams の「チャット」で Copilot を利用するには、チャットの画面でユーザーを選択し、「Copilot を開く」ボタンをクリックする。画面の右側に「Copilot」作業ウィンドウが表示される。

　作業ウィンドウからプロンプト（指示文章）を入力すると、それに合わせた回答を生成してくれる。過去に頻繁にやり取りしたことがあるユーザーの場合は、期間を指定して内容をまとめるよう指示すれば、その期間に交わした会話の要約や共有されたファイルを表示してくれる。

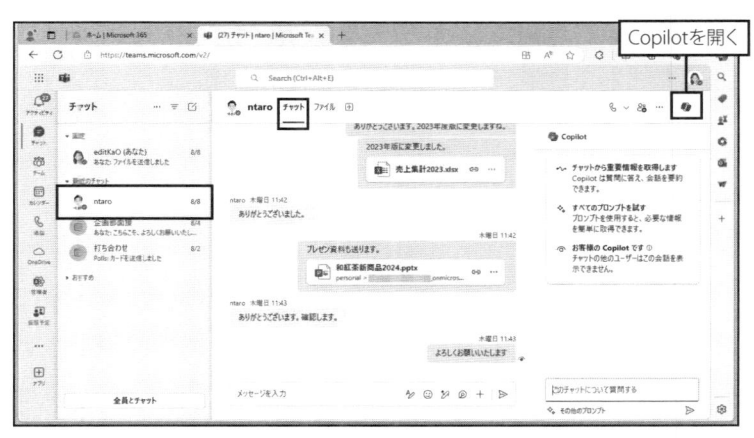

TeamsのチャットでCopilotを利用するには、「Copilotを開く」ボタンをクリックする。画面の右側に「Copilot」作業ウィンドウが表示される。作業ウィンドウの上部には、Copilotに関する情報が表示される

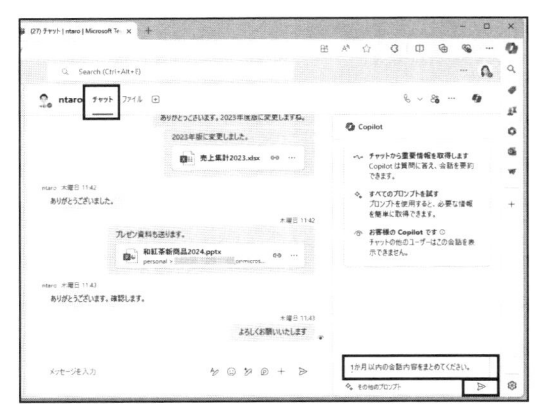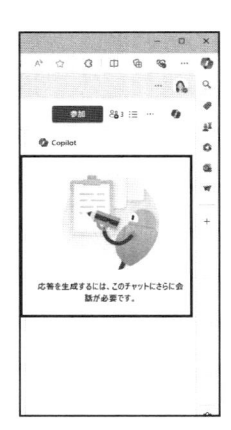

1カ月以内の会話内容をまとめる指示を入力して、「送信」をクリックする。会話が少ないユーザーだと、会話がもっと必要と通知する画面が表示されて、回答は生成されない

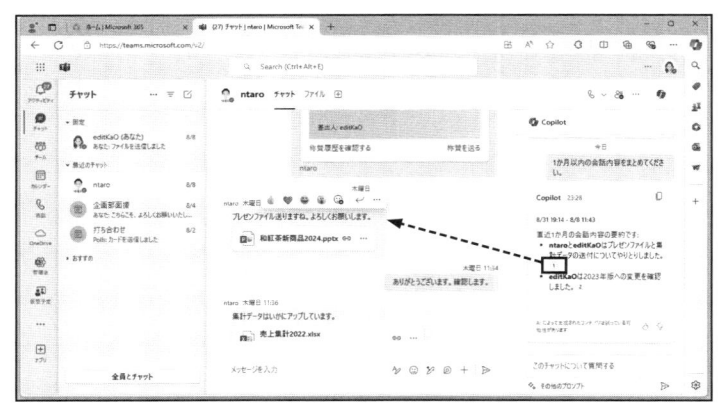

1カ月の会話をまとめた回答が表示された。回答に含まれる「1」、「2」などの数値をクリックすると、その会話の基となったチャットに移動する

過去のやり取りが少ないユーザーの場合は、「さらに会話が必要です」と通知される。

　生成された回答は、「コピー」をクリックするとクリップボードにコピーされ、他のアプリに貼り付けて利用できる。

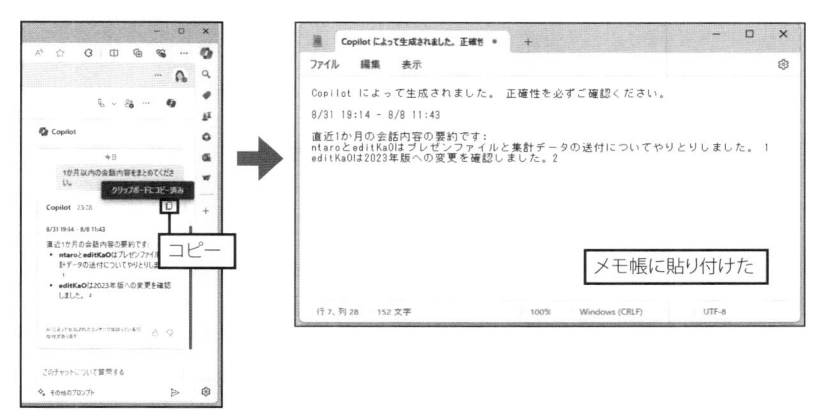

生成された回答の右上にある「コピー」をクリックすると、クリップボードにテキストがコピーされる。他のアプリに貼り付けることができる

Web会議中にCopilotを利用する

　Web会議中に交わされる会話内容をCopilotに適用するときは、会議中に画面上部の「Copilot」ボタンをクリックする。文字起こしの開始を確認する画面が表示されるので「文字起こしの開始」をクリックすると、文字起こしが始まる。

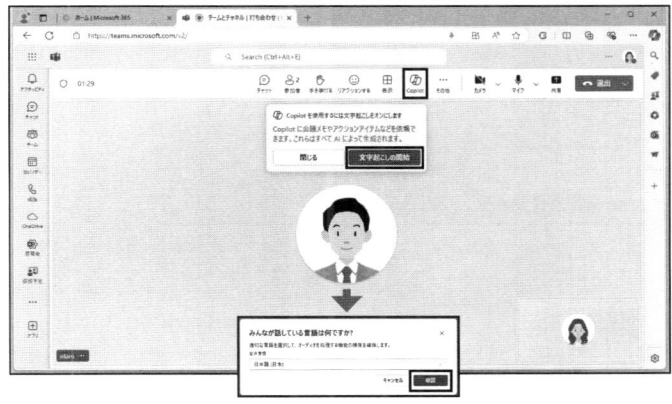

画面上部の「Copilot」ボタンをクリックすると、文字起こしの開始を通知する画面が表示されるので、「文字起こしの開始」をクリックする。話している言語を選択し、「確認」をクリックする

文字起こしが開始されたら、画面右側に「Copilot」作業ウィンドウが表示される

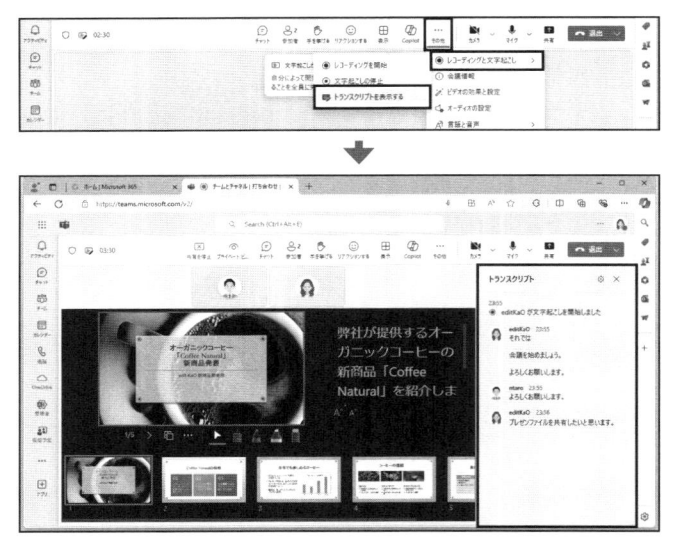

文字起こしの内容は「トランスクリプト」の作業ウィンドウで確認できる。表示するには、画面上部の「…」の「レコーディングと文字起こし」の「トランスクリプトを表示する」をクリックする

文字起こしが始まると、右側に「Copilot」作業ウィンドウが表示される。また、文字起こしの内容を確認したい場合は、「トランスクリプト」作業ウィンドウを表示する。

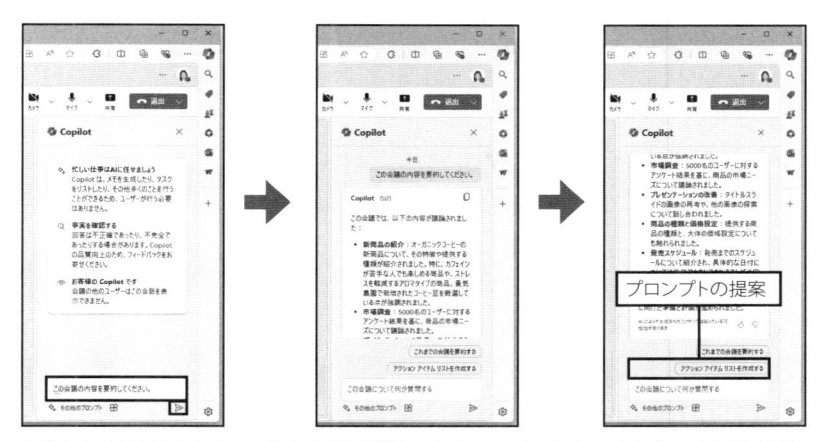

会議の内容を要約するプロンプトを入力し「送信」をクリックする。文字起こしした内容を基に要約された会議の内容が表示される。下に表示されたプロンプトの提案から、他の内容を生成することも可能だ

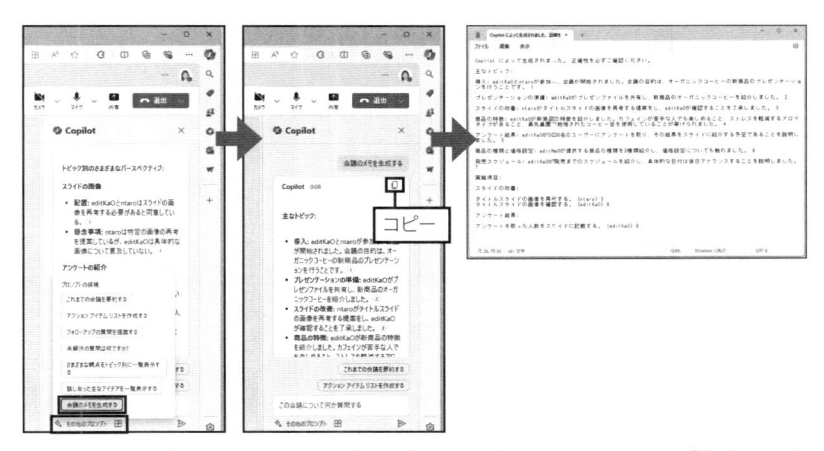

「その他のプロンプト」をクリックすると、プロンプトの候補が表示される。この中の「会議のメモを生成する」をクリックすると、自動的に会議のメモが生成される。生成された内容は、右上の「コピー」をクリックして、他のアプリで使用することが可能だ

　「Copilot」作業ウィンドウでプロンプトを入力すれば、会議の内容を要約したり改善点やタスクをまとめたりできる。

　プロンプトの提案を使って会議のメモなどを作成することも可能だ。

「その他のプロンプト」をクリックすると、候補が表示されるので、目的のプロンプトをクリックする。

スケジュールされた会議なら、会議終了後もCopilotを利用できる

　予約した会議では、会議終了後も文字起こしした内容を使ってメモや要約を作成できる。会議終了後には、「チャット」画面にその会議のチャットが表示される。その「まとめ」タブには、AI による会議メモが表示される。さらに、「Copilot」作業ウィンドウで文字起こしした内容から要約を生成可能だ。

　なお、AI メモは会議終了直後にすぐに表示されない場合がある。その場合は時間がたってから、再度確認しよう。

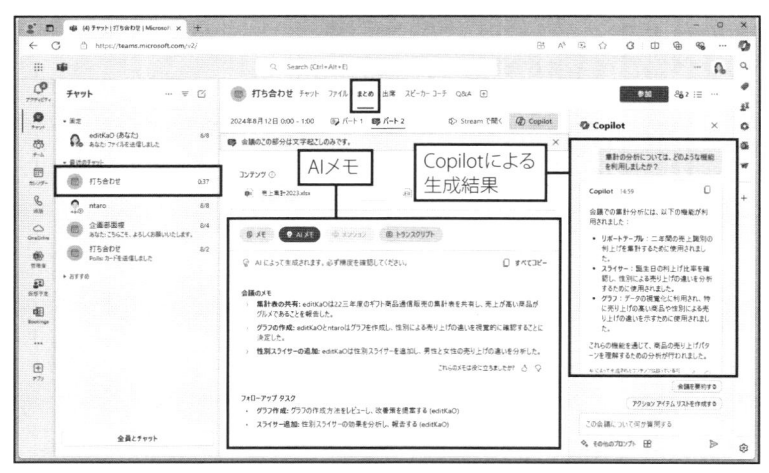

予約した会議で文字起こし機能を使っていたとする。会議が終了した後に、「チャット」の「まとめ」タブにAIによる会議メモが自動的に作成されている。「Copilot」作業ウィンドウを表示して、プロンプトを入力すれば、会議終了後でもCopilotを利用できる

第 2 章
必要な情報を検索する

2-1　OfficeアプリやEdgeで使える「Microsoft Search」、Webもファイルも同時に検索

Microsoft Search は Microsoft 365 の検索機能で、Office アプリや Web ブラウザーの Edge などから利用できる。キーワードを入力すると、インターネット上の情報に加えて、パソコン内や組織内のファイル、連絡先を対象にした検索結果を表示する。

EdgeからMicrosoft Searchを利用する

Microsoft Search は Edge で開いた Microsoft Bing の「検索」ボックスで利用できる。Microsoft 365 の職場のアカウントでサインインした状態であれば、組織内の情報が検索対象になる。

Microsoft Bing の「検索」ボックスに検索したいキーワードを入力す

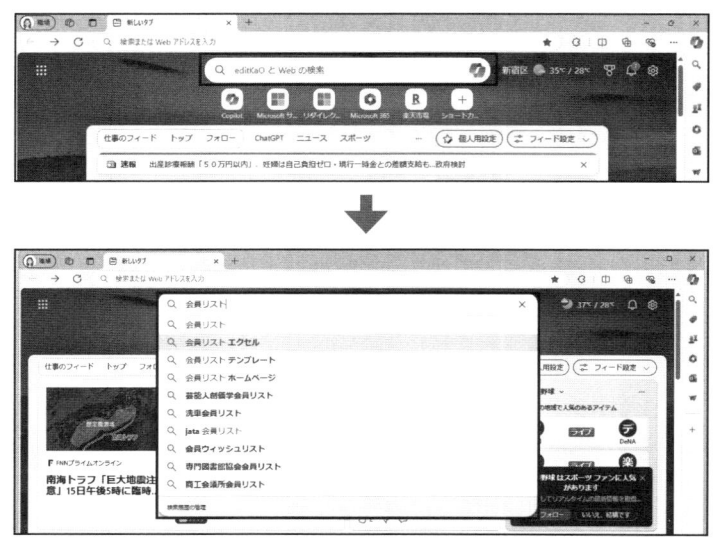

Microsoft Bingの「ホーム」画面にある「検索」ボックスにキーワードを入力すると、検索候補が表示される。すべてのキーワードを入力したら「Enter」キーを押す

ると、その検索候補が表示される。そのまま入力を続けて「Enter」キーを押すと、そのキーワードに合致した情報が「検索」のタブに表示される。

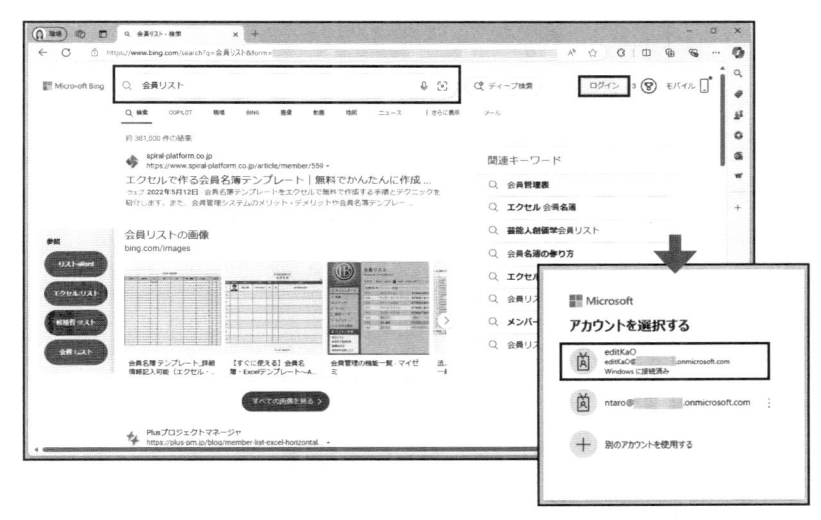

キーワードに合致した検索結果が表示される。先頭には「検索」タブの他、「COPILOT」「職場」「BING」などのタブが表示されている。「職場」タブをクリックすると、職場のMicrosoft 365アカウントでサインインしていない場合は、画面が表示されるのでアカウントを選択してサインインする

サインインすると、そのキーワードに合致した組織内の情報やファイルなどが検索できる

「COPILOT」タブをクリックすると、そのキーワードを基に回答が生成される

　画面上部の「COPILOT」「職場」「画像」といったタブを切り替えると、タブごとに入力したキーワードに合致した検索結果が表示される。

　Microsoft 365 の職場のアカウントでサインインしていれば、「職場」タブには組織内のファイルや連絡先が表示される。ファイルは組織内で共有されているファイルや所属しているグループ内のファイル、連絡先は組織内のユーザーやメールをやり取りしたことがある相手である。

Microsoft 365でMicrosoft Searchを利用する

Microsoft 365 の Web ページにサインインすると、画面上部の「検索」ボックスで Microsoft Search を利用した検索が可能だ。「アプリ」「ファイル」「連絡先」「サイト」の項目があり、それぞれの条件に合ったものを検索できる。

Microsoft 365の「ホーム」画面の上部の「検索」ボックスをクリックすると、「アプリ」「ファイル」「連絡先」「サイト」の項目が表示されている

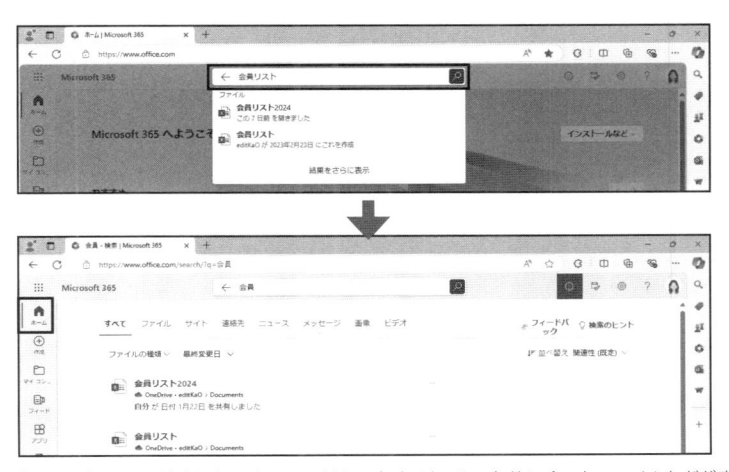

「検索」ボックスで検索したいキーワードを入力すると、その条件に合ったファイルなどが表示される。「結果をさらに表示」をクリックすると、条件に合ったすべての情報が表示される

Officeアプリで**Microsoft Search**を利用する

　Microsoft Search は Office アプリでも利用可能だ。デスクトップの Office アプリの「検索」ボックスでキーワードを入力すると、条件に合った項目が表示され、それぞれに該当のファイルやヘルプが表示される。

「メッセージ」タブをクリックすると、その条件に合ったチャットやメールなどを検索して表示してくれる

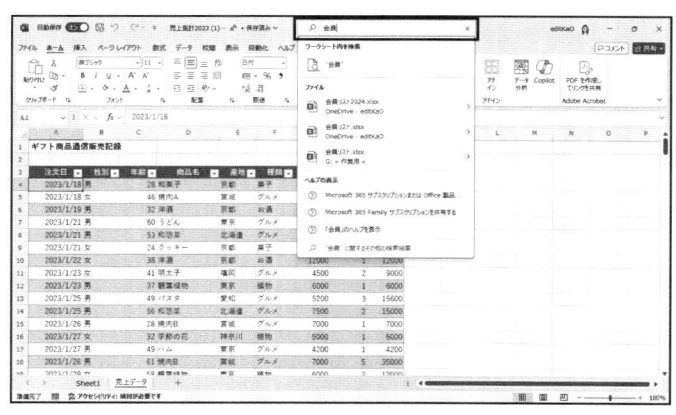

画面はデスクトップのExcelの「検索」ボックスをクリックすると、そのキーワードに合ったファイルやヘルプなどの情報を表示してくれる

2-2 操作方法が分からなくなったらMicrosoft Searchで検索、結果をそのまま適用

　Office アプリで作業していて操作方法が分からなかったら、Microsoft Search を使って調べてみよう。ヘルプ内の操作方法を検索するだけでなく、アプリで入力したデータに合った機能を表示したり、検索結果の操作内容をデータに適用させたりできる。作業していたファイルの検索や、組織内のユーザーとのファイル共有にも使える。

「検索」ボックスで情報を検索する

　「検索」ボックスに文字を入力し始めると、その内容に関連した操作やワークシート内検索、連絡先、ファイル、ヘルプの表示の項目ごとに条件に合ったものが表示される。

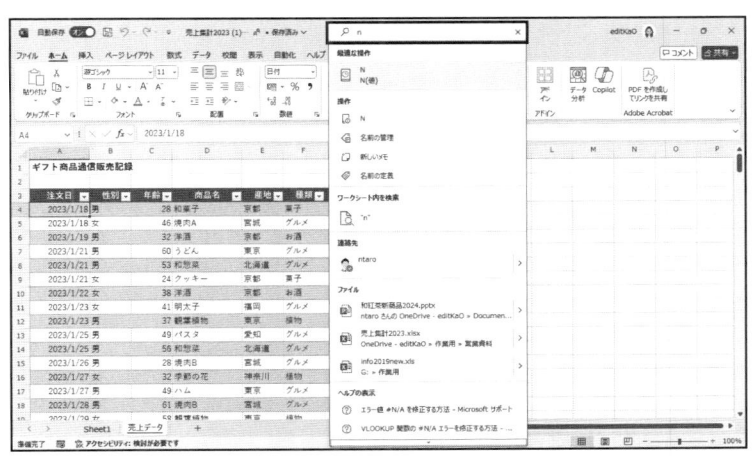

例えば、「n」と1文字入力しただけで、n（エヌ）そのものか、nから始まる単語に関連した情報が表示される。続けて入力していくと、表示内容は変化する

表示中のデータに検索結果の操作を適用する

　Office アプリでは非常に多くの機能が提供されているため、頻繁に利用しない機能の操作方法を忘れてしまうこともあるだろう。そうしたときは、Office アプリの「検索」ボックスに目的の作業内容を入力してみよう。Microsoft Search の機能を利用して、操作方法を探してくれる。

　例えば、Excel で「データ分析」などと検索すると、その内容に合わせた機能が表示される。操作したいデータを表示させた状態で検索すると、右側に「データ分析」作業ウィンドウが表示され、表示しているデータに合わせた結果が表示される。結果の一覧から目的の操作を選択すると、その操作が適用される。操作のコマンドが分からなくても結果を得られるので便利だ。

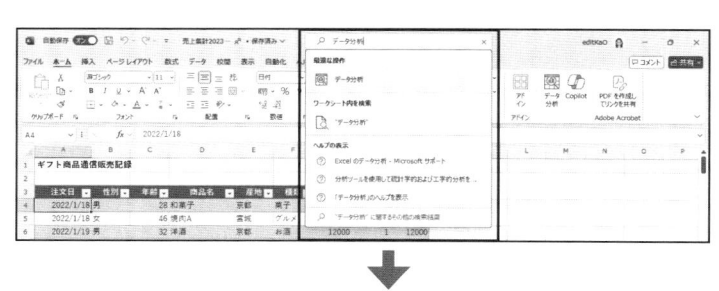

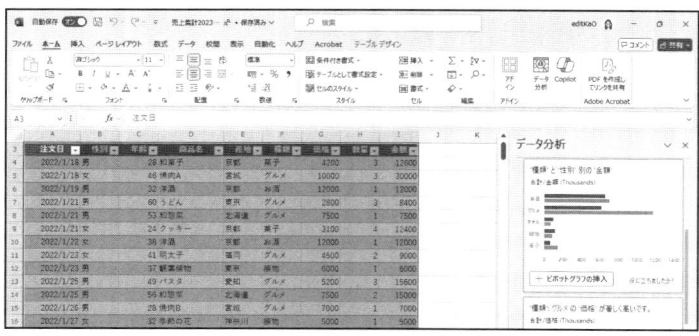

Officeアプリの「検索」ボックスに目的の作業内容を入力すると、内容に合う操作が表示される。Excelで「データ分析」を検索した結果の中から「最適な操作」の「データ分析」をクリックすると、右側に「データ分析」作業ウィンドウが表示される。一覧から挿入したいグラフの「ピボットグラフの挿入」をクリックすると、新規シートにピボットグラフを挿入できる

作業していたファイルを検索する

　Office アプリであれば、「ファイル」タブの「最近使ったアイテム」を見るとこれまで作業していたファイルの履歴が表示される。また、Microsoft 365 の職場のアカウントでサインインした状態で「検索」ボックスにキーワードを入力して検索すると、作業しているパソコン以外に保存された組織内のファイルも検索対象にできる。

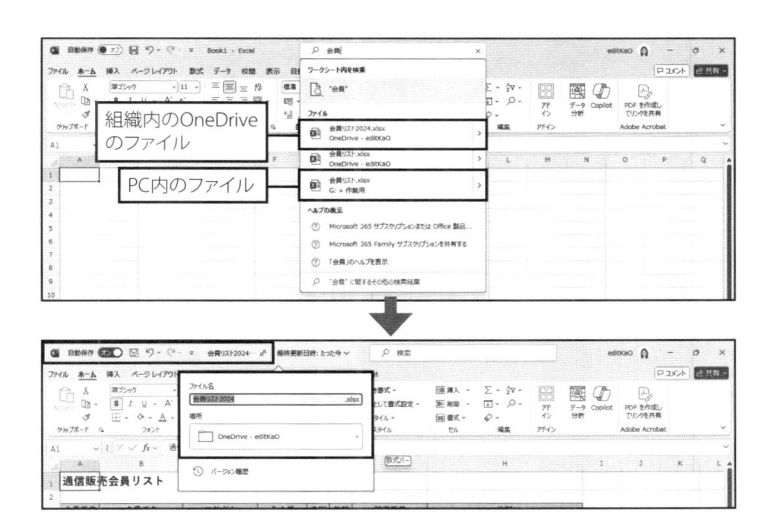

「検索」ボックスに探したいファイルのキーワードを入力すると、パソコン内と組織内のオンラインストレージであるOneDrive内から検索できる。画面はOneDriveに保存したファイルを開いている。ファイル名部分をクリックすると保存場所が分かる

組織内のユーザーを指定して共有する

　Microsoft 365 のアカウントでサインインした状態で「検索」ボックスをクリックすると、「連絡先」に組織内のユーザーの連絡先が表示される。ここでユーザーを選択してから「共有」をクリックして、ファイルの共有が可能だ。

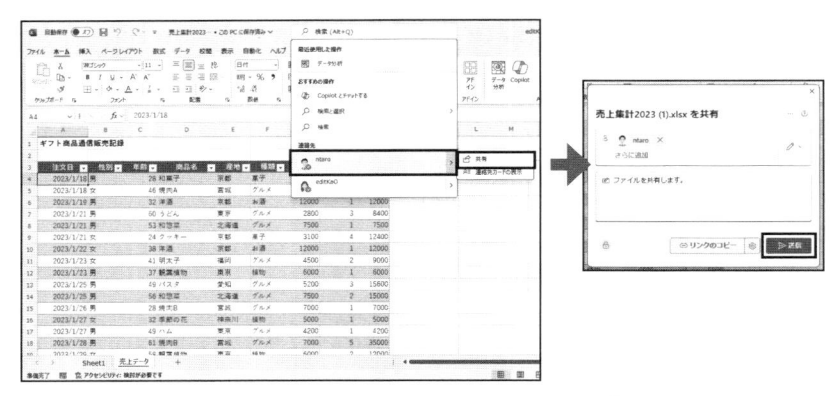

「検索」ボックスをクリックし、「連絡先」から共有したいユーザーを選択して「共有」をクリックする。「共有」画面が表示されたら、共有先を確認して「送信」をクリックする。相手にメールが届き、メール内のリンクを使ってファイルにアクセスできる

Web版のOfficeで検索を利用する

Web 版の Office では「検索」ボックスで操作とヘルプの情報を検索できる。ファイルや連絡先の情報を利用したい場合はアプリ起動時やMicrosoft 365 の「ホーム」画面の「検索」ボックスを利用しよう。

Web版では、操作やヘルプに関する情報を検索できる。例えば「分析」と入力すると、分析の操作とヘルプに関する情報が検索できる

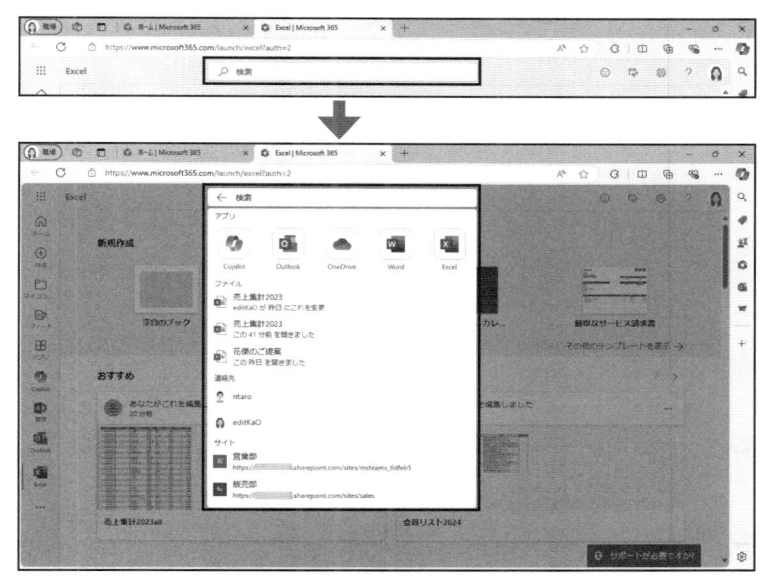

ファイル名や連絡先、サイトの情報も検索候補にしたい場合は、Microsoft 365の「ホーム」画面か、アプリ起動時の画面での「検索」ボックスを利用しよう

2-3 有料ライセンスのAIチャットを使って情報を検索する

マイクロソフトは Microsoft 365 とは別に、法人向けに Copilot for Microsoft 365 を提供している。今回は、Copilot for Microsoft 365 の AI チャットを使って情報を検索する方法を紹介する。

Copilotは無料版と有料版がある

マイクロソフトの Copilot には無料版と有料版があり、有料版には個人向けと法人向けのプランが用意されている。個人用の有料版「Copilot Pro」と、法人用の有料版「Copilot for Microsoft 365」である。

無料版は Microsoft アカウントを使用しなくても利用できるが、履歴などを残したい場合は、サインインする必要がある。有料版の Copilot for Microsoft 365 は、職場または学校用のアカウントでサインインすることで利用できる。

企業用の Copilot for Microsoft 365 には、会社のデータを保護するための機能が用意され、職場用アカウントでサインインした際に業務デー

無料のCopilotの画面。Microsoftアカウントでサインインすると、履歴を保存できる

職場用のアカウントでサインインすると、企業用のCopilot for Microsoft 365を利用できる

タが外部に漏洩しないようになっている。例えば、チャットで機密情報をやり取りしたとしても、データは保存されない。もちろんマイクロソフトもアクセスできない。AIの学習にも使用されない。

「職場」と「Web」を切り替えて使う

　職場用の Microsoft 365 アカウントでサインインして Copilot を選択すると、「職場」と「Web」タブをを切り替えて使用できる。「職場」は

Copilot for Microsoft 365で「職場」をクリックした状態の画面

「Web」をクリックすると、Webの情報も使って生成できる

プロンプトの一覧から、今回は「タスクを追跡する　先週のメールで注目すべきものはどれですか?」をクリックすると、下の入力ボックスにプロンプトが表示されるので、「送信」をクリックする

Microsoft 365の組織内のデータから、「Web」はWebの情報から生成する。

　まず、提案されたプロンプト（指示内容）を使って操作してみよう。先頭にいくつかのプロンプトの提案が表示されるので、生成したいプロンプトを選択する。

　なお、「職場」ではチャット履歴が残るが、「Web」ではチャット履歴が残らない仕様になっている。

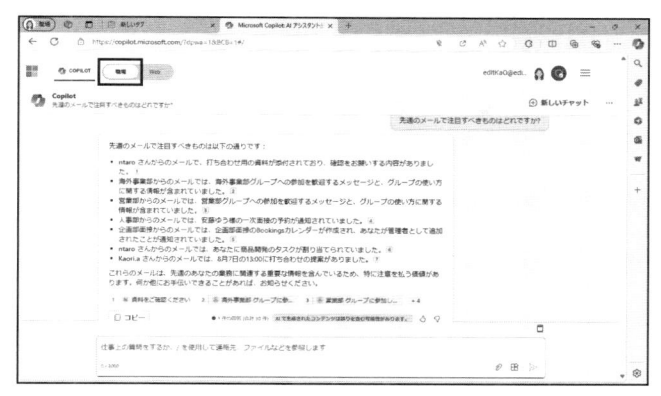

メールやTeamsでのやり取りを使って、回答が生成される

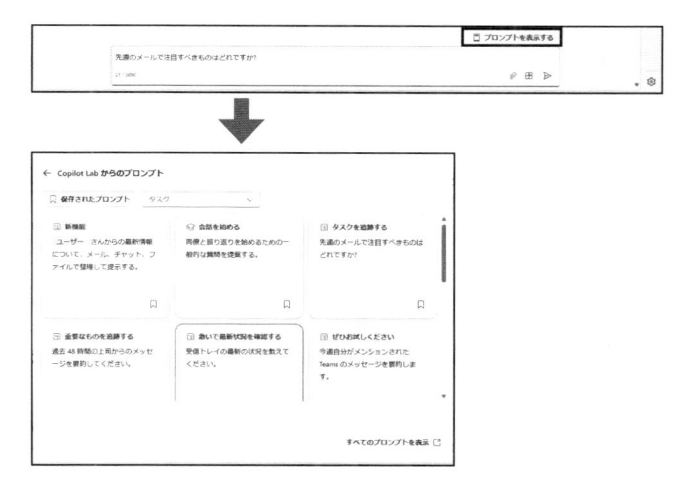

プロンプトの提案の一覧で「プロンプトを表示する」をクリックすると、「Copilot Labからのプロンプト」画面が表示される。ここではプロンプトの例を確認して、クリックの操作で入力ボックスに表示させることが可能だ

Edgeのサイドバーでも利用できる

　Edge のサイドバーの「Copilot」からも、AI チャットを利用できる。画面右上の「Copilot」をクリックして、「Copilot」画面を表示する。表示された画面で、タブを切り替えて操作しよう。

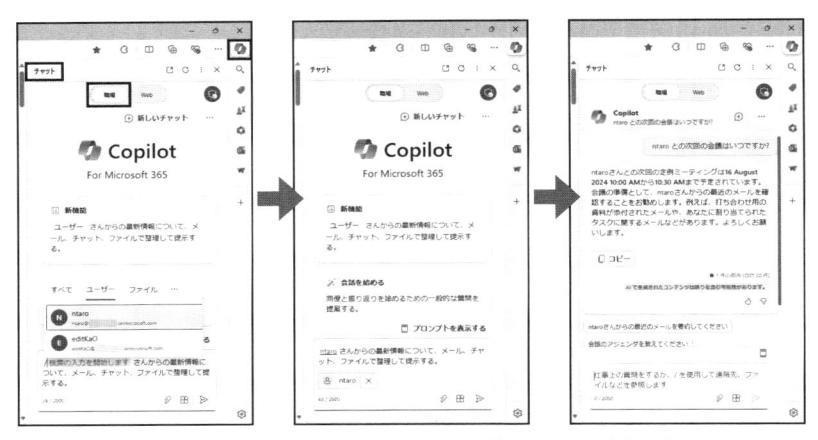

Copilotは、Microsoft 365アカウントでサインインしている状態で、Edgeの右上の「Copilot」をクリックし、表示されたサイドバーからも利用できる。職場のアカウントでサインインしていれば、「チャット」には「職場」と「Web」タブが表示される。同様に、プロンプトの提案を使って回答を生成できる

「Web」タブに切り替えると、「チャット」と「作成」タブが表示される。「作成」タブでは、文章をAIで生成できる。生成したい内容を入力し、文章のトーンや形式、長さを指定して「下書きの生成」をクリックする。下の「プレビュー」部分に、検索した内容の回答が生成される

第3章

Outlookを操作する

3-1　Web版とUIが統一された「新しいOutlook」、GmailやiCloudに対応

　Outlook for Windows が 2024 年に大きく更新された。Web 版と同じシンプルな画面になり、見た目や使い方も大きく変わった。従来の Outlook のほうが好みだった人でもいずれ利用できなくなるので、今のうちに「新しい Outlook」の操作に慣れておいたほうがよい。

新しいOutlookが標準のメールアプリに

　従来の Outlook から新しい Outlook への切り替えは、画面の右上に表示されたトグルから実行できる。OS 標準の Windows メールを利用している場合でも、切り替えのためのトグルが表示される。

新しいOutlookの画面。従来のOutlookに戻りたい場合は、「新しいOutlook」のトグルをオフにする。ただし、従来のOutlookは2024年末には利用できなくなる予定だ。この切り替えのトグルは、新しいOutlookをあらかじめ使用していた場合は表示されない

標準のWindowsメールでも新しいOutlookに切り替えるトグルが表示される

従来のOutlookの設定を引き継げる

従来の Outlook を利用している場合は、トグルをオンにして表示された画面で「切り替える」をクリックすると、設定を引き継ぐための画面が表示される。この手順はユーザーの環境によって異なるようだ。なお、

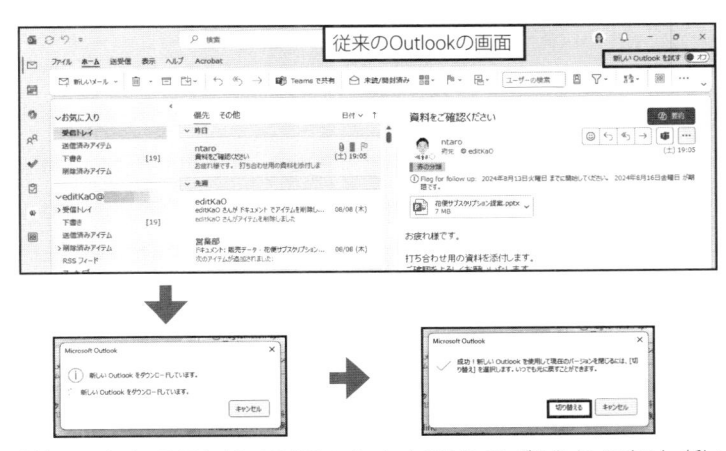

従来のOutlookで画面右上にある「新しいOutlookを試す」のトグルをオンにすると、新しいOutlookのダウンロードが始まる。ダウンロードが終了したら、「切り替える」をクリックして新しいOutlookを表示しよう

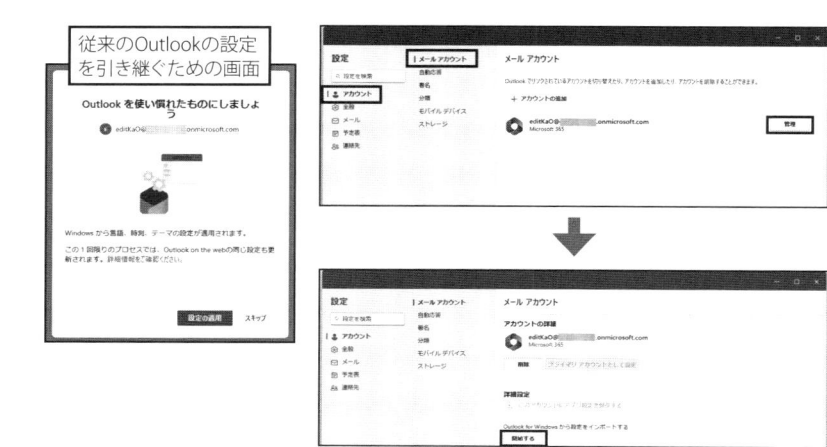

初めて切り替えると、従来の設定を引き継ぐための画面が表示されるので、画面の指示に従って操作しよう。この画面を再度表示したいときは、新しいOutlookの「設定」画面の「メールアカウント」のアカウントの右にある「管理」をクリック。「Outlook for Windowsから設定をインポートする」の「開始する」をクリックする

新しい Outlook は Outlook データファイル（.pst）を利用できない。

　引き継げるのは、ダークモードや通知、署名、クイック操作などの設定だ。「設定のインポート」を選択すると、Web 版の Outlook にも適用される。

新しいOutlookのクイックツアーを確認する

　設定が完了すると、「新しい Outlook」の画面に自動的に切り替わる。切り替え直後は、新しい Outlook の機能を説明するツアー画面が表示されている。複数の画面で機能を紹介しているので、「次へ」をクリックして確認してみよう。

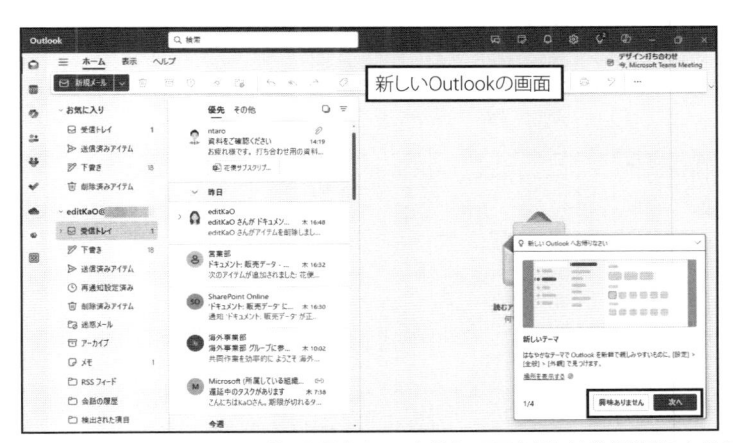

「新しいOutlook」に初めて切り替えた場合や戻った場合、画面右側には機能説明のためのツアー画面が表示される。複数画面で紹介されているので「次へ」をクリックして確認する。この画面を閉じるには「興味ありません」をクリックする

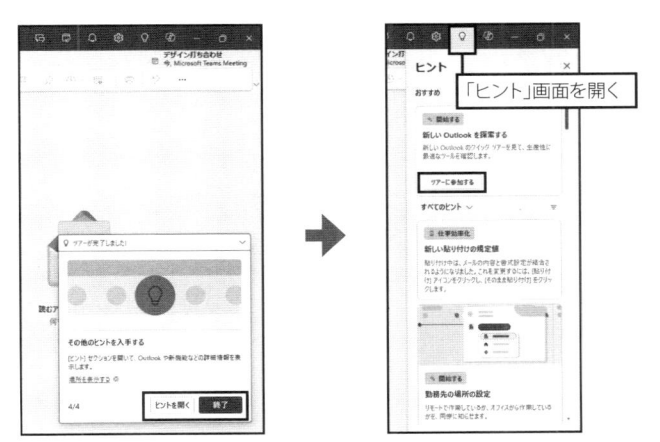

ツアーを終了するには、最後の画面で「終了」をクリックする。もっと知りたい項目がある場合は「ヒントを開く」をクリックすると、「ヒント」画面が右側に表示されて確認できる。ツアー画面はこの画面上部の「ツアーに参加する」から表示できる

新しいOutlookの画面を確認する

　新しい Outlook に切り替わったら、表示を確認してみよう。新しいOutlook の画面はシンプルになり、起動時のタブは「ホーム」「表示」「へ

ループ」の３種類になっている。新しい Outlook と Web 版の Outlook は
連動しており、設定を変更すると両方に適用される。

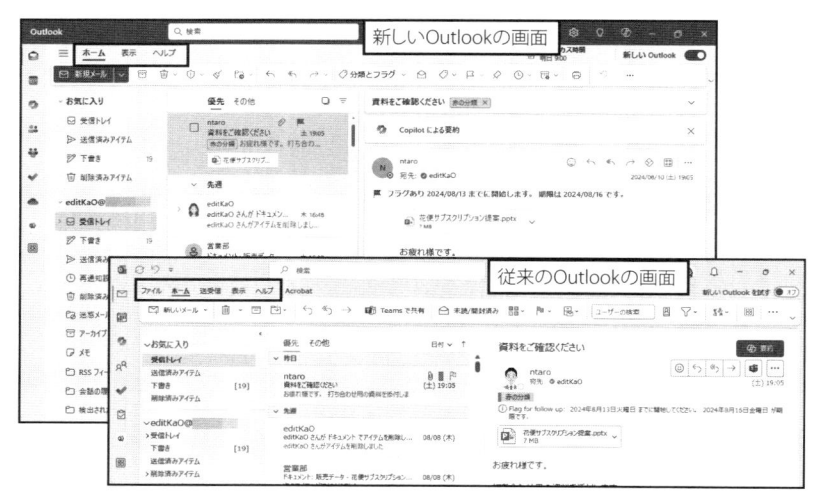

新しいOutlookは表示がシンプルになり、タブは「ファイル」や「送受信」タブがなくなり、「ホーム」「表示」「ヘルプ」の3種類になっている

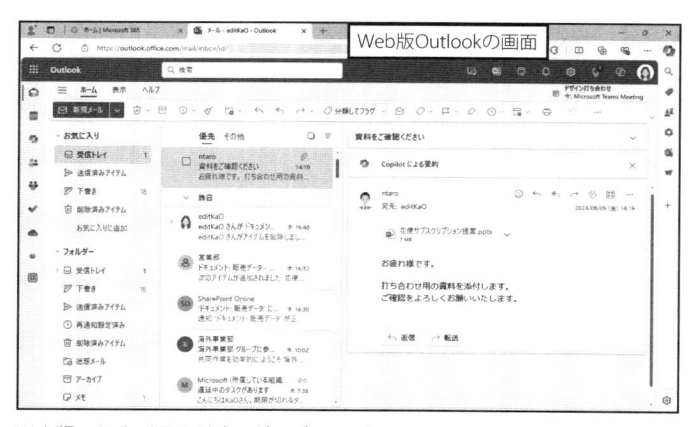

Web版のOutlook画面は表示がほぼ同じになっているので、どのプラットフォームでも操作しやすくなっている

戻す場合はフィードバックに回答する

　新しい Outlook を使ってしっくりこないときは、以前の Outlook に戻すことが可能だ。画面右上の「新しい Outlook」のトグルをオフにすると元に戻せる。戻す前に、戻す理由を確認するためのフィードバックが表示されるので、必要に応じて送信しよう。このフィードバックはスキップすることも可能だ。なお、以前の Outlook に戻す方法は執筆時点で確認できたが、今後、戻せなくなる可能性がある。

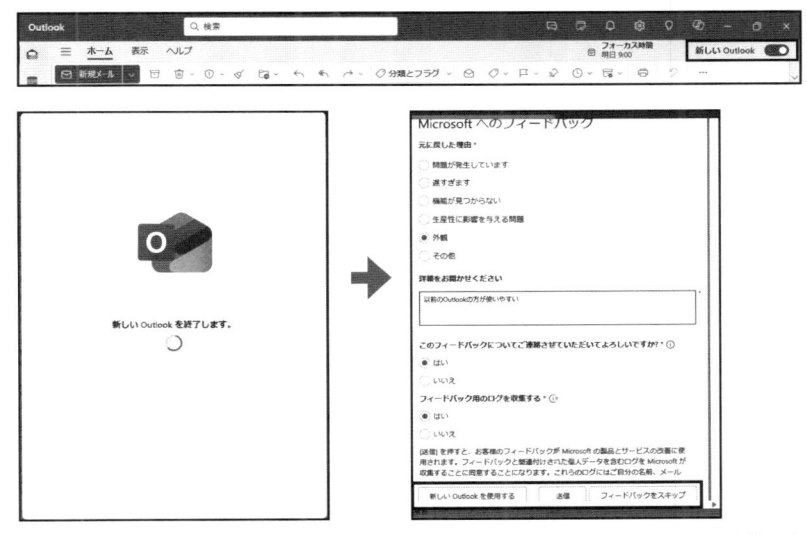

従来のOutlook画面に戻るには、「新しいOutlook」のトグルをオフにする。新しいOutlookを終了する画面が表示され、フィードバックに関する画面が表示される。元に戻した理由などを選択し、「送信」をクリックする。フィードバックをしない場合は「フィードバックをスキップ」、新しいOutlookを継続して利用する場合は「新しいOutlookを使用する」をクリックする

アカウントが追加できないときの手段

　新しい Outlook に切り替えるとアカウントは自動的に追加されるはずだが、うまくいかないときはアカウントを追加する。新しい Outlook を起動すると、アカウントの追加画面が表示されるのでアカウントを追加する。アカウントは、「設定」画面からも追加可能だ。

　新しい Outlook では、職場や個人の Microsoft 365 以外のアカウントにも対応した。執筆時点では、Outlook.com や Hotmail.com 、Gmail、Yahoo、iCloud などの複数のメールアカウントを追加できる。

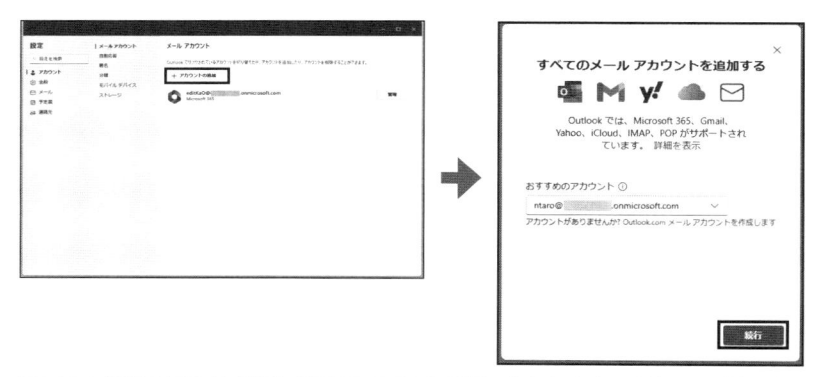

アカウントを追加するには、「設定」画面の「アカウントの追加」をクリックする。追加画面が表示されたら、アカウントを追加し、パスワードを入力して「サインイン」をクリックする

3-2 大きく変わった「新しいOutlook」、設定変更でできるだけ使いやすくする

　新しい Outlook for Windows は画面がシンプルになり、起動時には「ホーム」「表示」「ヘルプ」のタブのみが表示されるようになった。従来の Outlook にあった「ファイル」や「送受信」に含まれる機能の一部は「設定」から利用する。ユーザーインターフェースが大きく変わった従来の Outlook ユーザーが「新しい Outlook」を使いやすくなるようなカスタマイズ方法を紹介する。

従来のアプリにあった「ファイル」タブの機能はどこに？

　新しい Outlook になって戸惑うのは、従来の Cutlook にあった「ファ

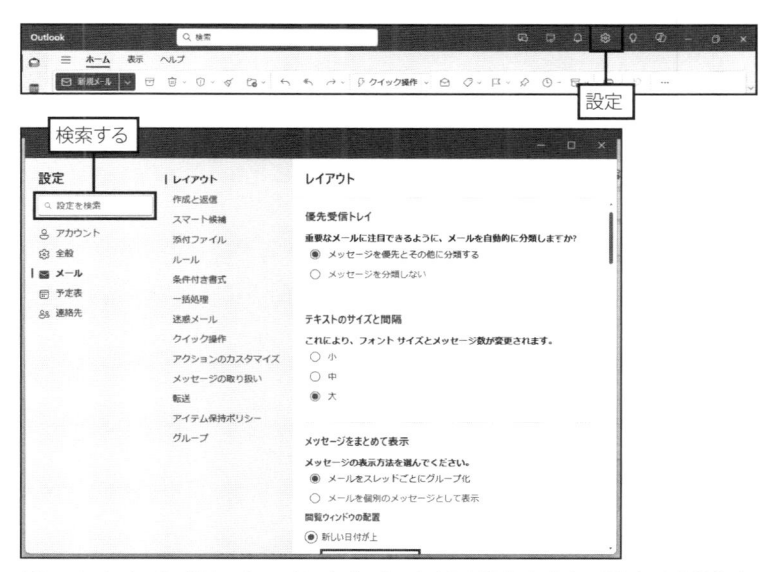

新しいOutlookでは、従来の「ファイル」タブにあったような設定は、右上の「設定」から操作する。「設定」画面では、Outlookに関する設定やメール、予定表、連絡先などの設定を変更できる。機能がどこにあるか分からない場合は、左上の「設定を検索」ボックスで検索できる

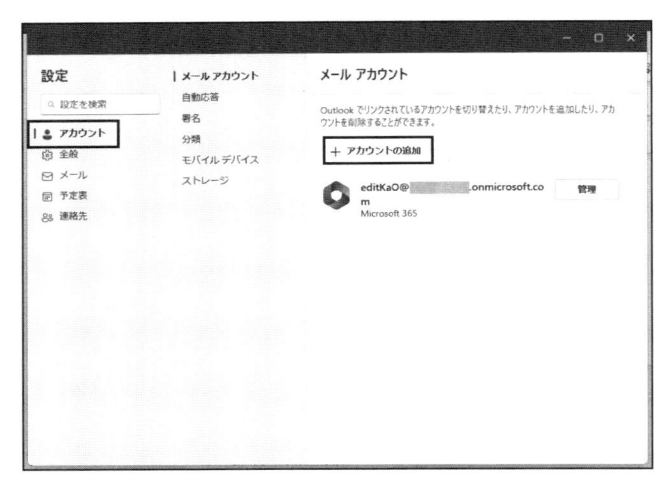

アカウントを追加するための項目が表示されている。アカウントを追加するには、「アカウント」の「メールアカウント」の「アカウントの追加」をクリックする。複数のアカウントを追加して切り替えて利用できる

イル」や「送受信」のタブにまとめられていた各機能をどこで使えるかという点だろう。これらの機能は、新しい Outlook では「設定」の画面から操作できる。「設定」を開くと、「アカウント」（デスクトップ版のみで表示）「全般」「メール」「予定表」「連絡先」といった項目が表示される。それぞれにより詳細な項目があり、利用可能だ。

　新しい Outlook でメールアカウントに関する変更は、「設定」の「アカウント」で行う。ここでは、アカウントの追加や、自動応答・署名・分類（カテゴリー）などの設定が可能だ。

Outlookの基本的な設定を変更する

　「設定」画面の「全般」では、言語とタイムゾーン、デザイン、メールや予定表の通知、検索時の設定や検索履歴の削除、Outlook のバージョンなどを確認できる。

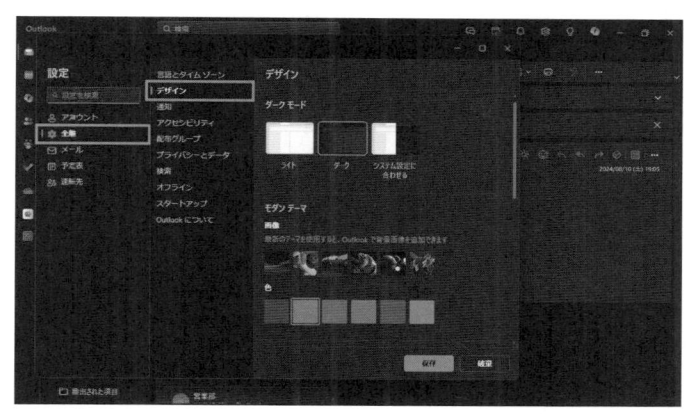

例えば、画面全体のデザインを変更するには、「全般」の「デザイン」をクリックする。ダークモードやモダンテーマの画像や色などを変更すると、そのデザインに変更できる

Web版とデスクトップアプリの新しいOutlookの画面は連動しており、一方でダークモードなどを選べば、もう一方にも同じ設定で引き継がれる

メールの設定を変更する

　「設定」画面の「メール」では、メッセージの表示方法や、新規メール作成時の設定、ルールや迷惑メール、クイック操作など、メールに関する設定を変更できる。

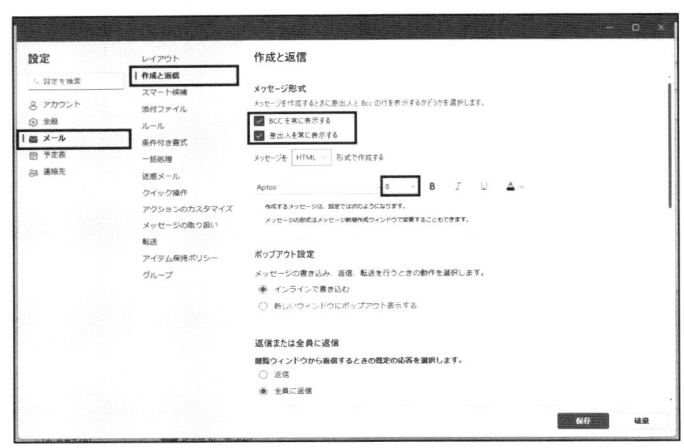

「メール」の「作成と返信」では、新規メールや返信メールを作成する際の表示方法を指定できる。ここでは、BCCや差出人を常に表示し、メッセージのフォントサイズなどを変更して保存した

「ホーム」タブに戻り、新規メールを作成すると、差出人やBCCが常に表示され、設定したフォントサイズになる。作成した署名も反映される

リボンにあるボタンを変更する

リボンにあるボタンは、カスタイマイズして独自の表示に変更することが可能だ。従来のOutlookでは、「Outlookのオプション」画面の「リボンのユーザー設定」にまとめられていたものだ。リボンのボタンの表示を管理でき、並び順を変更して従来のスタイルに近づけたい、ボタンの移動や削除、追加をしたいといった場合は、カスタマイズして自分専用のリボンに変更しよう。

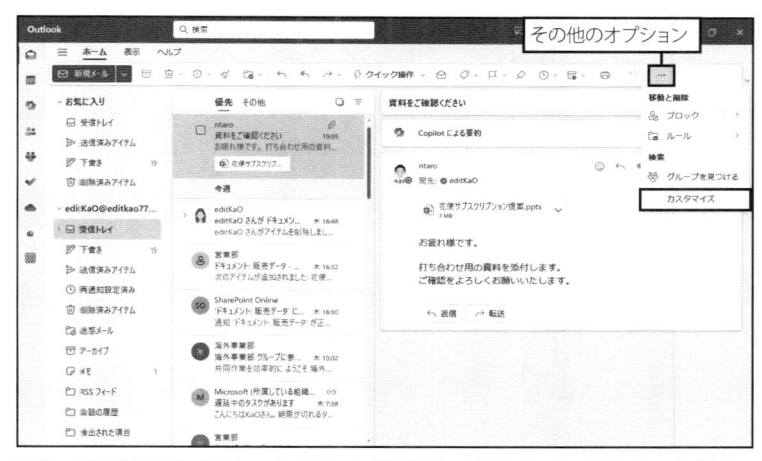

リボンの表示は独自にカスタマイズすることが可能だ。変更するには、変更したいタブを表示して、リボンの右端の「…」(その他のオプション)をクリックし、「カスタマイズ」をクリックする

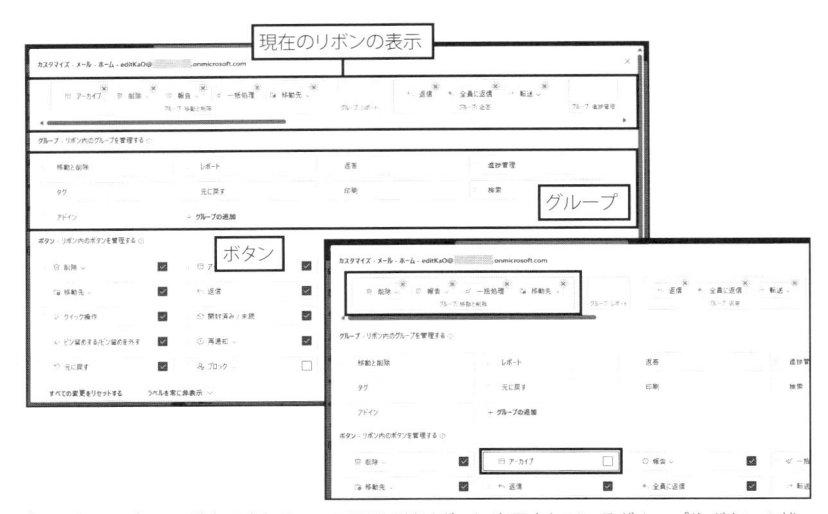

「カスタマイズ」画面が表示される。この画面ではリボンに表示されているグループやボタンの状態が表示されている。ボタンのチェックをオフにすると、リボンからは非表示の状態になる。例えば「アーカイブ」のチェックを外すと、上部のリボンから削除される。設定を変更したら、画面右下の「保存」をクリックする

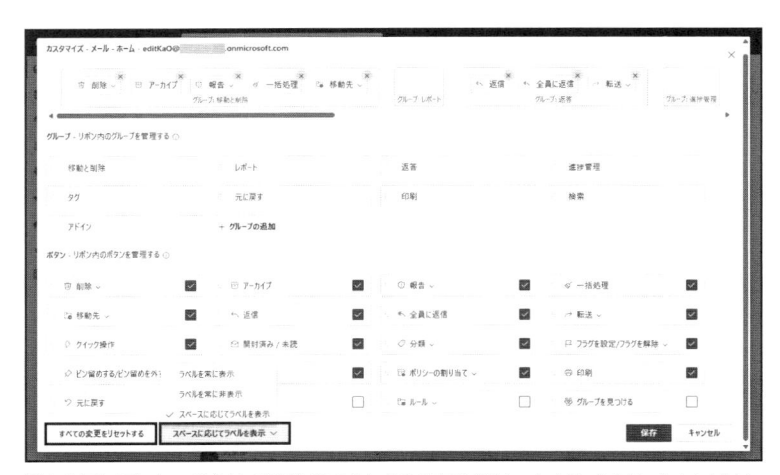

設定を元に戻したい場合は、画面左下の「すべての変更をリセットする」をクリックすればよい。また、右隣のボタンからは、ボタン名のラベルの表示を非表示にしたり、画面の表示スペースに応じてラベルを変更したりすることが可能だ

3-3 新しくなったOutlookの予定表「今日の予定」、予定とタスクを管理する

　新しい Outlook for Windows には、予定表やタスクを確認できる「今日の予定」ボタンが追加された。一方、従来の Outlook にあった「Outlook Today」は無くなった。今回は「今日の予定」の使い方を紹介する。

Outlook Todayとの違いは？

　「今日の予定」は予定やタスクを表示する機能だ。ただ、「Outlook Today」にあったメールの件数は表示されない。メールの件数は、右側のメール画面で確認しよう。また、「Outlook Today」ではカスタマイズが可能だったが、「今日の予定」では表示方法を切り替えることはできるが、「カスタマイズ」という項目はなくなっている。

新しいOutlookで表示される「今日の予定」の画面。タイトルバー右側のボタンをクリックするだけで、どの画面からでも表示できる

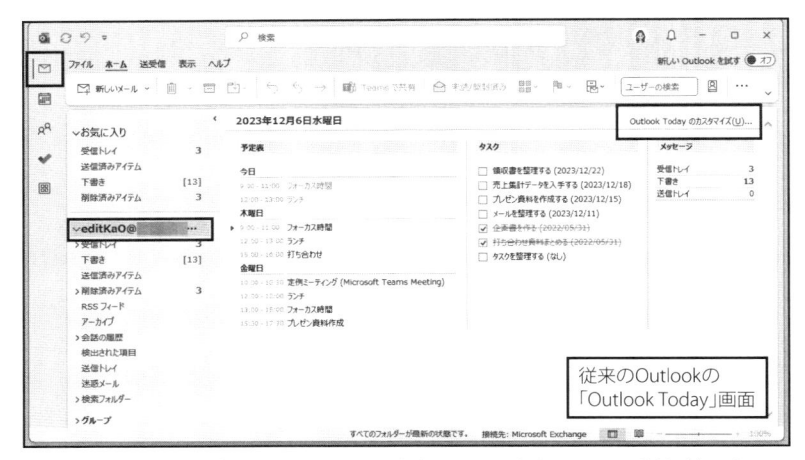

従来のOutlookで使える「Outlook Today」。予定表やタスクに加え、メールの件数が表示される。また、画面右上の「Outlook Todayのカスタマイズ」で表示のカスタマイズが可能だ

予定表とTo Doを切り替えて表示する

　「今日の予定」には、「予定表」と「To Do」の２つのタブがある。「予定表」タブは「予定表」と連動しており、今日のタスクや予定を先頭に今後の予定を１日単位で日付順に確認できる。「To Do」タブは、「To

「今日の予定」では、「予定表」と「To Do」タブが表示される。「予定表」タブは今日のタスク、今日や今後の予定の一覧が表示される。「To Do」タブでは、「To Do」アプリで追加したタスクの一覧が表示される

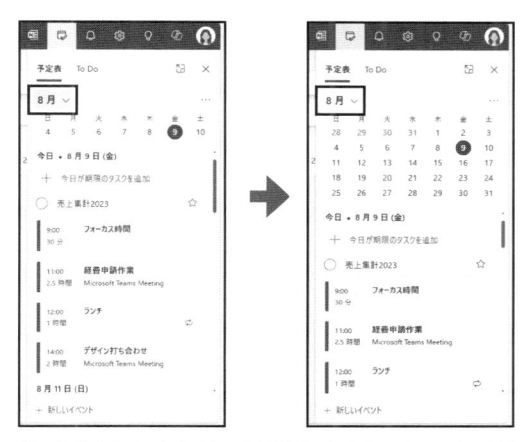

月の部分をクリックすると、1週間または1カ月の表示に切り替えることができる

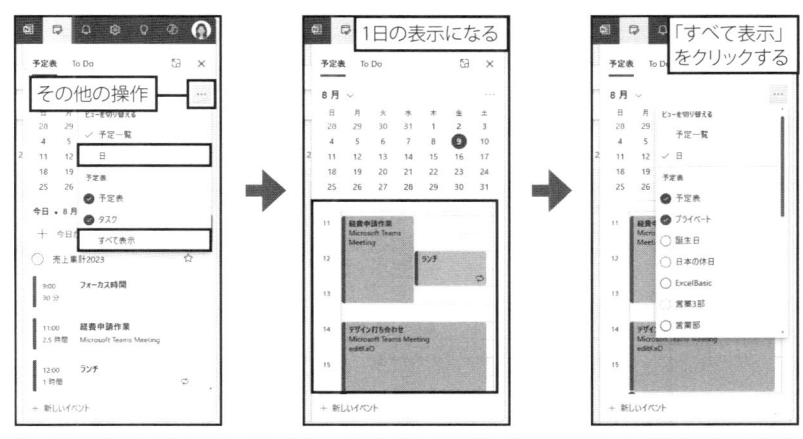

「…」(その他の操作) をクリックし、「ビューを切り替える」で「日」を選択すると、1日単位の表示に切り替えることができる。また、「すべて表示」をクリックすると、「プライベート」や「誕生日」、グループの予定表などを表示させることが可能だ

Do」アプリと連動しており、作業すべきタスクを管理できる。

　「今日の予定」はカスタマイズの項目はないが、あらかじめ用意されている表示方法に切り替えることは可能だ。右上の「…」（その他の操作）をクリックすると、「ビューを切り替える」で予定一覧か今日の予定のみ

かを切り替えられる。「予定表」では、「予定表」と今日の「タスク」を表示するかどうかを選択できる。「すべて表示」をクリックすると、プライベートや日本の休日、グループの予定表なども選択して表示可能だ。

今日が期限のタスクや予定を追加する

　「予定表」タブでは、今日が期限のタスクが日付のすぐ下に表示されている。ここに新たに今日のタスクを追加することができる。

　予定を追加することも可能だ。追加するには、画面下の「新しいイベント」から追加する。

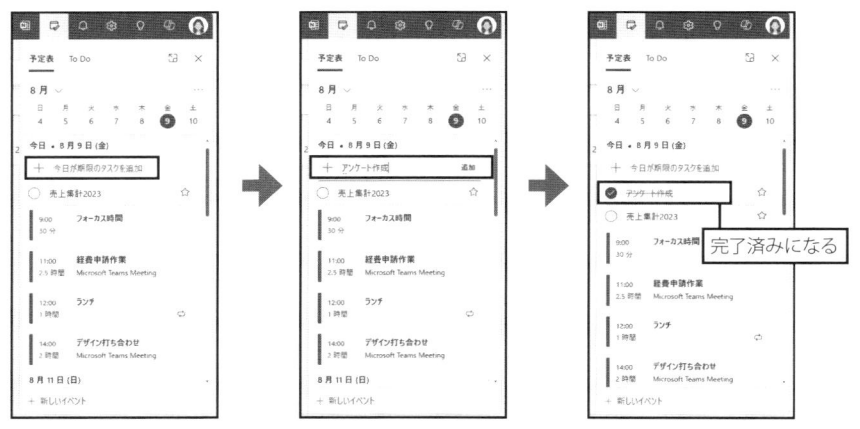

今日が期限のタスクは日付のすぐ下に表示されている。今日のタスクを追加するには、「今日が期限のタスクを追加」をクリックし、タスク内容を入力して「追加」をクリックすればよい。タスクが完了したら、先頭の〇をクリックすればチェックが付いて完了済みにできる

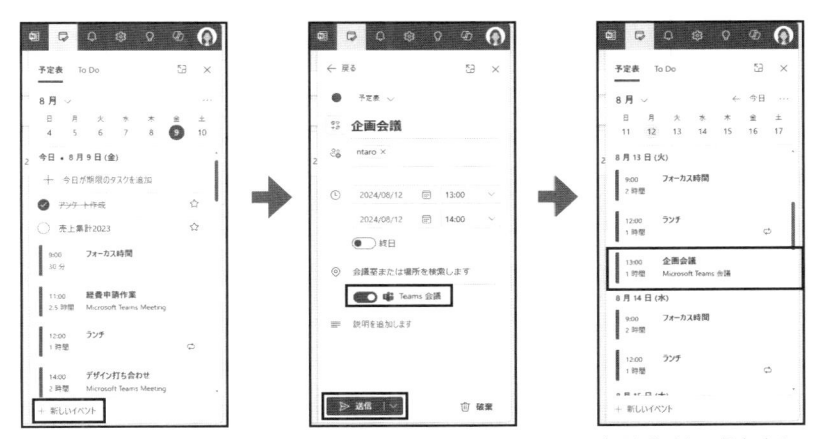

画面下部の「新しいイベント」をクリックし、表示された画面でタイトルや時間を指定して保存する。TeamsでのWeb会議を開催する場合は、「Teams会議」をオンにし、日時や出席者を指定して「送信」をクリックする。追加した予定は、「予定表」の一覧で確認できるようになる

「To Do」タブからタスクを追加する

「To Do」タブからは、タスクをまとめて表示可能だ。今日以外のタス

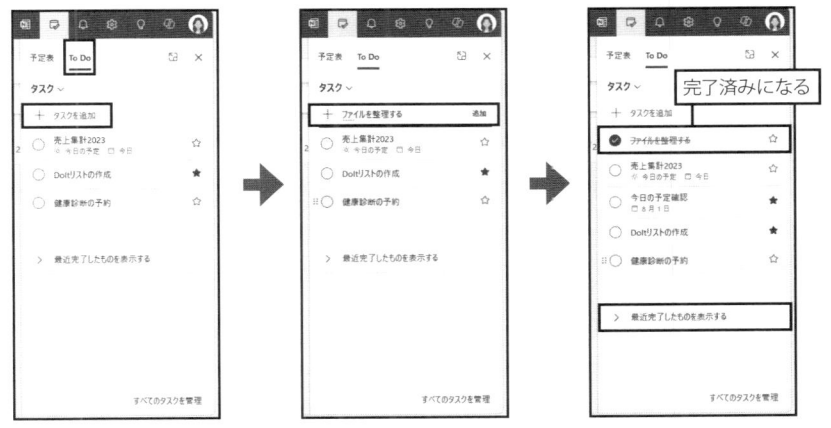

「To Do」をクリックすると、タスクの一覧が表示される。この画面は、「To Do」アプリと連動している。タスクを追加するには、「タスクを追加」をクリックし、内容を入力して「追加」をクリックする。完了済みのタスクは○をクリックして完了する。完了すると、画面下の「最近完了したものを表示する」に移動する

クも一覧で表示でき、追加することもできる。「To Do」アプリと連動
しているので、「To Do」アプリから追加したタスクやタスクの期限も表
示される。表示するタスクの項目を切り替えることも可能だ。

「タスク」をクリックすると、タスク項目の一覧が表示される。この一覧から表示するタスクの内容を
切り替えることが可能だ。画面右下の「すべてのタスクを管理」をクリックすると、同じ画面で「To
Do」アプリが表示される

「すべてのタスクを管理」をクリックすると、「To Do」アプリが起動し、すべてタスクを確認できる

3-4　Outlookのクイックアクションやショートカットを使いこなして時短を実現する

　Outlook には、作業の時短につながるような機能が複数用意されている。従来の Outlook にはクイック操作が最初からいくつか用意されていたが、新しい Outlook では用意されていないので、新規で作成する必要がある。今回は、この機能を使いこなして時短を実現しよう。

メッセージ画面に表示される機能のアイコンを変更する

　メールのメッセージを表示する画面では、右上に返信や転送などのアイコンが表示される。これらのアイコンをクリックすると、指定されたアクションが実行される。新しい Outlook では、表示されるアイコンを変更できるようになった。よく利用するアクションのアイコンを登録しておけば、作業の時短につながる。

　アイコンの表示を変更するには、メッセージ画面の右上の「…」（そ

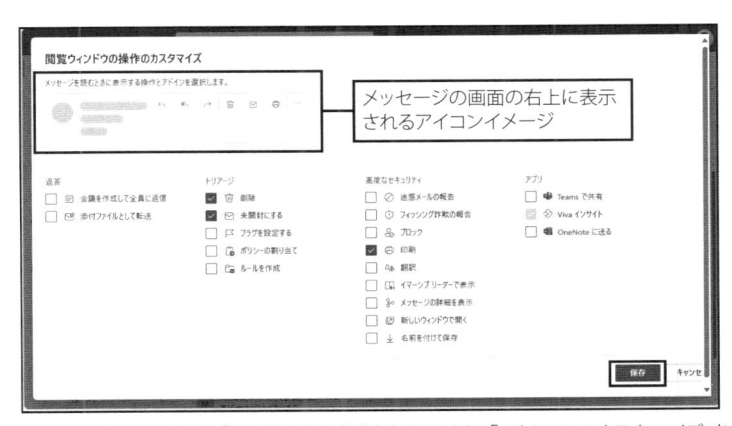

メッセージ画面の右上の「…」（その他の操作）をクリックし、「アクションのカスタマイズ」をクリックする。表示された「閲覧ウィンドウの操作のカスタマイズ」画面で、必要な項目をオン／オフすればよい。上部では、どの位置にアイコンが表示されるかを確認できる。今回は「削除」「未開封にする」「印刷」のチェックをオンにして「保存」をクリックした

その他の操作

メッセージ画面の右上にチェックしたアイコンが表示される。なお、画面サイズによって表示されるアイコンの数が変わる。また右端の「…」(その他の操作)をクリックすれば他のアイコンも表示できる

の他の操作）をクリックし、「アクションのカスタマイズ」をクリックして表示された「閲覧ウィンドウの操作のカスタマイズ」画面で操作する。

クイックアクションを確認する

　メールの一覧でメールをポイントした際に表示されるアイコンも変更することができる。この部分には4つのアイコンまでしか表示されないため、利用したいアイコンを4つ選んで指定しよう。変更するには、画面上部の「設定」をクリックし、表示された「設定」画面で操作する。

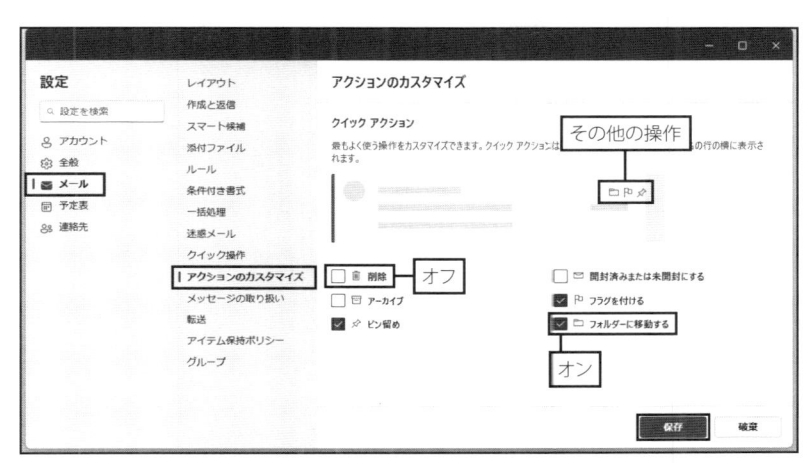

「設定」画面の「メール」の「アクションのカスタマイズ」の「クイックアクション」で、メール一覧で表示したいアイコンのオン／オフを設定して「保存」をクリックする。なお、指定できるのは4つまでだ

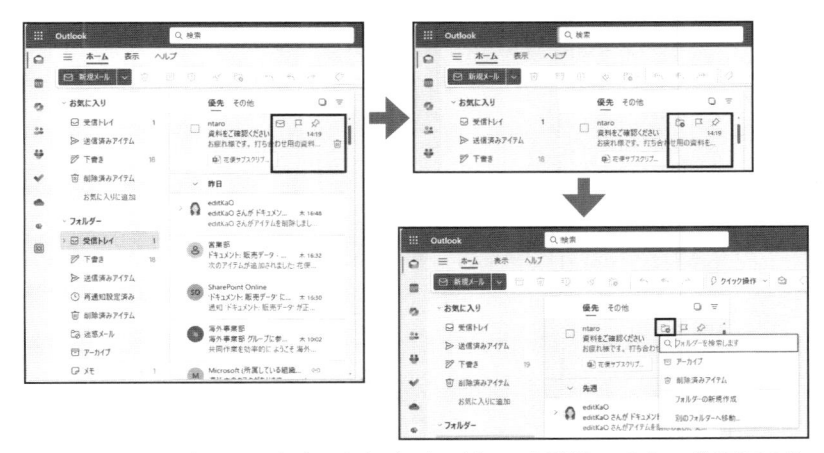

設定後、メールの一覧でメールをポイントすると、表示されていた「削除」のアイコンが非表示の状態になる。表示した「移動」アイコンをクリックすると、移動のためのメニューが表示されて、メールを移動させることが可能になる

バージョンに応じたショートカットキーに変更する

　Office アプリや Windows では、ショートカットキーを使って、効率的に操作することが可能だ。メニューからクリックするとより時短につ

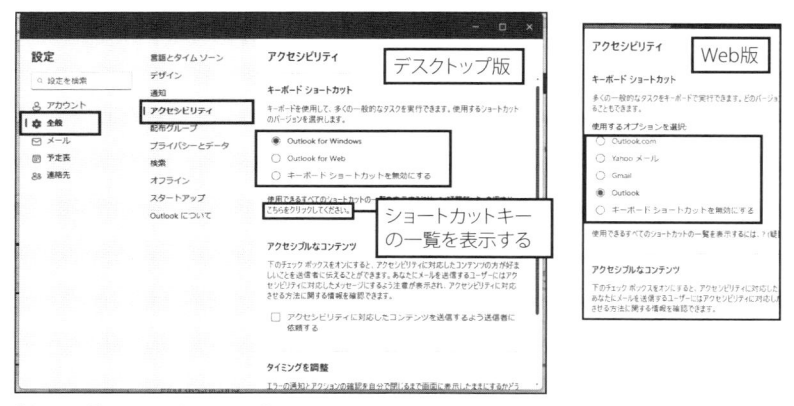

「全般」の「アクセシビリティ」の「キーボードショートカット」で、使用したいショートカットのバージョンを選択する。ショートカット自体を無効にすることも可能だ。デスクトップ版とWeb版では表示される項目が異なる。また、「こちらをクリックしてください」の部分をクリックすると、選択したバージョンのショートカットキーの一覧を表示できる

ながる。もちろん、新しい Outlook にもショートカットキーが用意されている。バージョンによって、ショートカットキーが異なるものもあるので確認しておこう。

　新しい Outlook では、環境によって、デスクトップ版または Web 版のショートカットキーを使うかを選択できる。同じショートカットキーのものもあるが、例えば、新規メールの作成はデスクトップ版では「Ctrl + N」キーだが、Web 版では「N」キーだ。

　変更するには、「設定」画面の「全般」の「アクセシビリティ」から操作する。なお、変更を適用するには、Outlook の再起動が必要だ。

クイック操作を追加する

　従来の Outlook にあったクイック操作は、新しい Outlook でも利用できる。クイック操作は、複数の操作を 1 クリックするだけで実行できる。従来はあらかじめいくつかのクイック操作が登録されていたが、新しい Outlook にはないので、一から作成しよう。

　クイック操作は、「ホーム」タブの「クイック操作」ボタンをクリッ

従来のOutlookでメールを右クリックすると、「クイック操作」が表示され、あらかじめ「上司に転送」
などのメニューが表示されている

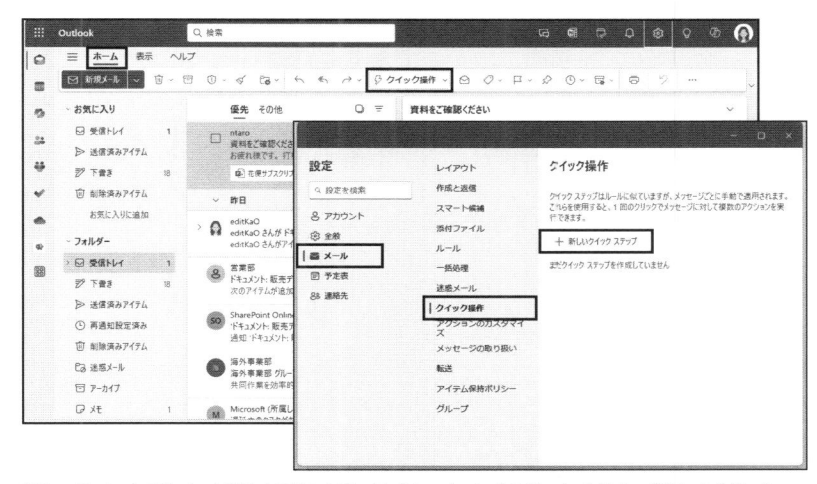

新しいOutlookでクイック操作を追加するには、「ホーム」タブの「クイック操作」ボタンをクリック。
表示された「設定」の「メール」の「クイック操作」画面を表示する。新規で登録するには「新しいクイ
ックステップ」をクリックする

　クして「設定」画面を表示する。「メール」の「クイック操作」の「新
しいクイックステップ」から登録しよう。

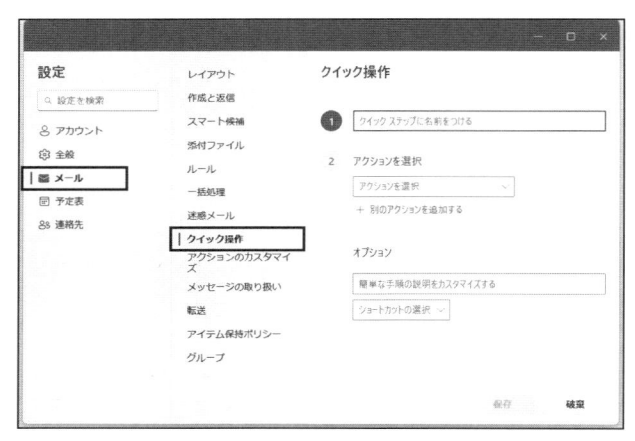

右側に表示された画面で、順番に指定すればクイック操作を登録できる

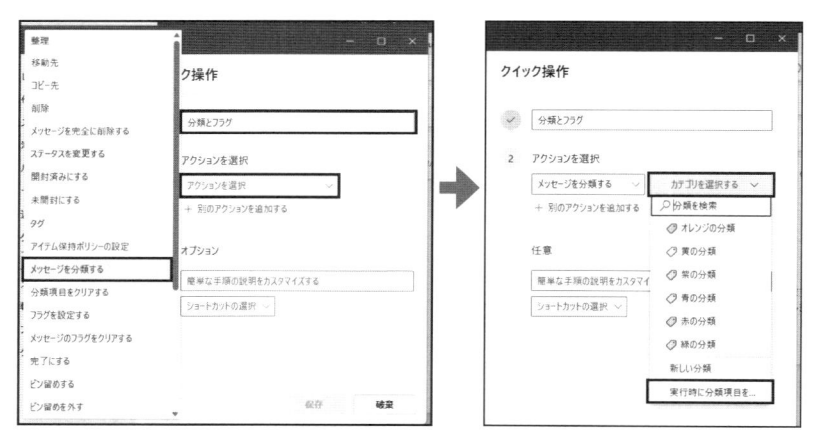

まず、クイック操作の名前を入力。次に「アクションを選択」をクリックして「メッセージを分類する」をクリック。右側の「カテゴリを選択する」で分類を指定する。ここでは分類項目が選択できるように「実行時に分類項目を選択」をクリックする

　よく定型メールの作成などに利用されるが、執筆時点は「メールの新規作成」の項目が表示されなかった。今回は、メールを分類分けしてフラグを立てる一連の操作を登録した。

　登録すると、「ホーム」タブの「クイック操作」ボタンが作成したボ

タンに変わる。登録したボタンをクリックすると、設定した操作が行われる。

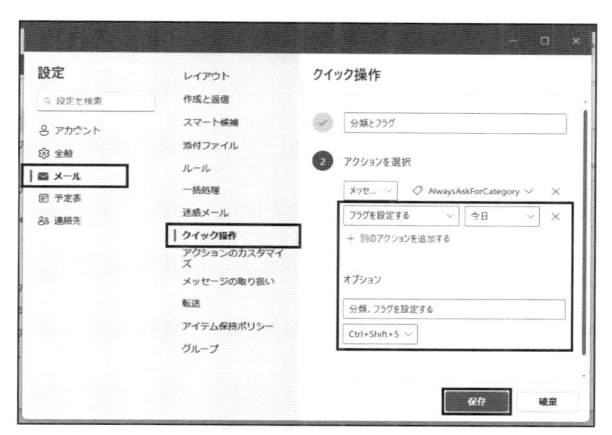

「別のアクションを追加する」から「フラグを設定する」を選択し、右側でフラグを設定する時期を指定する。「オプション」で簡単な説明を入力し、ショートカットキーを選択する。設定が完了したら「保存」をクリックする

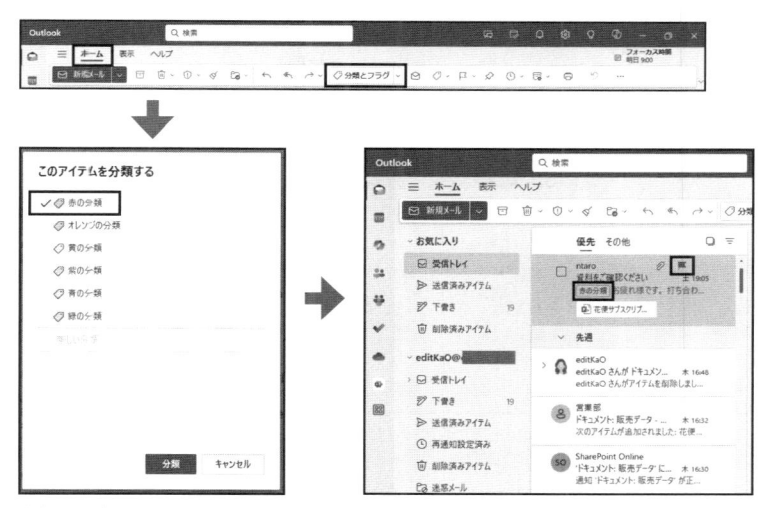

登録したボタンをクリックすると、設定した操作が行われる。ここでは、まず分類項目を選択する画面が表示され、フラグを設定するまでの操作が実行される

3-5　新しいOutlookで予定表のボタン位置が変更、基本操作を再確認する

　新しい Outlook for Windows では、予定表の UI（ユーザーインターフェース）が変更された。ボタンの位置や操作方法が従来と異なっている。戸惑う人もいるだろう。今回は新しい Outlook の予定表の基本操作を紹介する。

複数の予定表を1つのカレンダーで表示する

　新しい Outlook の「予定表」では、起動時の画面から複数の予定を1つのカレンダーで表示できるようになっている。従来の Outlook では、予定表を左右に並べて表示していた。1つのカレンダーで表示するには、操作が必要だった。

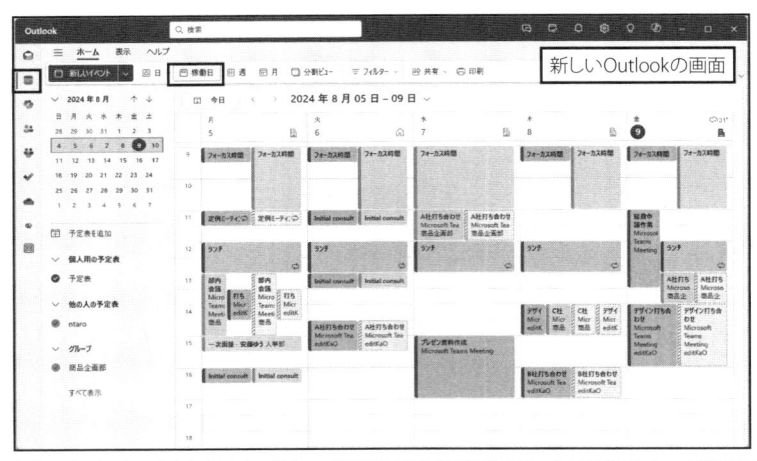

新しいOutlookで自身と他の人、グループの予定表を「稼働日」（月～金）で表示した。予定表ごとに色分けがされている

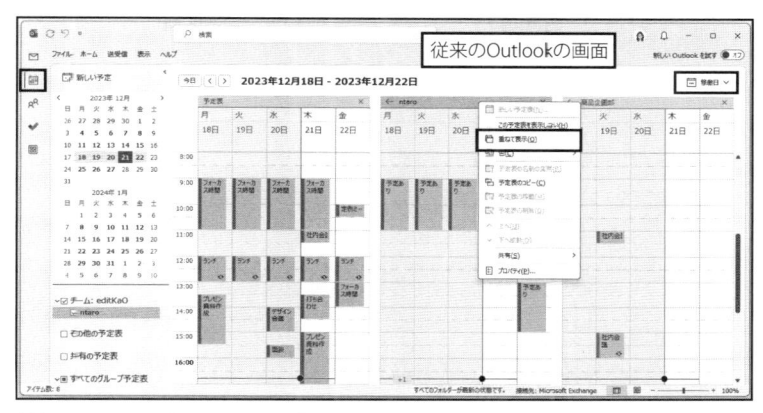

従来のOutlookで、複数の予定表を「稼働日」を表示した。複数の画面が並列して表示される。1つの予定表で表示するには、予定表のタブを右クリックして「重ねて表示」を選択する必要がある

予定一覧の画面で、表示されない予定を確認する

新しい Outlook の「予定表」では、起動時から選択した日の予定の一覧を右側の画面で確認できるようになった。

その日の予定の数が多くて表示できない場合は「+3」などと表示さ

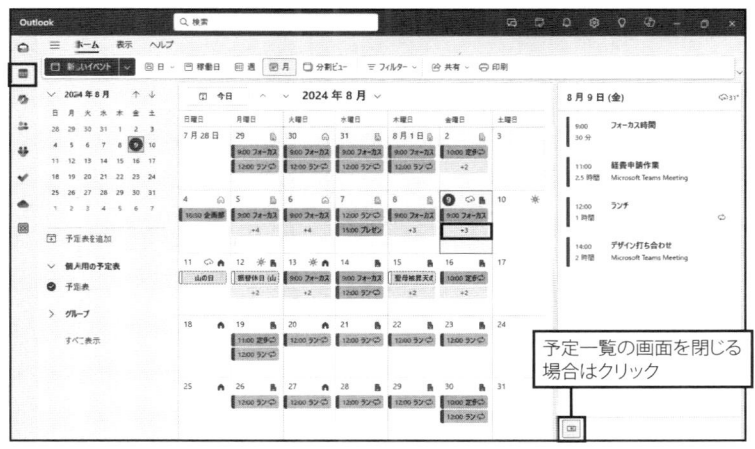

新しいOutlookでは、起動時に予定の一覧が右側に表示される。また、カレンダーで表示しきれない内容は「+3」などと表示されている部分をクリックすれば、右側の予定一覧で確認できる

れてしまう。従来の Outlook では、この部分をクリックすると詳細画面が表示された。新しい Outlook では、その部分をクリックすると、右側の画面でその日の予定一覧が表示される。

グループの予定表を追加して表示する

　予定表には、起動時に「個人用の予定表」の「予定表」にチェックが付いた状態で表示され、所属しているグループがあればその予定表の一覧が表示されている。グループの予定表を表示させたい場合は、そのグループの先頭にある色が付いた●をチェックが付いた状態にすればよい。

　新しい Outlook では複数の予定表を表示しても、1つのカレンダーに表示される。従来のように左右に並べて表示させたい場合は、「分割ビュー」を利用しよう。

「個人用の予定表」の「予定表」が表示されている。グループの予定表を表示させたい場合は、表示したいグループの先頭にある色が付いた●をクリックしてチェックを付ける。従来とは異なり、最初から1つのカレンダーに複数の予定が色分けして表示されるのが特徴だ

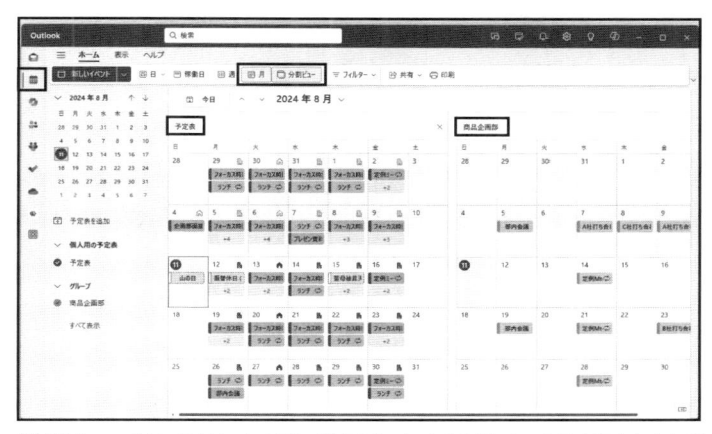

「分割ビュー」ボタンをクリックすると、従来のOutlookのように2つの予定表を左右に並べて表示できる。「分割ビュー」では、表示されていない項目がある場合は右にスクロールする必要がある。画面は「月」を表示して「分割ビュー」を利用した

他のユーザーの予定表を追加する

　Microsoft 365 の組織のアカウントを利用している場合は、「個人用の

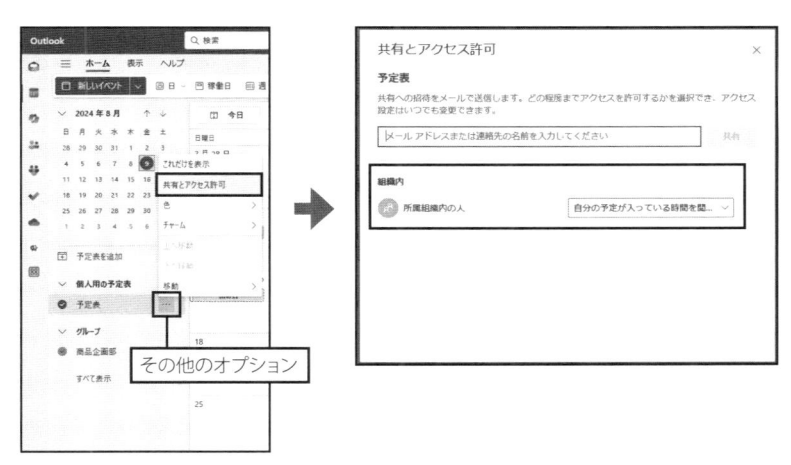

「予定表」の「…」(その他のオプション)をクリックし、「共有とアクセス許可」をクリックする。「共有とアクセス許可」画面が表示されるので、この画面の「組織内」の「所属組織内の人」の設定がどうなっているかを確認しよう。「所属組織内の人」は削除することはできないが、設定内容を変更することは可能だ

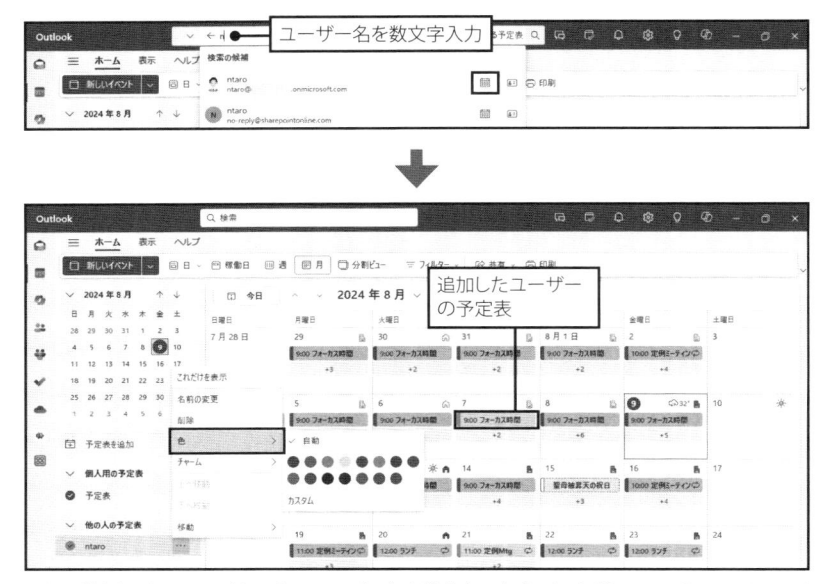

上部の「検索」ボックスに追加したいユーザー名を数文字入力すると、候補のユーザーとアドレスが表示される。追加するユーザーの右端の「予定表を追加」をクリックすると、そのユーザーの予定表がほかの色で追加される。色の区別がわかりにくい場合は、左側で追加されたユーザーの「…」（その他のオプション）をクリックし、「色」の一覧から変更する

予定表」の「予定表」部分に入力された予定表は組織内で公開されている場合がある。「予定表」の「…」（その他のオプション）から「共有とアクセス許可」画面で確認できる。

　ここで閲覧可能になっているユーザーの予定表は、追加して確認することができる。なお、新しい Outlook では、「検索」ボックスからユーザーを検索して予定表を追加することが可能だ。

予定表の追加について

　従来の予定表の追加は、「ホーム」タブのボタンから操作できた。新しい Outlook では、画面左側の「予定表を追加」から「予定表を追加」画面を表示して追加できる。

　またメールアドレスを追加して複数の予定表を追加することもできる。

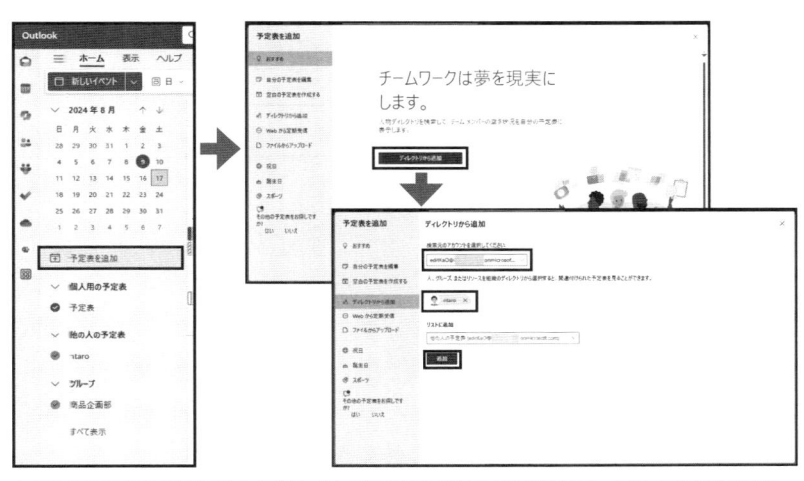

左側の画面の「予定表を追加」をクリックして「予定表を追加」画面を表示し、追加方法を選択する。
今回は、「おすすめ」の機能から「ディレクトリから追加」をクリックした。ディレクトリとは、組織内の
連絡先のリストで、Microsoft 365の組織内の連絡先を検索して追加できる

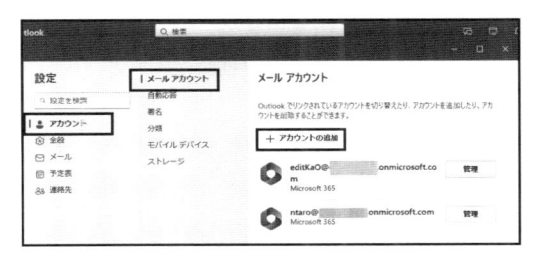

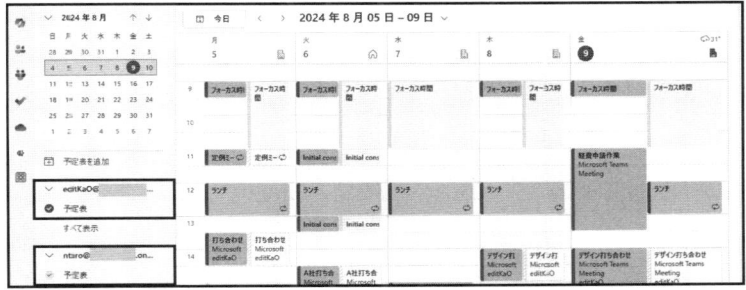

新しいOutlookでも複数のアカウントを追加して管理できる。追加するには、「設定」画面の「アカウ
ント」の「メールアカウント」から「アカウントの追加」をクリックする。この方法で追加すると、他人の
予定ではなく、個人用の予定表として表示される

3-6 Outlookのグループ管理に追加された「ホーム」、自身の関連情報にアクセスしやすく

　Microsoft 365 のグループを管理できる Outlook の「グループ」に「ホーム」が追加された。この「ホーム」では、参加している各グループの情報を確認できる。それぞれのグループのメールやファイル、イベント、メンバーのリンクが表示され、グループに関する各情報にアクセスしやすくなった。今回は、「グループ」の「ホーム」に関する操作を紹介する。

参加するグループやファイルをまとめて表示する「ホーム」

　Outlook の「グループ」では、参加している Microsoft 365 のグループをまとめて表示して管理できる。Microsoft 365 のグループは、共有の受信トレイを持ち、Teams のチームや Planner のプランなどの Microsoft 365 サービスやアプリと連携した共通のグループだ。

　Outlook の「グループ」には、「ホーム」が追加され、そこで自分が

Outlookの「グループ」に追加された「ホーム」。自分が参加するグループの情報が表示される

参加するグループや最近使用したファイルなどの情報をまとめて確認できる。

「グループ」に切り替える

Outlook のナビゲーションバーで「グループ」をクリックすると、グループの「ホーム」画面が表示される。ここには所属するグループの情報やOutlcok でグループを作成するための操作がまとめられている。なお、環境によっては、「新しいグループ」に切り替えるトグルが表示され、古いグループに戻ることができる。まだ所属するグループがない場合は、この画面から新規作成することができる。

「新しいグループ」から、「新しいグループ」画面を表示する。グループ名やメールアドレス、グループの説明を入力する。グループの公開の範囲は、限定したユーザーのみの「プライベート」や組織内のすべてのユーザーが確認できる「パブリック」から選択できる。

作成すると、「ホーム」画面の「よく使用されるグループ」に表示される。

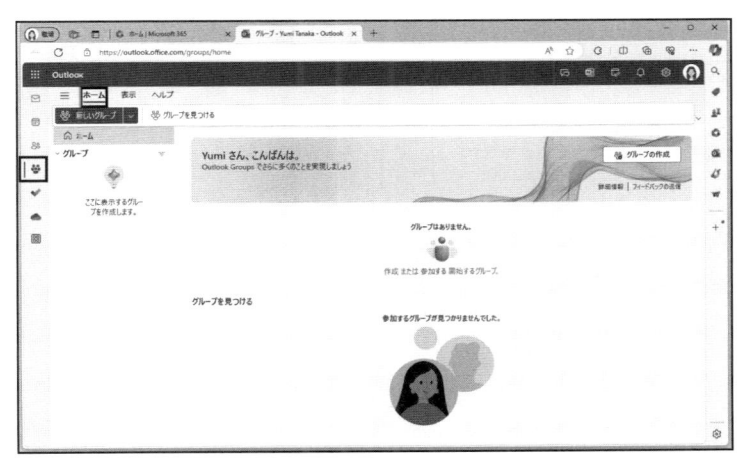

Outlookのナビゲーションバーで「グループ」をクリックする。グループの「ホーム」画面では、参加するグループの情報を確認したり、グループを作成したりすることができる

グループを作成するには、「新しいグループ」をクリックする。「新しいグループ」画面が表示された
ら、グループ名やメールアドレス、説明を入力する。「既定の設定」の「プライバシー」には「Private（プ
ライベート）」が選択されている。これを変更するには、「編集」をクリックする

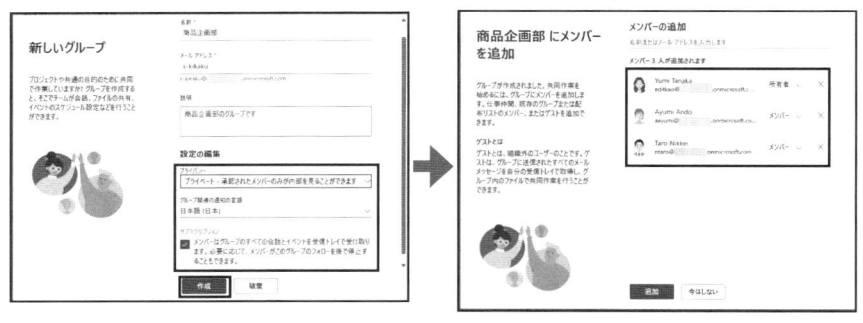

「プライバシー」では「プライベート」「パブリック」が選択できる。「グループ関連の通知の言語」で通
知される言語や「サブスクリプション」では会話やイベントなどの受信トレイでの通知の設定をオフ
にできる。「作成」をクリックすると、メンバー追加の画面が表示されるのでメンバーを追加、必要
に応じて「所有者」を指定し、「追加」をクリックする

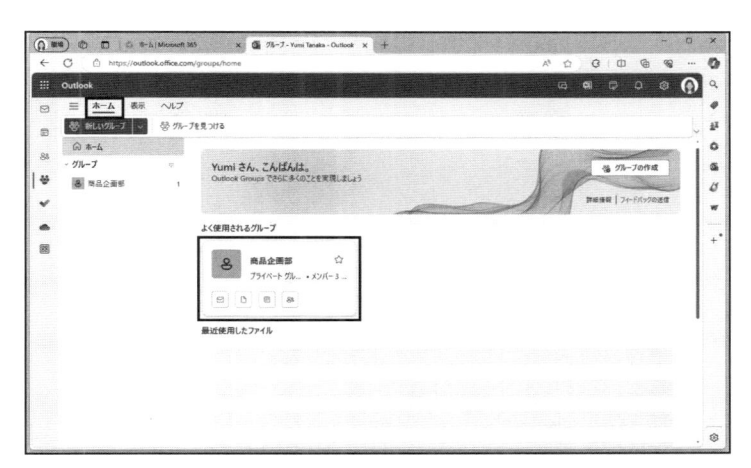

「よく使用されるグループ」に作成したグループが表示される。グループ名の下には、「メール」「ファイル」「イベント」「メンバー」のアイコンが表示されている。クリックすると、詳細画面に移動できる

グループの詳細画面でタブを切り替える

　このグループの詳細画面を表示すると、「メール」「ファイル」「イベント」「メンバー」の各タブが表示されている。

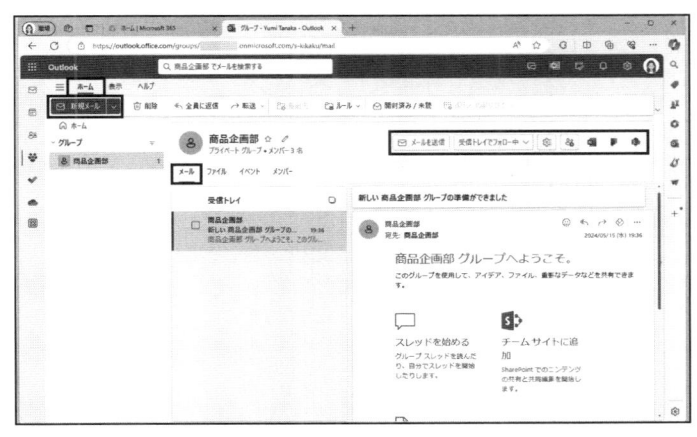

グループの詳細画面が表示される。「メール」タブでは、このグループの受信トレイが表示される。このアドレスから新規メールを作成したい場合は、「新規メール」や「メールを送信」からメール作成画面を表示できる。また、右側のアイコンからはOneNoteやPlannerへのリンクが表示されている

「ファイル」タブでは、このグループで使用したファイルが表示されている。この「ファイル」は
SharePointのサイトと連動しているため、SharePointで表示されている機能の一部が利用できる

「イベント」タブでは、グループに関連した会議や予定が確認できる

「メンバー」タブでは、このグループに所属しているメンバーが表示されている。所有者であれば、ここでメンバーを追加、削除したり、役割を変更したりすることが可能だ

自分が参加するグループを探す

「ホーム」画面の「グループを見つける」では、やり取りしたユーザーに関連したグループに基づいて、参加するグループが提案される。ここ

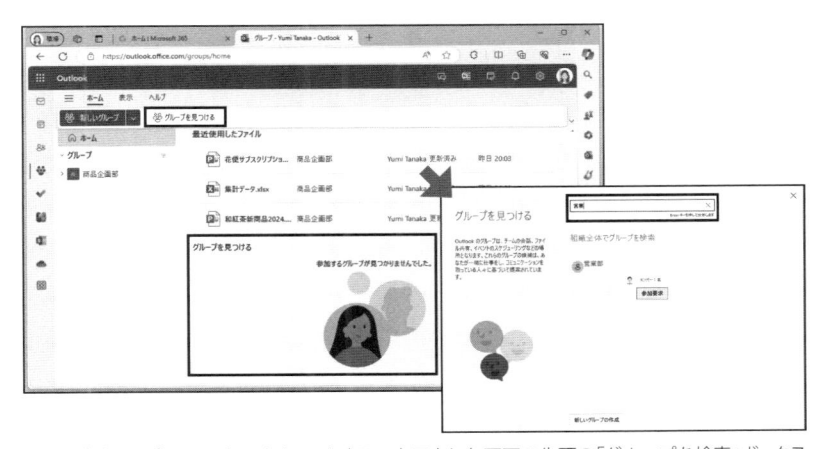

先頭の「グループを見つける」をクリックする。表示された画面の先頭の「グループを検索」ボックスに検索したいグループ名を入力し、「Enter」キーを押す。見つけたグループに参加するか、参加要求をしてから参加しよう

で表示されない場合は、先頭の「グループを検索」ボックスからグループ名を検索して追加できる。

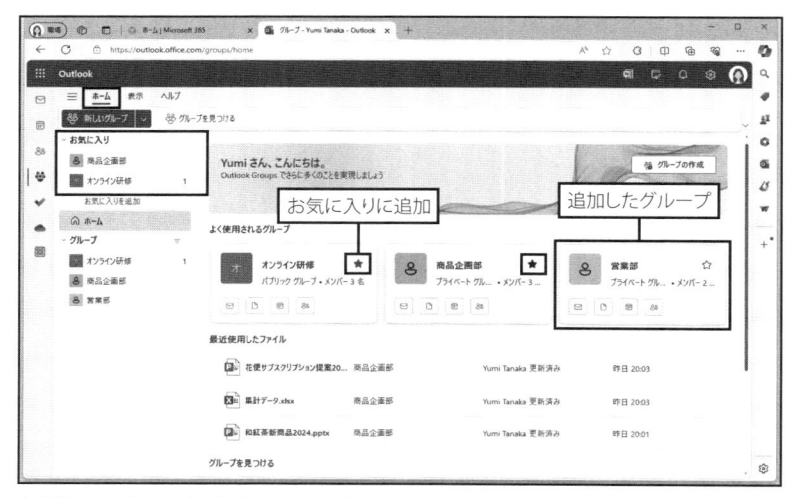

よく利用するグループは「お気に入りに追加」をクリックすると、お気に入りに追加される。先頭にお気に入りのグループが表示される

第4章

タスクを管理する

4-1 複数あるMicrosoft 365のタスク管理、個人タスクなら連携できるTo Doが便利

　Microsoft 365 には、Outlook、Teams、To Do、Planner などのタスク管理ツールが備わっている。この中で個人向けのタスク管理として用意されているのが To Do である。

　To Do でタスクを管理すれば、Outlook のメッセージや共有タスク管理の Planner とも連携できて便利だ。Teams をハブにして、共有タスクと個人タスクを表示させて確認することも可能になる。

「To Do」アプリを利用する

　「To Do」アプリは、やることを管理するためのアプリだ。やるべきことを入力してリスト化し、終わったら完了済みにしていけばよい。操作自体はごくごくシンプルなものだ。ここでは、Web ブラウザーを使って「To Do」アプリの操作を確認する。

最初に表示された画面で「タスクの追加」をクリックしてタスクを入力していく。右側の星印をクリックすると、重要度の高いタスクに指定でき、画面左側の「重要」をクリックすると表示できる

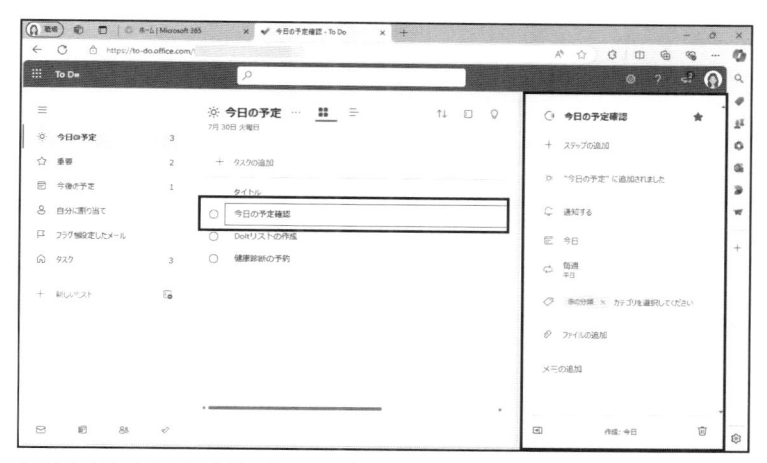

タスクをクリックすると、右側に詳細画面が表示される。ここでは期限の設定やメモなどを入力できる

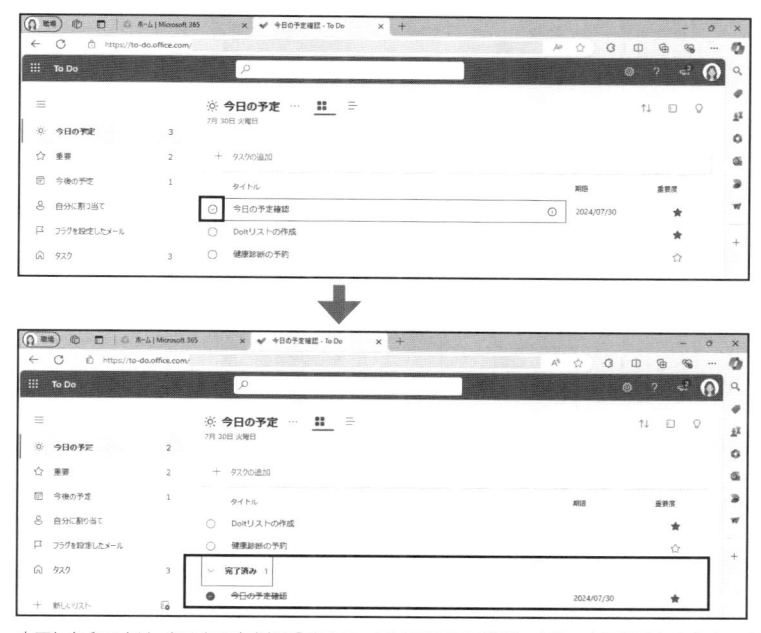

完了したタスクは、タスクの左側の〇をクリックして完了の状態にする。完了済みにしたタスクは、「完了済み」の項目に移動し、取り消し線が引かれる

　最初の画面では「今日の予定」が表示される。「タスクの追加」をクリックしてやるべき作業や確認事項などを追加する。

　入力済みのタスクをクリックすると、右側に詳細画面が表示される。ここでは、タスクの期限やラベル付け、添付ファイルなどを追加できる。

　タスクが完了したら、タスクの左側にある○をクリックして完了済みにすると、「完了済み」の項目に移動する。

共有リストを作成する

　「To Do」アプリでは、他のユーザーと、タスクをリスト単位で共有できる。まず、画面左側の「新しいリスト」から共有するリストを作成する。作成したリスト内に共有したいタスクを追加し、画面右上の「共有」をクリックする。画面の指示に従って、共有リンクの URL をメールなどで送信する。届いたメールにある、リンク URL をクリックする。

　リンク URL をクリックすると、共有リストに参加するための画面が表示される。「リストに参加」をクリックすると、「To Do」アプリが起動して共有リストが表示され、タスクを追加できる。

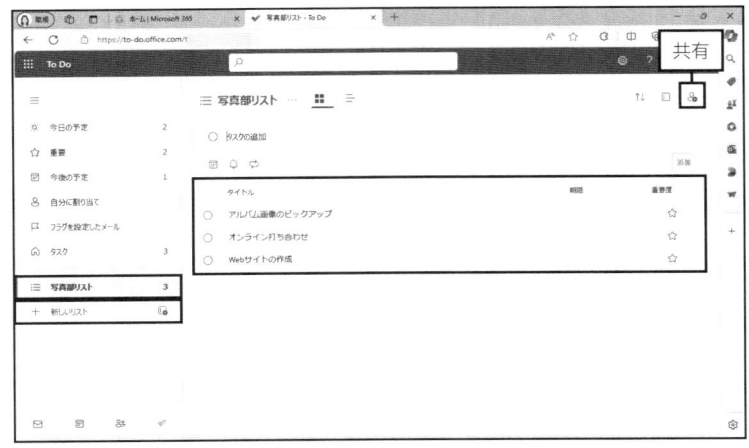

左側で「新しいリスト」をクリックし、リスト名を入力する。作成したリストを選択して、右側の画面で共有したいリストを作成し、画面右上の「共有」をクリックする

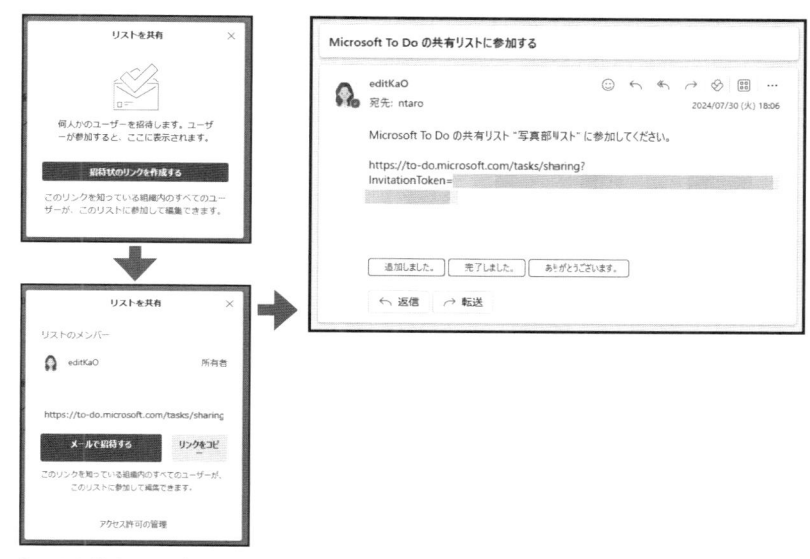

「リストを共有」画面が表示されたら、「招待状のリンクを作成する」をクリックし、「メールで招待する」または「リンクをコピー」をクリックして、URLのリンクを他のユーザーに通知する。メールで招待すると、共有相手のユーザーには、共有リンクの入ったメールが送られるので、そのリンクをクリックする

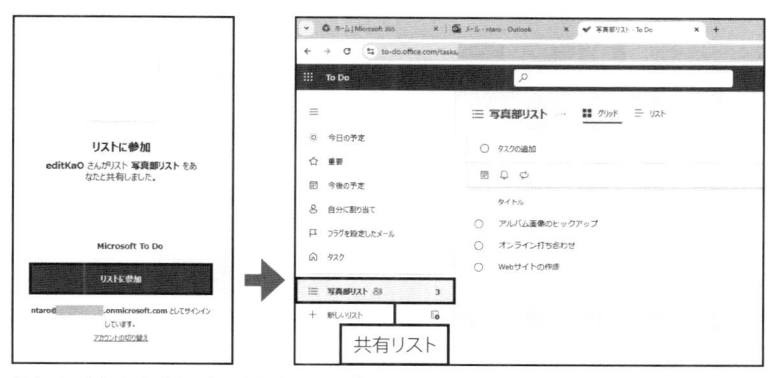

共有リンクをクリックし、表示された画面の「リストに参加」をクリックする。共有されたリストが表示され、タスクも追加できるようになる

共有リスト内のタスクを割り当てる

　共有リストのタスクは作業の担当者を割り当てることができる。共有リスト内のタスクを選択し、右側に詳細画面を表示して「割り当て先」で作業の担当者を変更する。

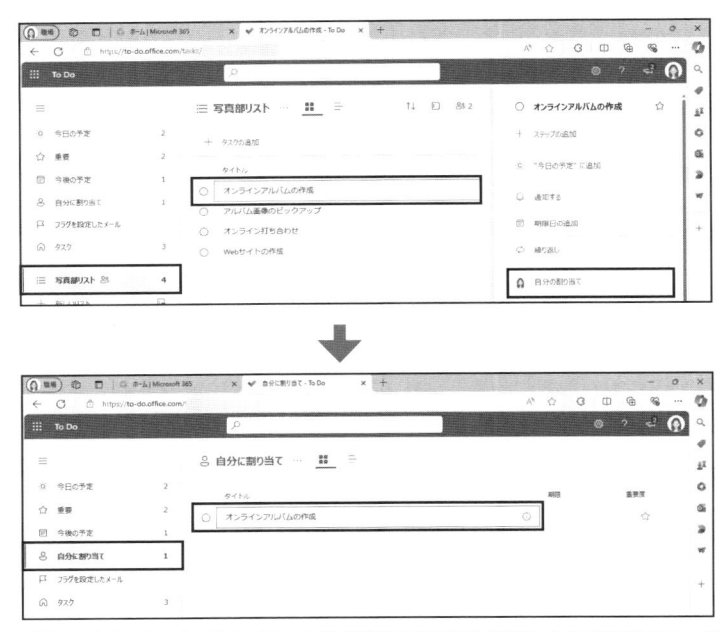

共有リスト内のタスクをクリックし、右側の詳細画面で「割り当て先」に作業担当のユーザーを割り当てる。自分に割り当てた場合は、左側の「自分に割り当て」に表示されるようになる

今日の予定を追加する

　タスクを入力した翌日などに、あらためて「To Do」を起動すると、「今日の予定」には毎日などの定期的なものや今日が締め切り日などの設定をしたタスク以外は表示されていない。今日の予定にタスクを追加したい場合は、「タスクの追加」から追加するか、詳細画面を表示し、タスクの右側の「＋」をクリックして追加する。

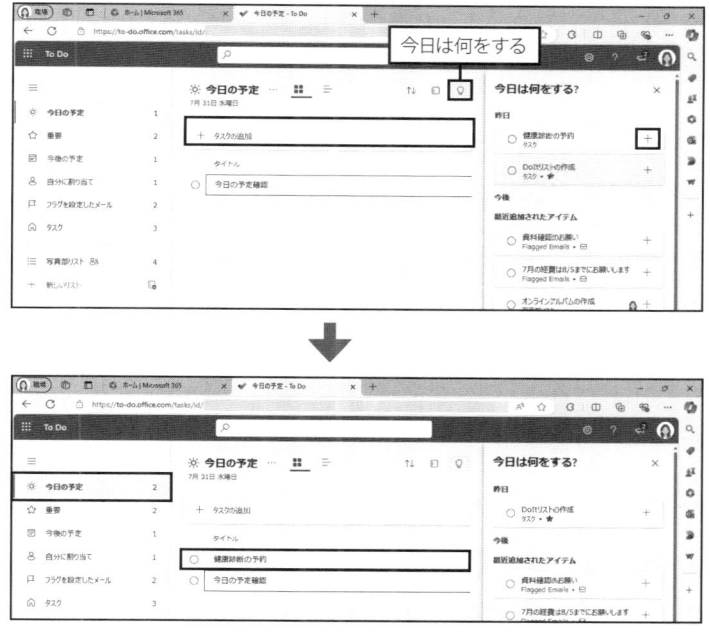

これまで入力したリストを今日の予定に追加するには、画面右上の「今日は何をする?」をクリックして、右側に詳細画面を表示する。タスクの右側の「+」をクリックすると、今日の予定として認識され、左側の「今日の予定」のタスクとして表示される

Outlookのメールをタスクに追加する

　Outlook のメールにフラグを付けて「To Do」アプリ内でタスクとして
追加することができる。追加するには、Outlook のメール画面でフラグ
のアイコンをクリックする。「To Do」アプリを起動すると、「フラグを
設定したメール」に、フラグが付いたメールがタスクとして追加される。
タスクの詳細画面からメッセージ内容を確認することも可能だ。

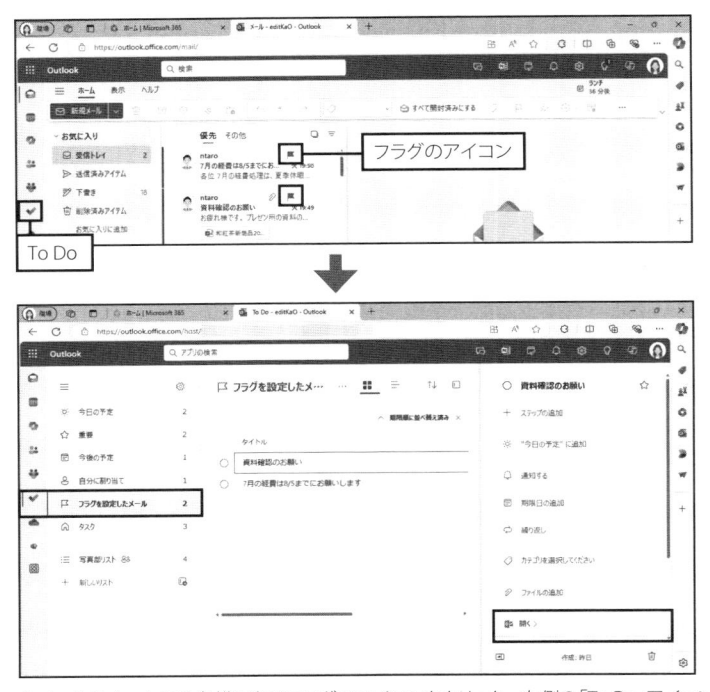

Outlookのメールの件名横にあるフラグのアイコンをクリック。左側の「To Do」アイコンをクリック
して「To Do」アプリを起動すると、「フラグを設定したメール」にタスクが表示されていることを確認
できる。タスクの詳細画面の「Outlookで表示」からOutlookでそのメールを表示できる

4-2　プロジェクトを始めたらMicrosoft Plannerを活用、共有タスクを楽々管理

　プロジェクトやチーム内の共有タスクを管理できる「Microsoft Planner」。Microsoft 365 の職場のアカウントを使えば、To Do や Teams と連携して利用できるので便利だ。Planner で共有タスクを管理してみよう。

プランを作成する

　まず、「Planner」アプリでプランを作成してみよう。プランは「商品開発」や「営業チーム」などの部やプロジェクト単位で作成でき、プランごとにタスクを作成する。

　プランは新規作成または既存の Microsoft 365 のグループから作成する。新規で作成した場合は、その Microsoft 365 グループが自動的に作成される。

画面左側の「新しいプラン」をクリックし、表示された画面の「プライバシー」でどの範囲まで公開するかを指定、必要に応じて「オプション」の「グループの説明」で説明などを入力して「プランを作成」をクリックする

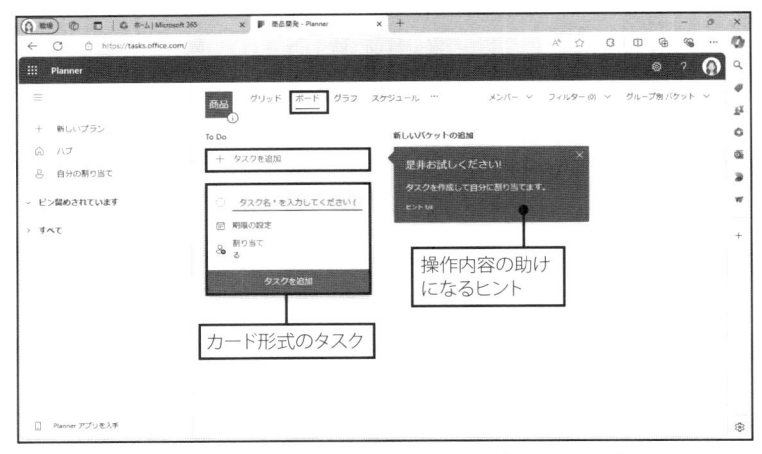

プランを作成すると、「ボード」画面が表示される。上部のタブで画面を切り替えられる。この画面で「タスクを追加」をクリックしてタスクを追加できる

　新しいプランを作成するには、画面左側の「新しいプラン」をクリックする。表示された画面の指示に従って、プランを作成する。プランの公開範囲は、組織内のユーザー全員が表示できる「パブリック」、指定したメンバーだけの「プライベート」がある。

　プランの最初の画面では、そのプランの「ボード」画面が表示される。画面左上の「タスクを追加」をクリックすると、下に空白のカード形式のタスクが表示される。この画面にタスク内容を指定する。初めて「Planner」アプリを利用した際には、作業内容がポップヒントで表示される。このポップヒントを参考に、操作すれば分かりやすい。

　なお、画面の左上に表示されている「To Do」は「Planner」アプリのUIである。個人のタスクを管理するための「To Do」アプリとは関係がない。

タスクを追加する

　タスクを追加するには、タスク名やそのタスクの期限、誰が担当するかなどを指定し、「タスクを追加」をクリックする。追加したタスクは「ボード」画面に「カード」形式で1つずつ表示される。自分に割り当てられたタスクは、「自分の割り当て」から確認できる。

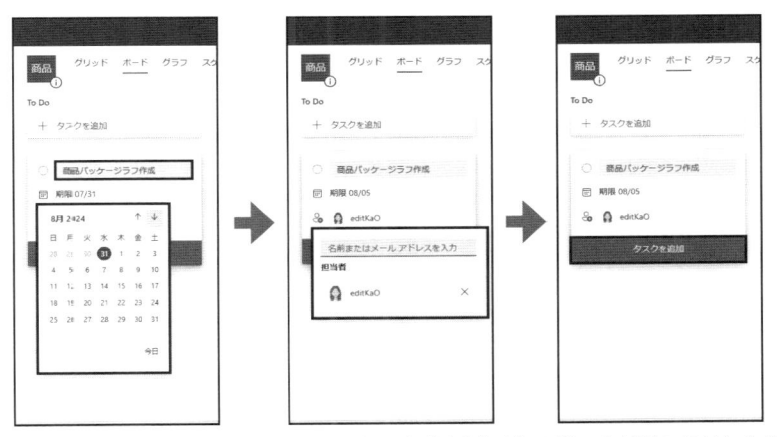

タスクを追加するには、タスク名やタスクの期限、担当者を指定して、「タスクを追加」をクリックする

バケットを追加する

　次に、タスクを「バケット」という単位で管理してみよう。バケットは、フォルダーのようなものだ。画面上部の「新しいバケットの追加」をクリックして、バケット名を入力する。作成したバケットには、「タスクを追加」からタスクを新規で作成できるほか、既存のタスクをドラッグ操作で移動できる。

　バケットごとにタスクを追加すると管理がしやすい。どのような作業があるかを一目で把握できる。

　なお、左上の「To Do」は変更することも可能だ。変更するには、バケット名をクリックするか、右側の「…」（その他のオプション）をクリックして、「名前の変更」から名前を変更する。

「新しいバケットの追加」をクリックして、バケット名を入力して作成する。作成したバケットにタスクを移動するか新たに作成する

バケットの単位でタスクを入力して管理すれば、一目で把握しやすい

メンバーを追加する

　プランやバケットなどを作成したら、共有するためにユーザーを追加しよう。追加するには、画面上部の「メンバー」をクリックし、検索ボックスでユーザー名を検索するなどしてプランを利用するユーザーを追加する。

画面右上の「メンバー」をクリックし、ユーザー名を検索するなどしてユーザーを追加する

作成したタスクを完了する

　作成したタスクは、タスクの先頭にある○をクリックして完了にする。完了したタスクは「完了済みタスク」に移動する。クリックすると、タスクが完了したことを示す取り消し線が表示されているのが分かる。

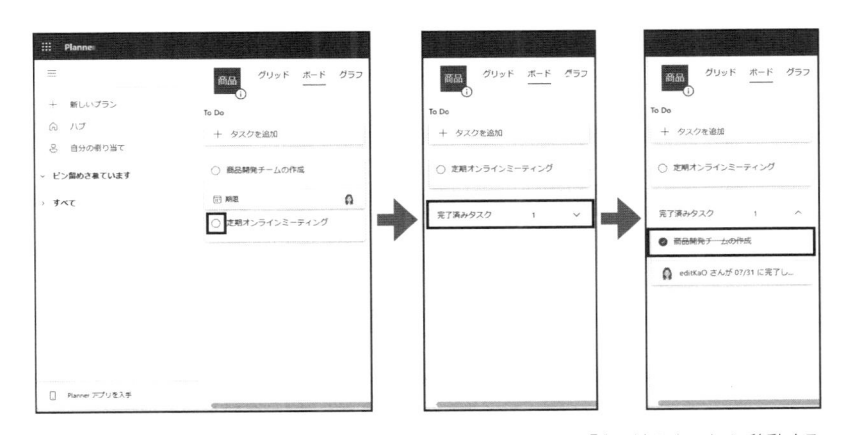

タスクの先頭の○をクリックしてタスクを完了する。完了したタスクは「完了済みタスク」に移動する

4-3 Teamsでタスクを一元管理する技、個人と仕事用を切り替えて表示する

　Microsoft 365 の To Do では個人のタスクや自分に割り当てられたタスクを、Planner ではプランごとの共有のタスクを登録できる。両アプリで登録したタスクを、Teams を使って一元管理する方法を紹介する。

「Planner」アプリでタスクを管理する

　「Planner」アプリで自分に割り当てたタスクは、「To Do」アプリで自分の担当分のタスクとして確認できる。「To Do」アプリの画面で「自分に割り当て」をクリックする。右側に「To Do」アプリや「Planner」アプリで自分が担当になっているタスクが表示される。

　表示されない場合は、「To Do」アプリの右上にある「設定」をクリックする。「設定」画面の「接続されているアプリ」で「Planner」がオンになっていることを確認する。

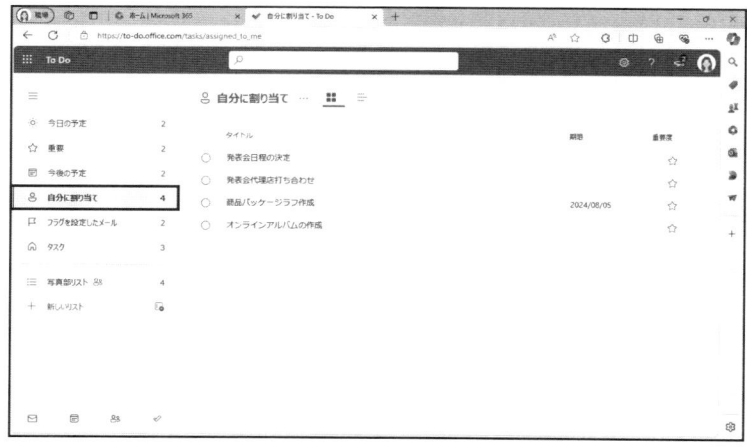

「To Do」アプリの「自分に割り当て」では「To Do」アプリや「Planner」アプリで自分が担当になっているタスクを確認できる

「To Do」アプリの右上の「設定」をクリックし、表示された「設定」画面で「Planner」アプリに接続されているかを確認する

Teams内のチャネルのタブにPlannerを追加する

　複数のユーザーやチームで共同作業が可能な「Teams」アプリで、チーム内のチャネルのタブに「Planner」アプリを追加できる。追加するには、画面上部の「＋」（タブを追加）をクリックし、タブの追加の画面で、「Planner」をクリックする。次の画面で新しいプランを作成するか、チームの既存のプランを追加するかを指定して「保存」をクリックする。

　指定した方法で「Planner」のタブが作成され、プランのタスクが表示される。今回は、既存のプランをチームに作成する方法を選んだため、すでに作成したタスクが表示され、確認できる。「Planner」アプリと同様の操作でタスクを追加が可能だ。

「＋」をクリックし、タブを追加する画面で「Planner」をクリックして、プランの作成方法を指定して「保存」をクリックする

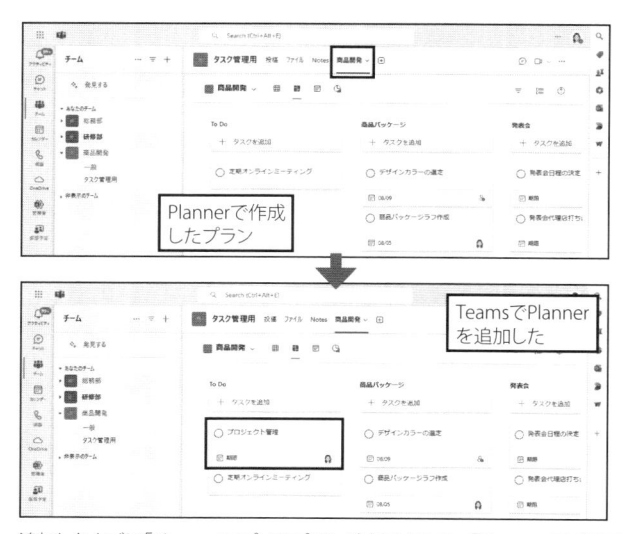

追加したタブに「Planner」アプリのプランが表示される。「Planner」アプリ同様、タスクを追加できる

「Teams」アプリに個人とチームのタスクを同時に表示する

　「Teams」アプリに「Planner」アプリを追加すると、「Planner」アプリと「To Do」アプリで作成したタスクを同じ画面に表示できる。追加するには、画面左側の「…」（その他のアプリを表示する）をクリックし、「Planner」を選択して「追加」をクリックする。

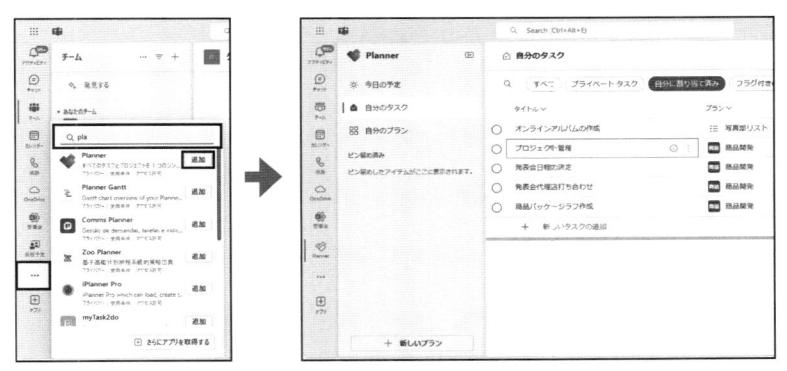

「Planner」アプリを追加するには、画面左側の「…」（その他のアプリを表示する）をクリックし、「Planner」を検索して「追加」をクリックする

「Planner」アプリを追加すると、「Planner」アプリと「To Do」アプリやOutlookでフラグを付けたメールのタスクをまとめて表示して管理できる

追加された「Planner」アプリでは、自分のタスクやプランを切り替えて表示できる。

　「今日の予定」では、「To Do」アプリと「Planner」アプリで追加されている今日の予定を確認可能だ。

　「自分のタスク」では、「To Do」アプリや Outlook でフラグがついたメールのタスクが表示される。「自分のプラン」は、自分が所属しているプランが表示される。

4-4 会議のメモからPlannerやTo Doと連係、すぐにタスクを片付ける

　Team では、Web 会議の議事録の代わりとなる「会議のメモ」を作成できる。この「会議のメモ」は会議終了後に編集可能だ。「会議のメモ」とタスク管理アプリとの連係で、会議中に発生したタスクをすぐに片付けてしまおう。

個人や組織のタスクアプリと連係する

　本書「7-6」で詳細に解説する「会議のメモ」は、会議後に「カレンダー」の会議の詳細画面から確認できる。

　「会議のメモ」は「Loop」アプリで共有されている。例えば、「共有場所」の「次の共有場所」の会議名をクリックすると、「Loop」アプリが起動し、「会議のメモ」を確認できる。

　また、Outlook を経由してタスクに関する情報をメールで受け取るこ

TeamsのWeb会議中に作成した「会議のメモ」は、会議終了後も編集が可能だ。確認するには、「カレンダー」からその会議の予定をクリックし、「編集」をクリックする。「詳細」画面が表示され、その「会議のメモ」が表示される。ここでは、「完了」したタスクや期限なども確認できる

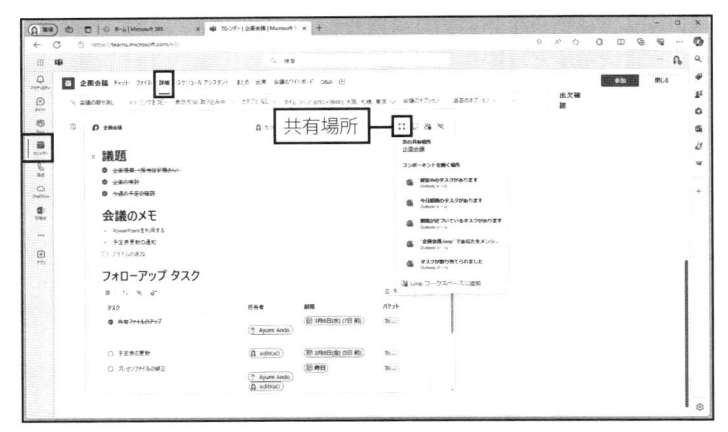

「会議のメモ」の詳細は、「詳細」または「まとめ」タブで確認できる。この会議のメモは、「Loop」アプリで共有されている。共有場所は、「共有場所」をクリックして確認できる。ここでは、会議のメモ自体の共有場所やタスクの開く場所が確認できる

「共有場所」の「会議名」をクリックすると、「Loop」アプリが起動して「会議のメモ」が表示される。なお、初めて「Loop」アプリを起動した場合は、サインインを求められる

とができるので、遅延したタスクなどにも対応しやすい。「共有場所」の「コンポーネントを開く場所」には、その「会議のメモ」で作成したタスクの情報が表示されている。

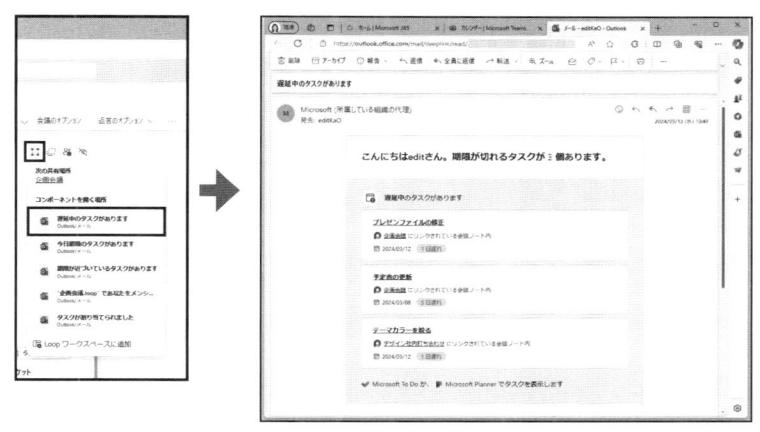

「コンポーネントを開く場所」内の「遅延中のタスクがあります」をクリックすると、Outlookが起動して期限が過ぎて遅延しているタスクが表示される。ここでは、サインインしているアカウントで遅延しているタスクの一覧が表示される

「Planner」アプリでタスクを確認する

　「会議のメモ」内の「フォローアップタスク」は、個人のタスク管理アプリの「To Do」やチームのタスク管理アプリの「Planner」と連係して操作ができる。「フォローアップタスク」にタスクを1つでも追加す

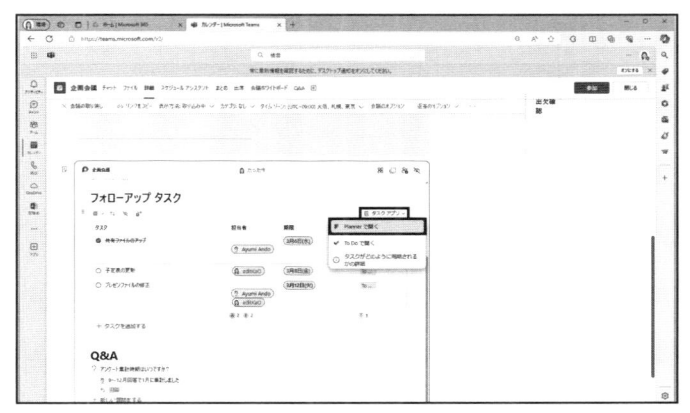

タスクを「Planner」アプリで表示するには、「タスクアプリ」をクリックして「Plannerで開く」をクリックする

「Planner」アプリが起動し、追加していたタスクの状況を確認できる。この情報は「企画会議.loop」ファイルとしてOneDriveに保存されている。「メンバー」をクリックすると、このタスクにアクセスできる人が表示されている。ユーザー単位で割り当てられているタスクを強調表示したい場合は、そのユーザーをクリックすると、該当するタスクが濃い色で選択される

「Planner」アプリでタスクを「完了」にすると、会議の詳細画面の「フォローアップタスク」にも反映される。なお、ブラウザーで確認している場合は、更新しないと反映されない場合がある

ると、「Planner」アプリでプランが作成され、タスクが表示される。

「フォローアップタスク」の右側にある「タスクアプリ」をクリックして「Planner で開く」をクリックすると、「Planner」アプリが起動し、追加していたタスクの状況を確認できる。このタスクの情報は Loop ファ

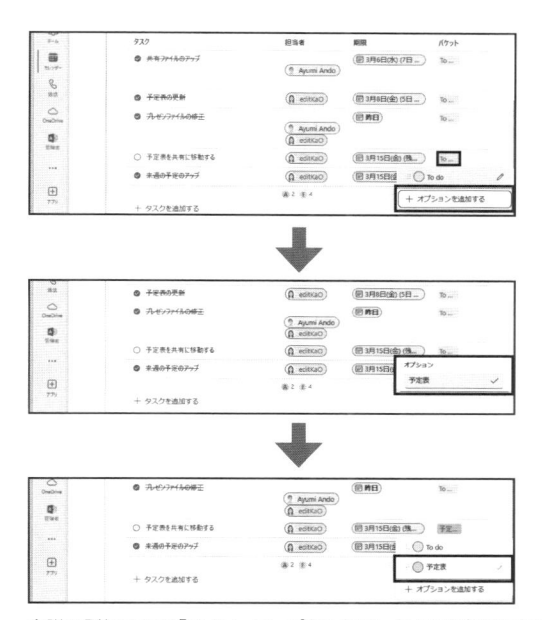

会議の詳細画面の「フォローアップタスク」で、タスクの右側にある「バケット」の「To Do」と表示されている部分をクリックし、「オプションを追加する」をクリックして、項目を追加する。ここでは「予定表」として指定した

会議の詳細画面で追加した項目は、「バケット」として「Planner」アプリでも追加される。バケットはファイルを管理するフォルダーのような機能だ。バケットを追加してタスクを管理していけば、やるべきリストが整理できる

イルとして OneDrive に保存されている。

　「Planner」アプリでタスクを完了すると、会議の詳細画面にも反映される。

　タスクは「バケット」という単位で管理できる。バケットは、ファイルを管理するフォルダーのような機能だ。バケットもいずれかに追加すれば、それぞれのアプリで確認できる。

自分に割り当てられたタスクを「To Do」アプリで表示する

　同様に「タスクアプリ」の「To Do で開く」をクリックすると、「To Do」アプリが起動し、自分に割り当てられているタスクを確認することができる。

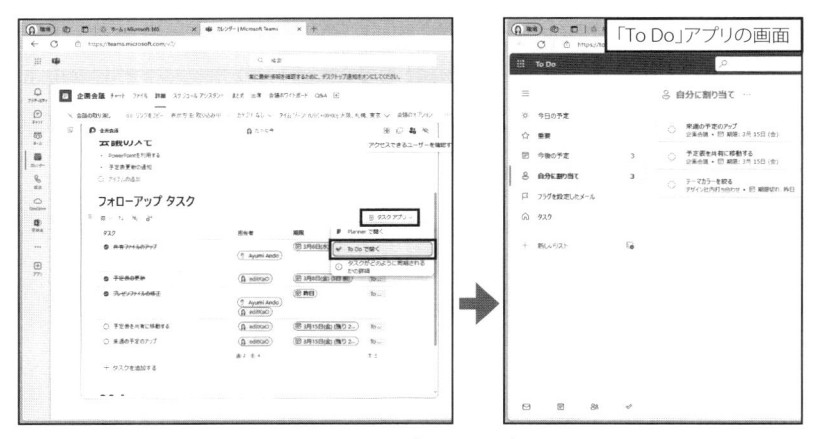

「タスクアプリ」の「To Doで開く」をクリックすると、「To Do」アプリが起動する。割り当てられているタスクは「自分に割り当て」で確認することができる。「To Do」アプリで「完了」すれば、同様に反映される

4-5 プロジェクトの共同作業に便利なMicrosoft Loopアプリ、アプリ間連係が簡単

Microsoft Loop は、チームやプロジェクトで参照する情報やファイルを1つにまとめるためのアプリだ。Teams や Outlook といった Microsoft 365 のアプリ間連係を用意し、アプリを切り替えることなく Loop 上で共同作業が可能になる。今回は、この「Loop」アプリを使って Loop ワークスペースを作成する操作を紹介しよう。

Loopワークスペースは情報を共有する場所

「Loop」アプリは、2023 年 11 月から商用顧客向けに一般提供されているアプリだ。現在は個人向けにもプレビュー版を提供している。

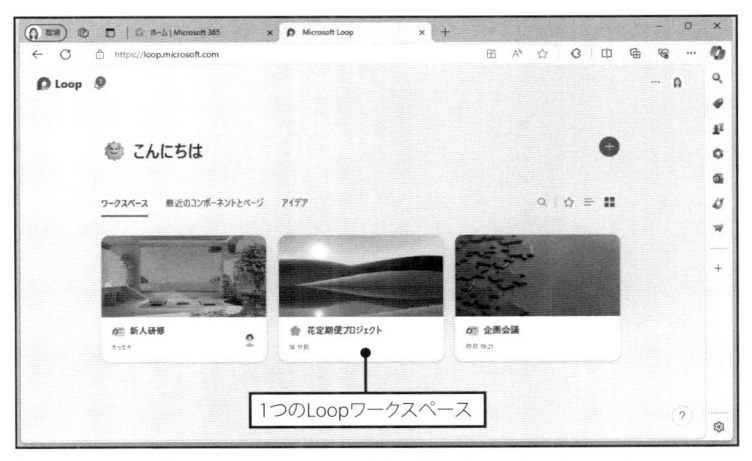

「Loop」アプリで複数のLoopワークスペースを作成した。トップ画面には、複数のLoopワークスペースが表示されている。作成したLoopワークスペースをクリックすると表示できる

商用版で、「Loop」アプリの機能を完全利用できるは、次のプランだ。
・Microsoft 365 Business Standard

・Microsoft 365 Business Premium

・Microsoft 365 E3 ／ E5

　「Loop」アプリでは、複数のユーザーで情報を整理して共有するための場所として「Loop ワークスペース」を作成する。Loop ワークスペースは複数作成することができ、トップ画面で切り替えることができる。

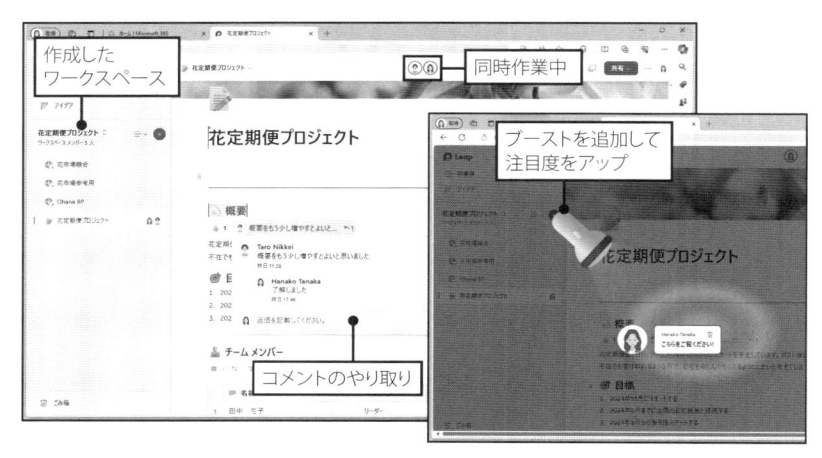

作成したLoopワークスペースは、関連したファイルのリンクを追加したり、ページを作成してプロジェクトの概要や目的をまとめたりすることができる。作成したページには、複数のユーザーが同時に編集、コメントを追加してやり取りなどをリアルタイムで作業することが可能。特に注目したい箇所には「ブースト」というアニメーションを追加して、注目を集めることもできる

「Loop」アプリの3つの要素

　「Loop」アプリは、次の３つの要素から構成されている。共有の基本となるワークスペースを作成し、そこにページを追加し、コンポーネントという部品を追加していくイメージだ。

・Loop ワークスペース：情報を共有するための場所。ここに情報を集中させることで、プロジェクト内の進捗状況などを把握することができ、ユーザー間で情報を常に共有することが可能だ。

・Loop ページ：キャンバスのように自由にパーツを追加できるページだ。OneNote の「ページ」のようなイメージで、この部分にテキストや表、

Loopワークスペースは、ユーザーが情報を共有するための場所を提供する。Loopワークスペースは、LoopページとLoopコンポーネントで構成されている。Loopページは、情報を共有するためのキャンバスで自由に作成することが可能だ

　タスクリストなど複数のパーツを追加できる

・Loop コンポーネント：Loop 内で利用できるコンテンツのこと。複数の種類が提供されており、Loop コンポーネントを経由して、Microsoft 365 の Teams や Outlook などの他のアプリと連係できる

Loopワークスペースを作成する

　「Loop」アプリを初めて起動すると、サインインを求める画面が表示される。「サインイン」をクリックし、画面の指示に従って、Microsoft アカウントで「Loop」アプリにサインインする。最初にサンプルのワークスペースが表示される場合があるが、ここでは Loop ワークスペースを新規で作成してみよう。

　すでに作成済みのファイルを Loop ワークスペースに追加することが可能だ。次に表示された画面では、ワークスペース名や入力したキーワードに関連したファイルが表示される。ここで選択すれば、ファイルのリンクが追加される。

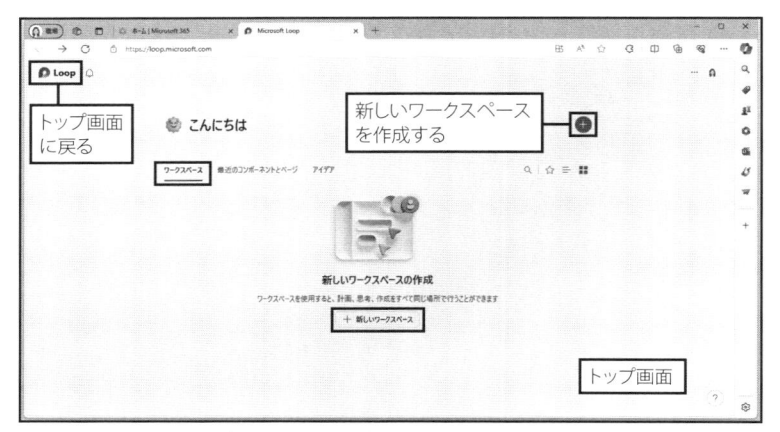

作成するには、「Loop」アプリの画面左上の「Loop」のロゴをクリックして、トップ画面に移動する。「ワークスペース」の「新しいワークスペース」をクリックする。画面右上の「＋」（新しいワークスペースを作成する）をクリックしてもよい

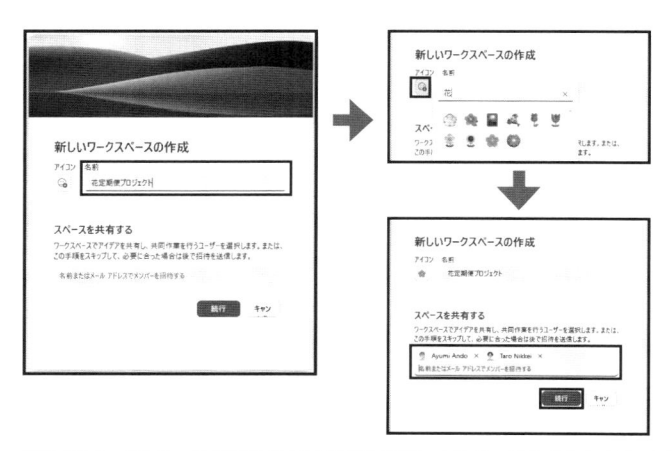

「新しいワークスペースの作成」画面の「名前」でワークスペース名を入力する。アイコンをクリックすると、アイコン画像を検索して選択が可能だ。「スペースを共有する」で共同作業をしたいユーザー指定し、「続行」をクリックする。ユーザーは後から追加することもできる。

ワークスペース名や説明を追加すると、指定した語句に基づいて、関係のあるファイルを右側に表示してくれる。追加したいファイルを選択して「ワークスペースを作成する」をクリックする

サイドバーに、プロジェクト名や指定したファイルのリンクが表示されている。右側には新規の空白のLoopページが表示されている

テンプレートを使ってLoopページを追加する

テンプレートを使って Loop ページを追加しよう。

作成直後は、空白のページが選択されている。画面右下にはあらかじめいくつかのテンプレートが用意されている。テンプレートを選択する

画面右側の下にはテンプレートの一覧が表示されている。テンプレートを選択すると、画面上はその項目が表示されている。作成したいページにあったテンプレートを選択して、「このテンプレートを使用する」をクリックする。なお、「コンテンツを含む」をクリックすると、サンプルデータが表示された状態で作成できる。この一覧にないテンプレートは「テンプレートギャラリー」から選択可能だ

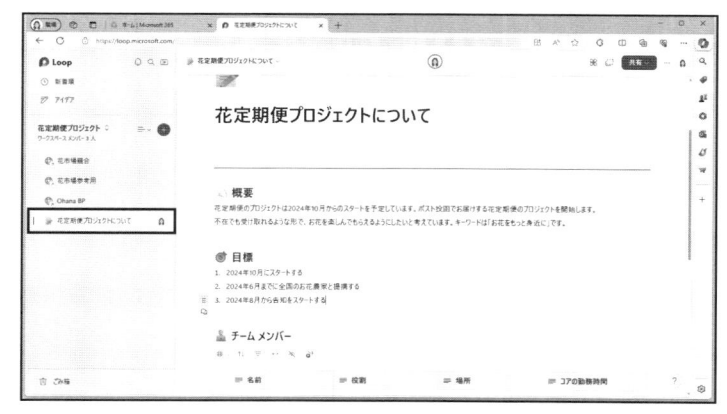

必要な項目を入力してページを完成させよう。タイトルは、そのままサイドバーにタイトルとして表示される

と内容が確認できるので、最初は操作に慣れるためにテンプレートを利用するのも手だ。この一覧に目的のテンプレートがない場合は「テンプレートギャラリー」から選択することも可能だ。執筆時点では、24のテンプレートが用意されている。

他のユーザーも修正やコメントが可能に

　追加されたユーザーには、Loopアプリへの招待メールが届く。「ワークスペースに参加する」をクリックし、共有されたLoopワークスペースが表示される。ここで追加されたユーザーも編集が可能だ。

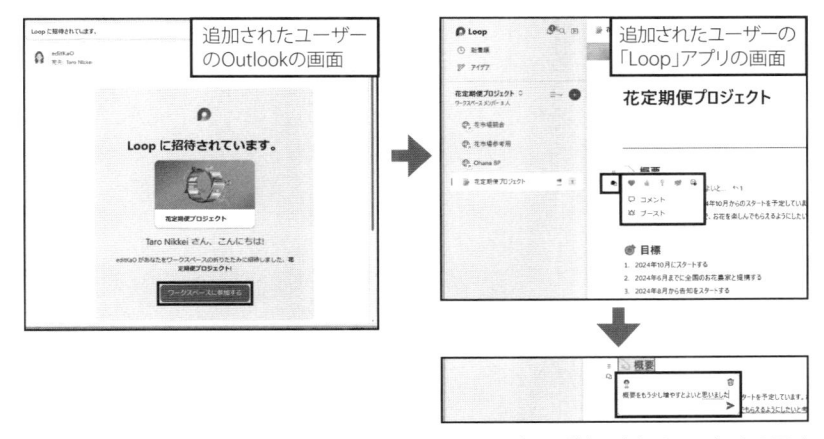

「ワークスペースに参加する」をクリックすると、Loopワークスペースが表示される。コメントのアイコンをクリックすると、いいねなどのアイコンやブースト、コメントを入力するメニューが表示される。今回は「コメント」をクリックしコメント内容を入力し、「送信」をクリックする

4-6　Microsoft Loopの表が更新されたら自動で通知、プレビュー版機能を使ってみよう

　Microsoft Loop は、情報共有や共同作業ができるアプリだ。今回は、Loop ワークスペースに新規のページを作成して表形式のコンポーネントを追加し、この表が更新されたときに自動で通知するルールを設定しよう。

表を追加して自動化ルールを設定する

　「Loop」アプリで Loop ページを作成し、表形式の「表」コンポーネントを追加する。この表には、自動化ルールを設定できる。

　自動化ルールは Microsoft Power Automate を利用した機能で、トリガーとなる項目や条件、アクションを指定する。例えば、表が更新されたときに Outlook や Teams にメッセージを送れる。執筆時点ではプレビュー版として提供され、列の種類ごとに異なる条件を追加できる。

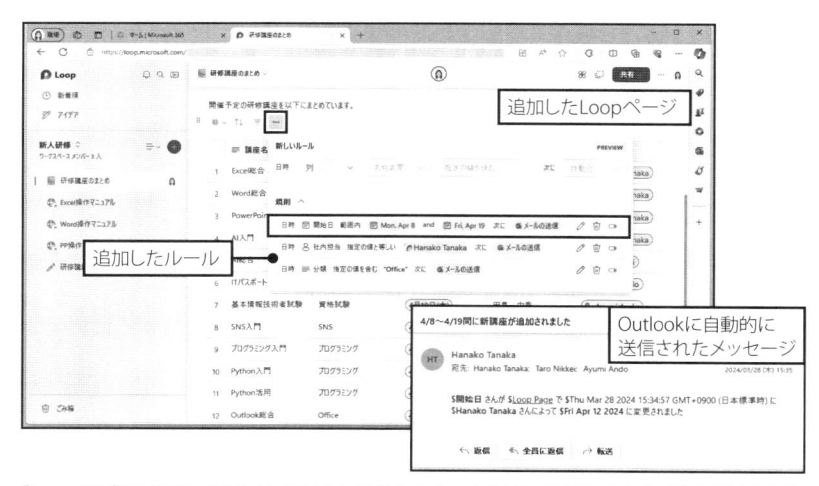

「Loop」アプリで追加した表には、列ごとに自動化のルールを追加できる。画面の例は、設定した期間（4月8日～4月19日の間）に講座が追加されると、Outlookに通知が届くようにした。執筆時点では宛先のほかに、件名を指定できた

Loopページを新規で追加する

　Loop ワークスペースは、情報を共有する場所だ。このワークスペースにはリンクや新しいページを作成して、様々なコンポーネントを追加できる。あらかじめコンポーネントが含まれたテンプレートを利用して新しいページを作成する方法以外に、空白のページを作成して一からコンポーネントを追加することも可能だ。

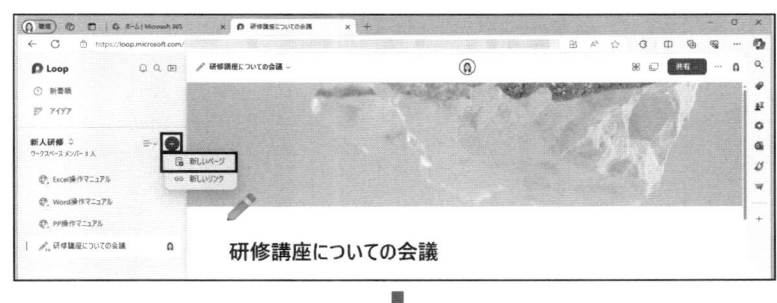

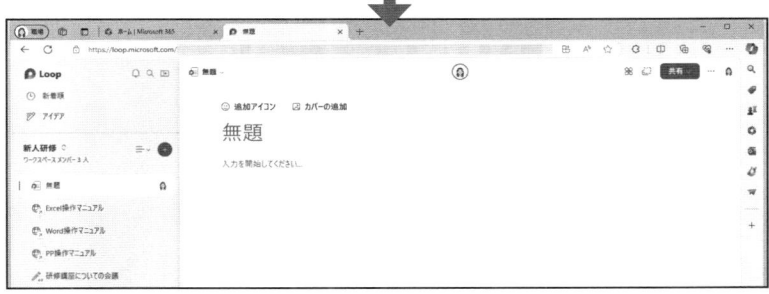

Loopワークスペースに新しいLoopページを追加する。追加するには、「+」をクリックし、「新しいページ」をクリックする。空白のページが作成される。このページに、階層を付けたサブページも追加することが可能だ

コンポーネントを追加する

　コンポーネントを追加するには、「入力を開始してください」が表示されたら、半角スラッシュ「／」をクリックする。追加できるコンポーネントの一覧が表示されるので、選択して追加する。

　自動化のルールを追加するために、今回は「表」コンポーネントを追

追加するには半角スラッシュ「／」を入力し、表示された一覧から選択する。今回は「表」のコンポーネントを選んだ

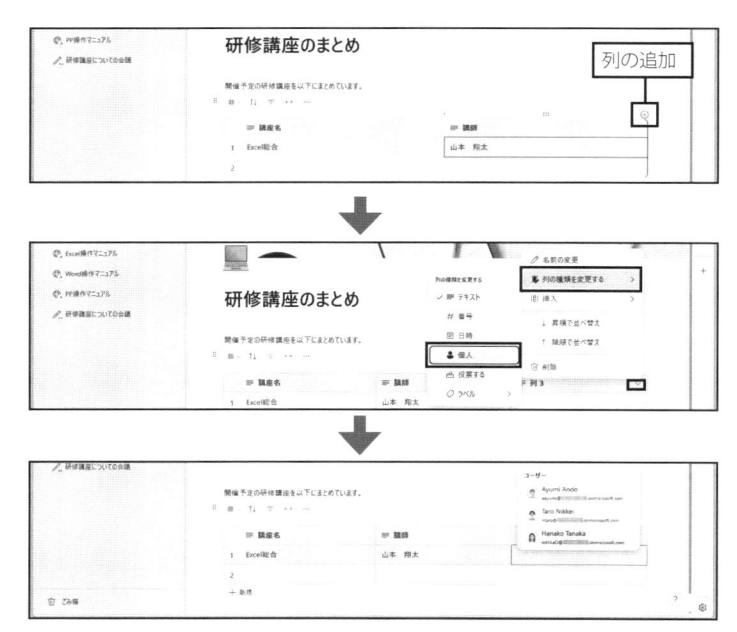

表のタイトルや項目を入力する。列の種類を変更するには、列見出しの右側の下向き矢印をクリックし、「列の種類を変更する」をクリックして表示された一覧から種類を選択する。今回は「個人」を選択した。変更すると、組織内のユーザー名から選択できるようになる

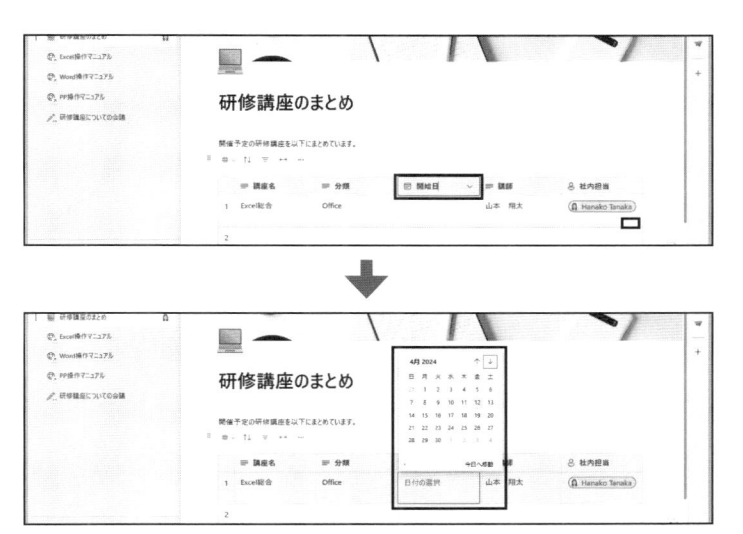

他にも「列の種類」で「日時」を指定すると、カレンダーが表示されて、日付を選択できるようになる

加する。「表」以外でも、「タスクリスト」や「投票テーブル」などのテーブルベースのコンポーネントでこの自動化ルールが利用できる。

　表のコンポーネントは、Excel などと同じように表のスタイルでデータを入力したり、行や列を追加したりすることが可能だ。また、データ内容に応じて、「列の種類」を指定することができる。初期設定では「テキスト」が選択されている。この「列の種類」によって、後の自動化で指定する条件が変わる。

通知の自動化を設定する

　表のコンポーネントでは、条件に合致した項目が追加された場合に、Outlook や Teams に通知を送ることができる。設定するには、表の左上の「…」をクリックし、「規則」をクリックして表示された画面で指定する。まず、「列」でトリガーとなる項目を選択しよう。

　次にトリガーとなる条件を指定する。最後に自動化する操作を選択して「続行」をクリックする。

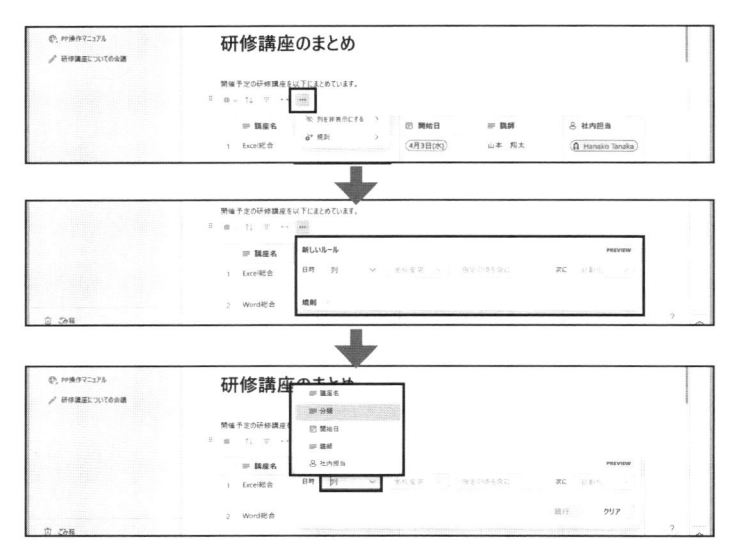

設定するには、表の左上の「…」をクリックし、「規則」をクリックする。「新しいルール」画面が表示されたら、まず基準となる「列」をクリックし、一覧から項目を選択する。今回は「分類」をクリックした

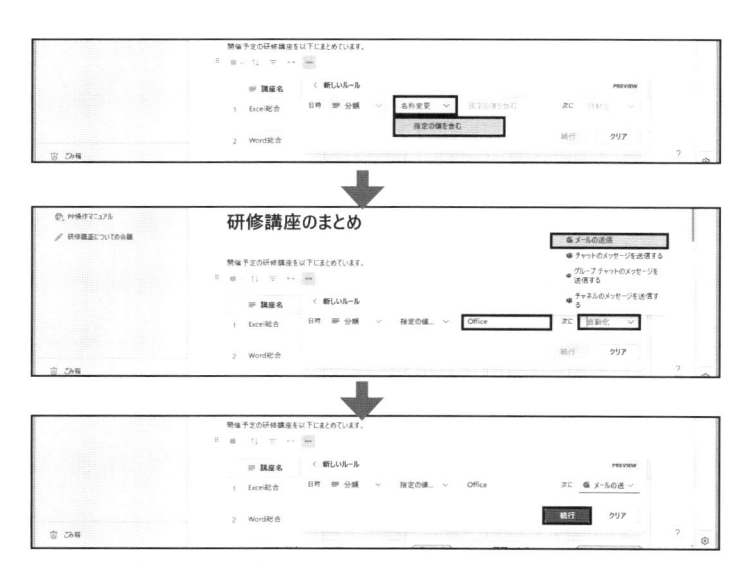

右隣の項目で「名称変更」の「指定の値を含む（に次の値を含む）」をクリックする。次に「隣のボックスに条件となる語句を入力する。今回は「Office」と入力した。右端のボックスで「自動化」をクリックすると、自動的に通知するメッセージの方法を指定できる。今回は「メールの送信」をクリックし、「続行」をクリックする

「ルールを自動化する」画面が表示されたら、「サインイン」に表示されたアプリの右側にアドレスが表示され、緑色のチェックマークが表示されていることを確認する。変更する場合は「…」をクリックしてアドレスを指定する。確認したら「次へ」をクリックする。「フローを設定する」でメールの宛先や件名を入力し、「フローの作成」をクリックする

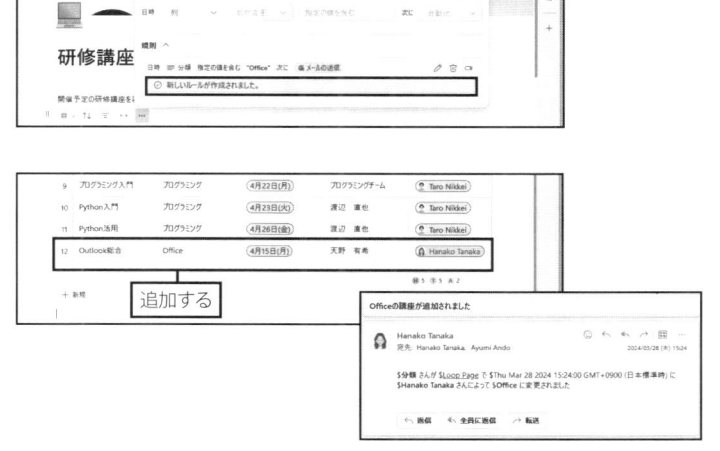

「新しいルールが作成されました」のメッセージが表示される。分類が「Office」の項目を新しく追加すると、Outlookに通知が届くようになる

　次の画面では、使用するアプリやメールの宛先、件名を指定する。

　ルールが作成できたら、条件に合致した項目が追加されると、指定し

た操作が自動的に通知されるようになる。

　ルールは複数作成することができる。基本となる「列」の種類によっ
て、指定できる条件が異なる。また、ルールは後から編集したり、削除
したりすること可能だ。

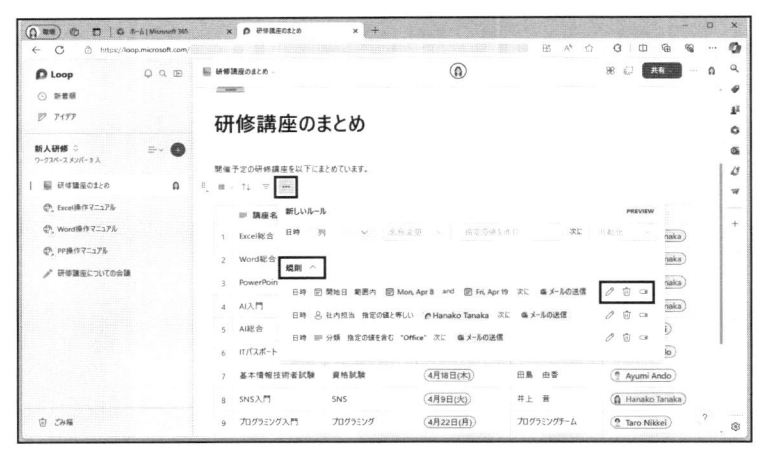

ルールの一覧を表示するには「…」をクリックし、「規則」をクリックする。各ルールの右端にあるアイ
コンで、編集、削除、一時的に通知を止めることが可能だ

4-7 Microsoft Loopのページや表をリンクとして貼り付ければ他アプリから直接編集可能に

　Microsoft Loop では、Loop ワークスペースを複数のユーザーと共有したり、Loop ページや「表」などをリンクで他のアプリに貼り付けたりできる。今回はこれらの手順を紹介する。

Loopコンポーネントとして他アプリから直接編集できる

　Loop では、「Loop」アプリで作成した Loop ワークスペースや Loop ページ、表などのコンテンツを共有できる。特に、Loop ページや表などのコンテンツを「Loop コンポーネント」として他のアプリに貼り付ければ、他のアプリ上で直接編集できるようになる。「Loop」アプリを起動せずに済むので便利だ。

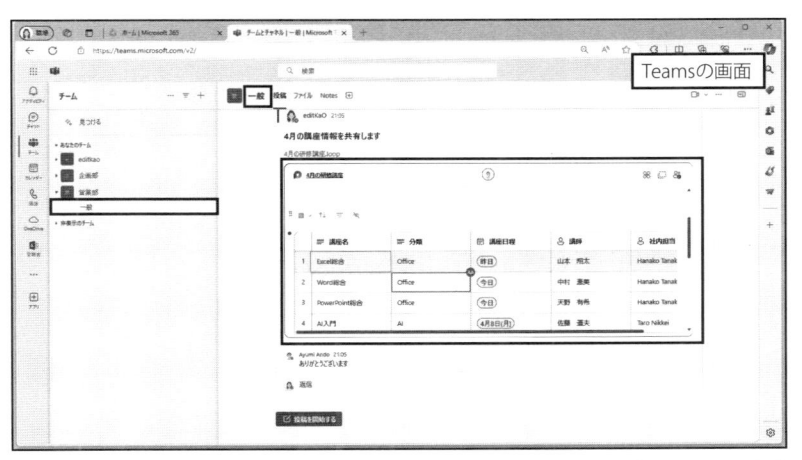

画面では、Teamsのチャネルの「投稿」タブで、Loopコンポーネントとしてページを埋め込んで投稿した。この状態なら「Loop」アプリを起動せずに、直接Teamsから確認や項目を追加できる

Loopワークスペースを共有する

　まずは「Loop」アプリで作成した Loop ワークスペースを共有してみ
よう。共有するときは、追加したいユーザーをメンバーとして招待すれ
ばよい。

招待するには、画面右上の「共有」をクリックし、「ワークスペース」をクリックする。画面が表示され
たら、上のボックスで招待したい組織内のユーザー名やメールアドレスを入力し、右側の「招待」を
クリックする

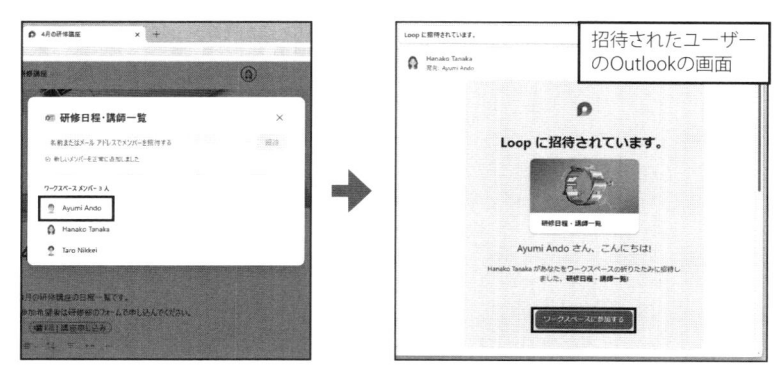

メンバーに招待したユーザーが追加された。招待したユーザーには、招待メールが送信される。
「ワークスペースに参加する」をクリックして、「Loop」アプリにサインインする

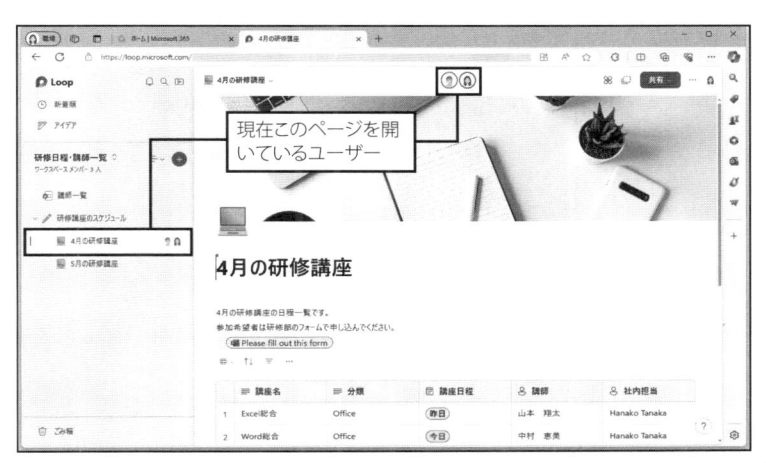

招待されたユーザーがサインインすると、そのワークスペースが表示されて確認できるようになる。
ページのタイトルや画面上部には、現在このページを開いているユーザーが表示されている

　ユーザーを追加すると、そのユーザーに招待メールが送信される。招待メールを受け取ったユーザーは、メール内のリンクをクリックして「Loop」アプリにサインインするとワークスペースが表示される。

Loopページをリンクで共有する

　Loop ワークスペース全体ではなく、Loop ワークスペース内の Loop ページ単位で共有したいときは、リンクを使う。共有したいページのリンクをコピーして組織内のユーザーに通知すればよい。「共有の設定」画面から、共有する範囲や表示だけ、編集も可能にするなどの詳細を設定することもできる。

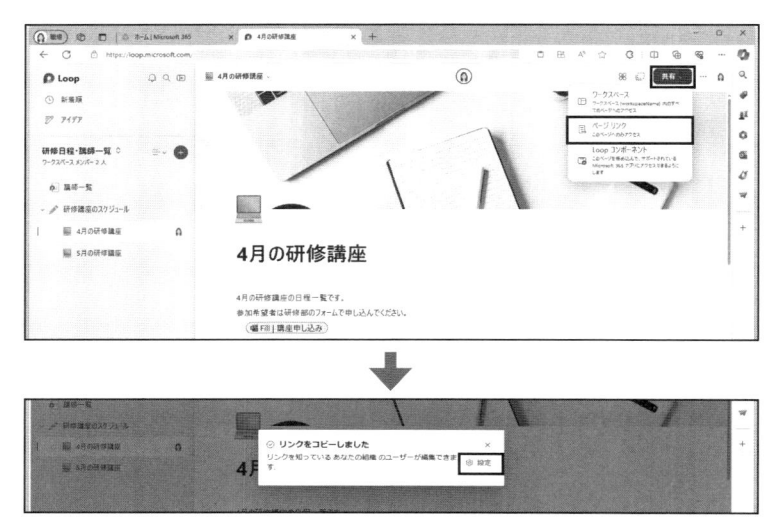

Loopページのリンクを共有するには、画面右上の「共有」の「ページリンク」をクリックする。リンク
がコピーされ、このままメールの本文などに貼り付けられる。「リンクをコピーしました」と表示され
た画面の「設定」をクリックすると、共有範囲の詳細を設定できる

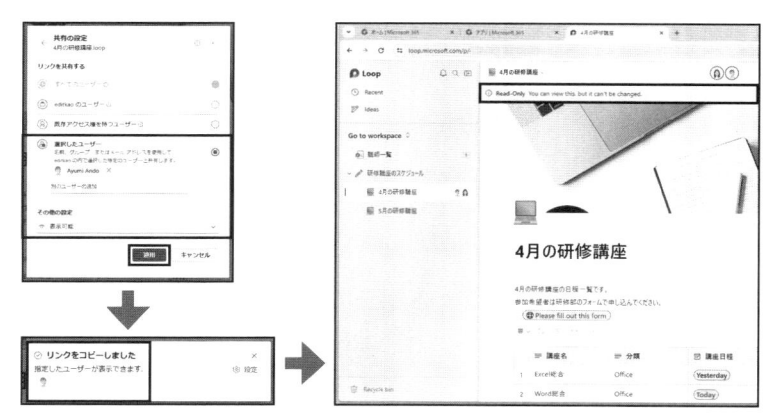

表示された画面では、共有する範囲を設定する。「その他の設定」では、「編集可能」や「表示可能」
の項目が選択できる。すべてを選択したら「適用」をクリックする。画面は「選択したユーザー」を
指定し、「表示可能」な状態に設定した。そのリンクのページを開くと、先頭部分に読み取り専用とい
ったメッセージが表示される

Loopページを他のアプリで共有する

コピーしたリンクは、Outlook や Teams などの他の Microsoft 365 アプリに貼り付けることができる。「共有」の「ページリンク」では、リンクが付いたテキストの状態で貼り付けられる。この方法で貼り付けた Loop ページは直接編集できず、リンクから「Loop」アプリで開いて編集する。

「共有」の「Loop コンポーネント」で貼り付けると、Loop ページ全体を埋め込んだ状態で貼り付けることができる。この方法で貼り付けた場合はリアルタイムで同期され、項目を追加すると「Loop」アプリにも反映される。

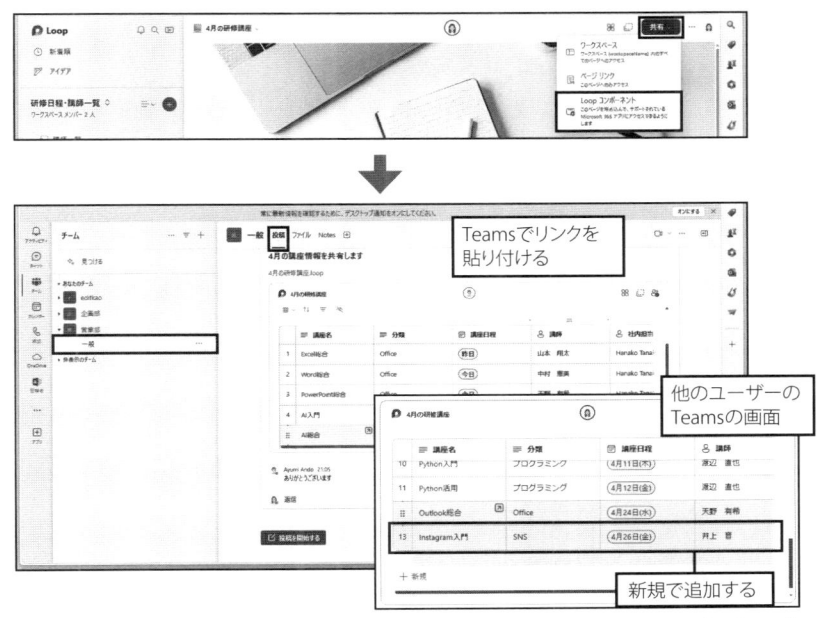

「Loop」アプリで「共有」の「Loopコンポーネント」をクリック。次に Teamsのチャネルの「投稿」タブでコピーしたリンクを貼り付ける。この状態で貼り付けると、Loopのアイコンが表示され、枠が付いた状態でLoopページ全体が貼り付けられる。チーム内の他のユーザーが「表」に項目を追加すると、リアルタイムでLoopページにも反映される

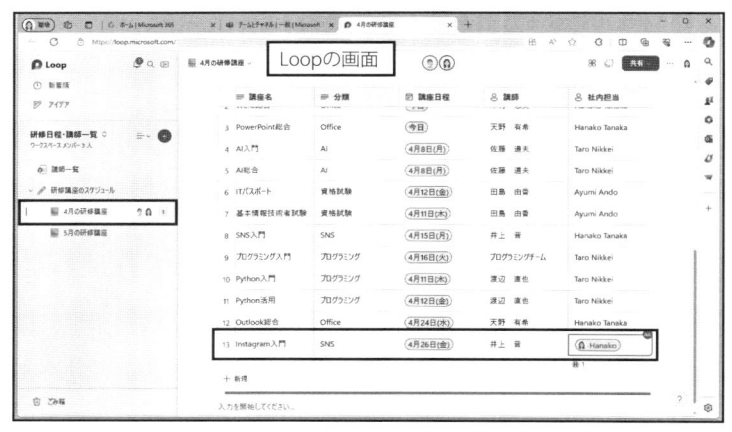

「Loop」アプリでページを開くと、Teamsで追加した項目が表示されていることが確認できる

表などのコンテンツ単位で共有する

　表やリストなどのコンテンツ単位で他のアプリで利用できるように共有できる。共有するには、表から Loop コンポーネントを作成する。作成すると、表に Loop アイコンと枠が表示されるようになる。このリンクをコピーして貼り付けると、表が貼り付けられた状態で埋め込むことができる。この場合も、リアルタイムに他のアプリ上で編集できる。

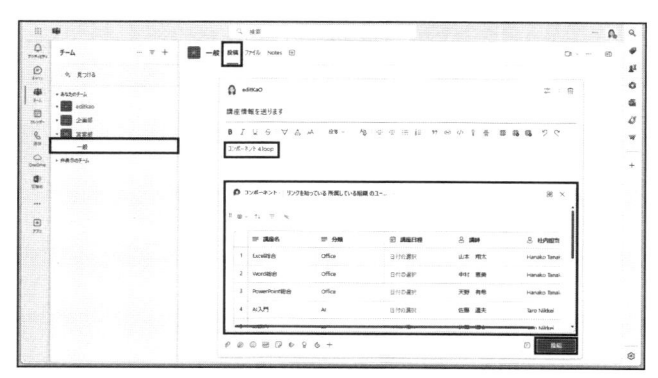

例えば、Teamsのチャネル内の「投稿」タブでリンクを貼り付けると、表が埋め込まれた状態で貼り付けられる

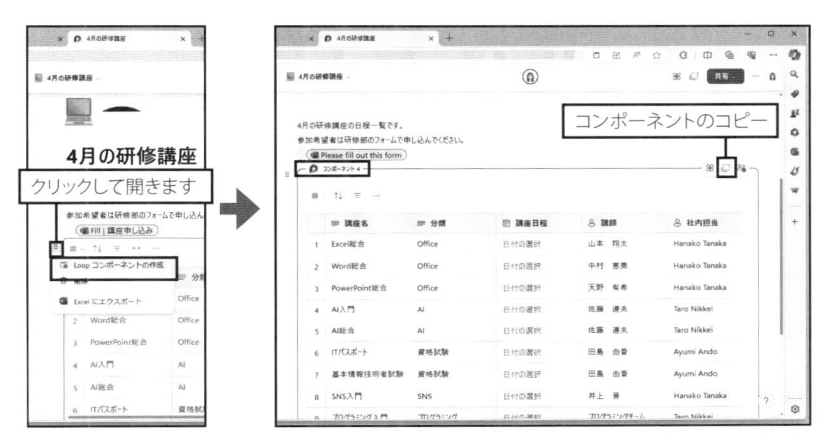

表部分の左上にある「クリックして開きます」をクリックし、表示されたメニューの「Loopコンポーネントの作成」をクリックする。表がLoopアイコンと枠で囲まれる。画面右上の「コンポーネントのコピー」をクリックすると、Loopコンポーネントがコピーされる

第5章

Teamsの便利な機能

5-1 Teamsの自分専用のチャット、仕事に役立つ便利な使い方

Microsoft Teams の「チャット」に自分自身とやり取りする専用チャットがある。自分の作業場所として活用できる。今回は、この Teams の自分用のチャット機能を紹介する。

Teamsで自分専用のチャットを確認する

Teams のチャットでは、ほかのユーザーとの１対１やグループ間でメッセージをリアルタイムにやり取りできる。このチャット機能では、自分自身とのやり取りも可能だ。

自分向けにチャットでメモを残したり、作業ファイルを一時的に保存したりできる。Teams に保存した Office ファイルは、Teams 上で直接ファイルを編集したり、クリックするだけで PowerPoint や Excel などの作成アプリを起動したりできるので便利だ。

Teamsの「チャット」をクリックすると、チャットの一番上に「ユーザー名（あなた）」というチャットルームが作成されている

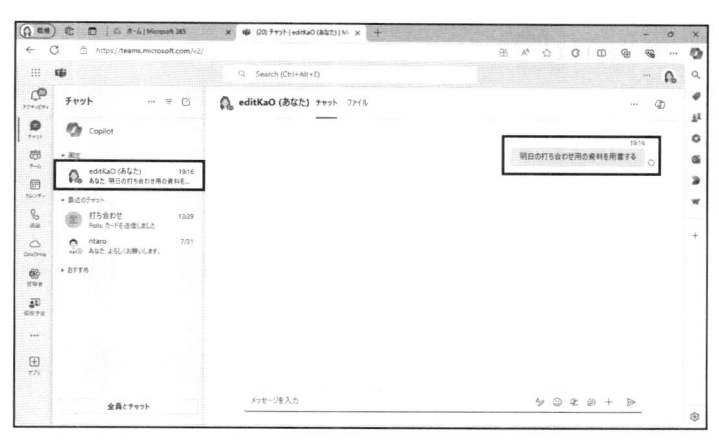

このチャットルームに、メモとして残しておきたい内容を自分専用のメッセージに残すことが可能だ

ファイルの保存先として利用する

　ファイルの一時的な保管場所として利用するときは、「メッセージを入力」ボックスからファイルを添付して送信する。

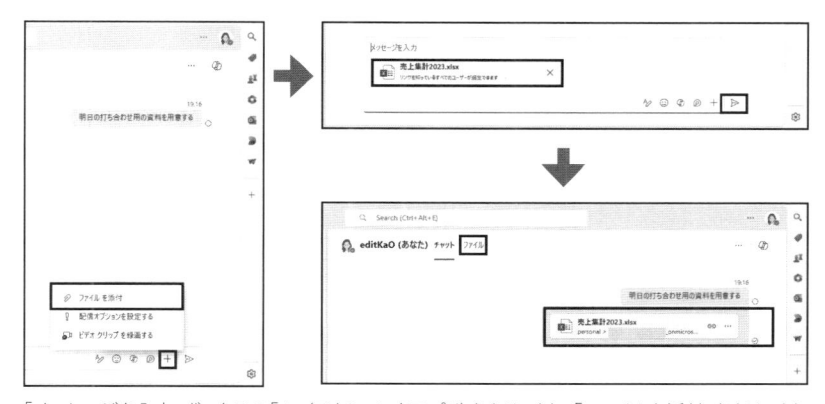

「メッセージを入力」ボックスの「＋」（アクションとアプリ）をクリックし、「ファイルを添付」をクリックして、保存先を指定して「送信」をクリックする。チャット画面にファイルが送信される。このファイルは、「ファイル」タブからも表示できる

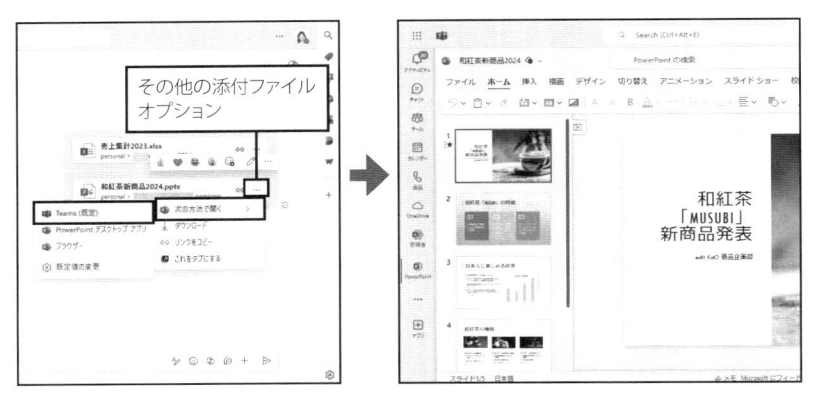

作成元のアプリを開かずにTeams上でファイルを開くには、「…」(その他の添付ファイルオプション)をクリックし、「次の方法で開く」の「Teams(既定)」をクリックする。Teams上で作成元のアプリが開き、編集が可能になる

Loopコンポーネントでまとめも簡単に

　複数人でのチャットと同様、自分専用のチャットでも「Loop コンポーネント」の機能が利用できる。この機能は Microsoft Loop アプリの機能で、Teams で利用可能だ。

　Loop コンポーネントは、箇条書きやリストなどの種類があり、作業に

「メッセージを入力」ボックスの「Loopコンポーネント」では、箇条書きやチェックリストなどのコンポーネントを送信して、自分専用の作業やブレスト用のリストなどに活用可能だ

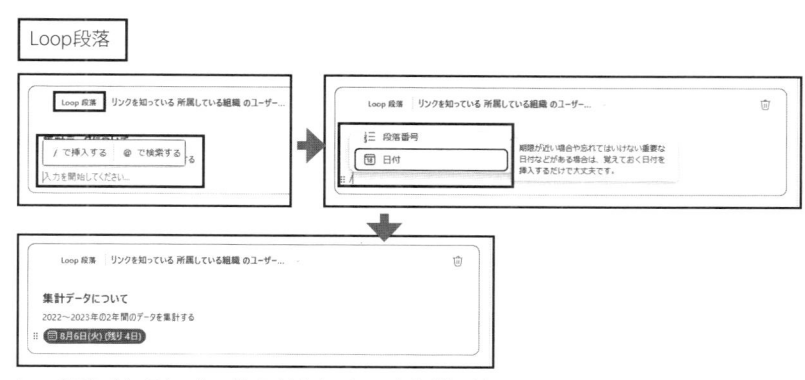

チェックリスト（Loopリスト）

表（Loopテーブル）

Loopコンポーネントには、チェックリストや表、タスクを管理するためのものなど、様々な種類がある。メモとして利用するには十分な機能だ。画面はチェックリスト、表の例

Loop段落

Loop段落では、テキストの他、日付やタスクリストなどを追加できる。テキスト以外の内容は、挿入位置で「/」を入力して表示されるメニューから選択する

必要な項目をまとめたり、アイデアをまとめたりといった用途に活用できる。種類には、箇条書き、チェックリスト、かんばんボード、番号付

きリストなどがある。これらのコンポーネントは自分の作業用として利用したり、他のユーザーと共有して編集したりできる。

Loopコンポーネントを共同で編集する

　Loop コンポーネントは、組織内の他のユーザーと共同で編集が可能だ。共有するには、メッセージ送信前に「リンクを知っている所属している組織のユーザー…」をクリックし、表示された画面で共有方法を指定する。

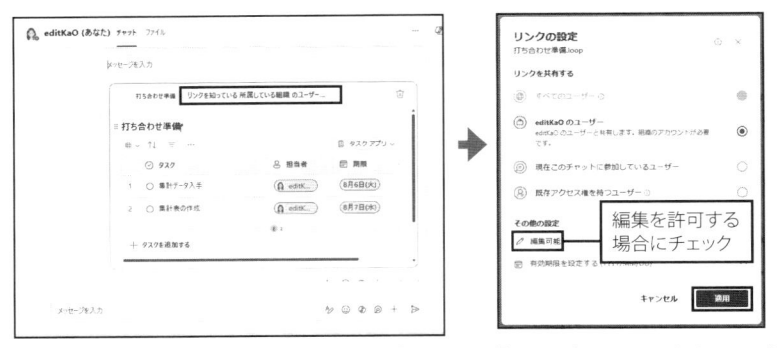

Loopコンポーネントを共有するには、メッセージの送信前に「リンクを知っている所属している組織のユーザー…」をクリック。表示された「リンクの設定」画面を表示で共有の範囲を指定して「適用」をクリックし、自分のチャットに送信する

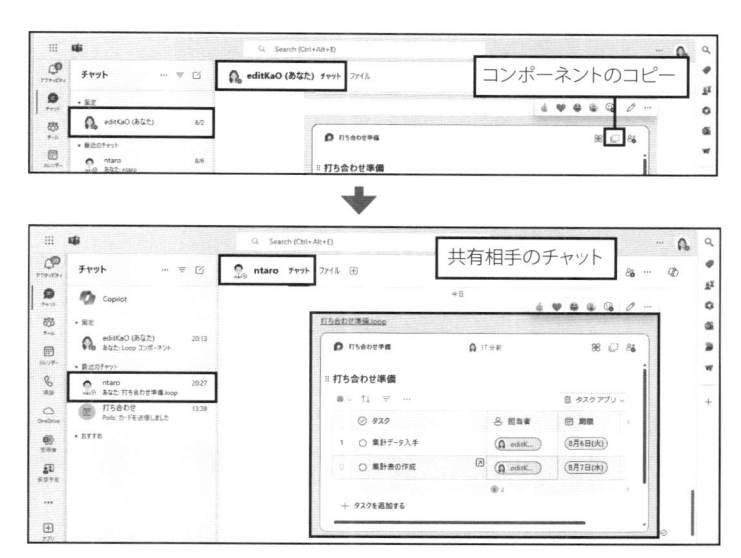

自分のチャットに送信後、右上の「コンポーネントのコピー」をクリックする。共有相手のチャットを
開き、そのリンクを貼り付けて送信する

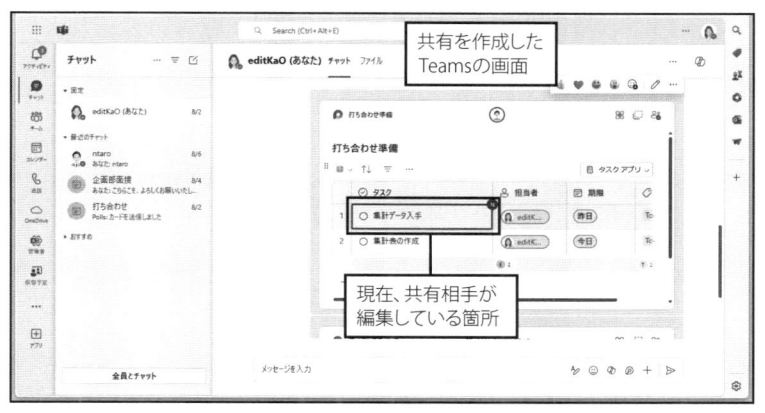

共有相手が自分のTeamsのチャット画面を開いて、送信されたLoopコンポーネントを同時編集で
きるようになる。共有相手が修正している箇所はマークが付くので分かる

5-2　Teamsの会議予約で使える「仮想の予定」、ゲスト参加のための便利機能

　Teams の会議予約では、会議の種類として「仮想の予定」を選択できる。「仮想の予定」は、組織外のユーザーとの会議をスムーズに行うための機能だ。面接や個別面談などに利用できる。

　「仮想の予定」を使えば、Teams アプリをインストールしていないユーザーが Web ブラウザーからゲストとして会議に参加可能だ。今回は、「仮想の予定」の使い方を紹介する。

「仮想の予定」の会議を作成する

　Teams で新規に会議を開くとき、「仮想の予定」を選ぶと組織外のユーザーをゲストとして招待できる。「仮想の予定」の会議を作成するには、「カレンダー」で「新しい会議」から「仮想の予定」をクリックする。

　「仮想の予定」の画面では、会議のタイトルや出席者などを入力する「詳

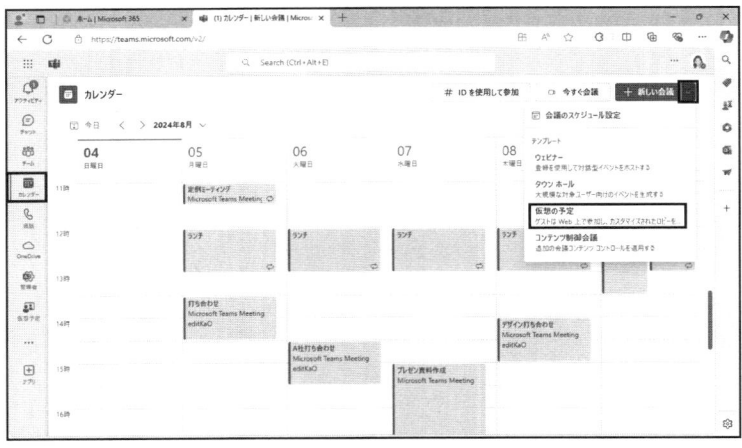

Teamsの「カレンダー」を表示する。画面右上の「新しい会議」の右側の矢印をクリックし、一覧から「仮想の予定」をクリックする

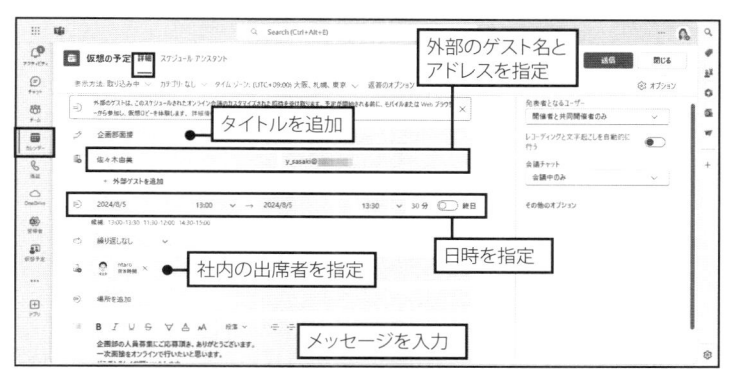

「仮想の予定」の「詳細」が表示される。この画面では、会議名、外部ゲストの名前やメールアドレス、会議の日時、社内の出席者、メッセージなどを指定する

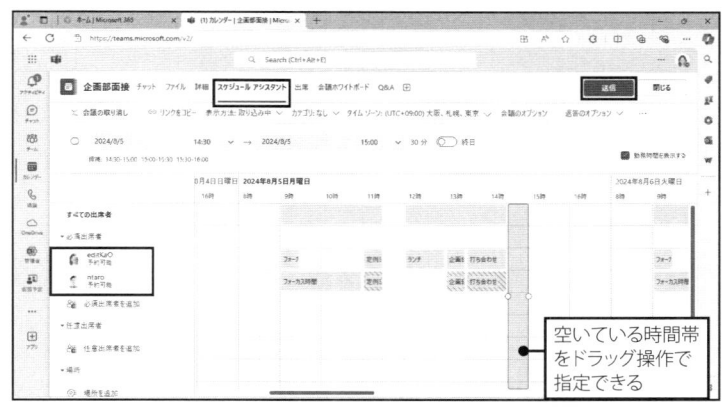

「仮想の予定」の「スケジュールアシスタント」では出席者の予定が表示され、予約可能な時間をすぐに確認できる。会議の情報を入力し終わったら、最後に「送信」をクリックする

細」と、組織内の参加者の予定を確認しながら日時を入力する「スケジュールアシスタント」を画面上部で切り替える。会議の情報を入力し終わったら、最後に「送信」をクリックする。

　会議の予定を送信すると、外部ゲストや社内の出席者に招待メールが送信され、Teams の「カレンダー」や Outlook の予定表に会議の予定が追加される。

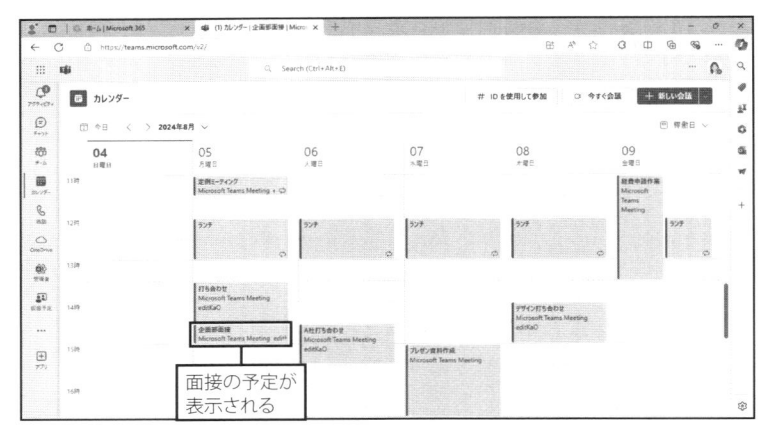

Teamsの「カレンダー」に作成した会議予定が追加される

招待メールから、会議にゲストとして参加する

　招待メールが届いた外部ゲストは、そのメールに表示されている「ゲストとして予定に参加」をクリックすると会議に参加できる。

　ここからは iPhone を例に流れを確認してみよう。「ゲストとして予定に参加」をクリックし、会議に参加する名前を入力して、マイクとカメラへのアクセスを許可する。マイクやカメラを許可しないと、会議に参

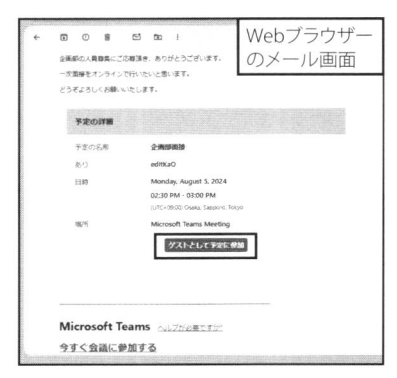

招待メールが届いた外部ゲストは、メール内の「ゲストとして予定に参加」をクリックすると、Teamsアプリをインストールしていない環境でも会議に参加できる

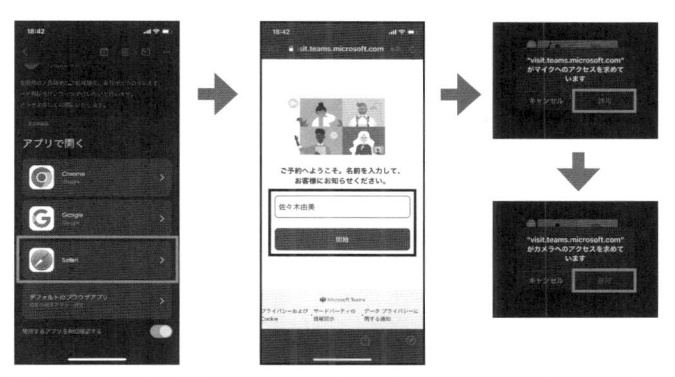

「ゲストとして予定に参加」をクリックし、どのアプリで表示するかを指定する。今回は「Safari」をクリックする。次に参加する名前を入力して「開始」をクリック。マイクとカメラのアクセスを許可する

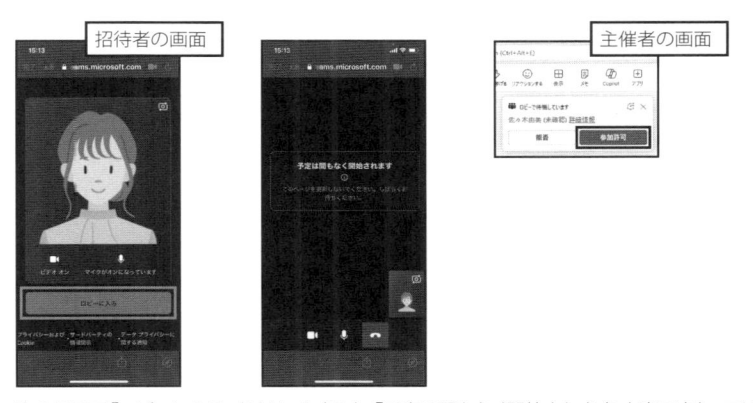

次の画面で「ロビーに入る」をクリックすると、「予定は間もなく開始されます」と表示され、ロビーで待機した状態になる。主催者の画面には参加の許可を求める画面が表示されるので、主催者が参加を許可すると、会議に参加できるようになる

　加することはできない。ゲスト参加者は、いったんロビーで待機状態になり、主催者が参加を許可すると、会議に参加できるようになる。

　ゲストとして参加した場合は、基本的に音声と動画での参加となる。Teams特有の機能、例えばPowerPointのプレゼンを確認しながら会議に参加するような機能は利用できない。もしそれらの機能を利用したい場合は、通常の会議のようにTeamsアプリを経由して参加しよう。

Teamsアプリがインストールされていない環境でも会議には参加できる。ただし、基本的には音声とカメラでの参加だ。会議中にチャットが始まった場合は、参加できる。また、現在の会議の参加者を確認することも可能だ

5-3　OutlookやBookingsの予定もTeamsの「仮想予定」アプリでまとめて管理

　Teamsで「仮想予定」アプリを使うと、予定を1カ所に統合して表示・管理できる。例えば、Teamsの「仮想の予定」から追加した予定や、予約管理のためのアプリであるBookingsで予約した予定、Outlookの予定表の予定をまとめて1つのカレンダーで表示できる。今回は、Teamsでの「仮想予定」アプリの使い方を紹介する。

Teamsで「仮想予定」アプリを表示する

　Teamsではあらかじめ「仮想予定」アプリが使えるようになっている。もし表示されない場合は、画面左側の「…」（その他のアプリを表示する）から「仮想予定」アプリを検索して追加しよう。

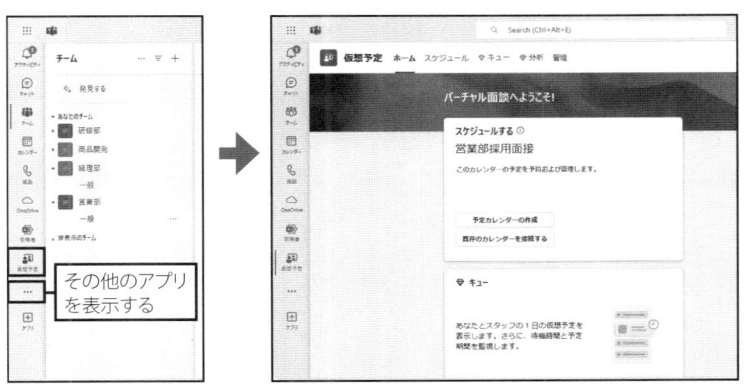

左側で「仮想予定」をクリックして、アプリを起動する。「仮想予定」アプリが起動し、「ホーム」画面が表示される。アプリのボタンが表示されていない場合は「…」(その他のアプリを表示する)をクリックする

新規でカレンダーを作成する

　「仮想予定」アプリで、新規でカレンダーを作成することが可能だ。新しくカレンダーを作成するには、「ホーム」タブの「スケジュールする」の「予定カレンダーの作成」をクリックして、表示された画面でカレンダー

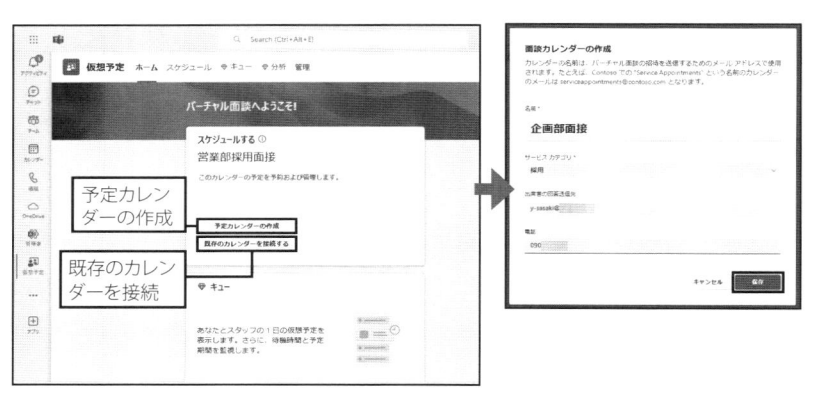

「ホーム」タブの「スケジュールする」に表示されている「予定カレンダーの作成」をクリックする。表示された画面で、カレンダー名やサービスカテゴリ、出席者の回答送信先や連絡先の電話番号を指定し、「保存」をクリックする

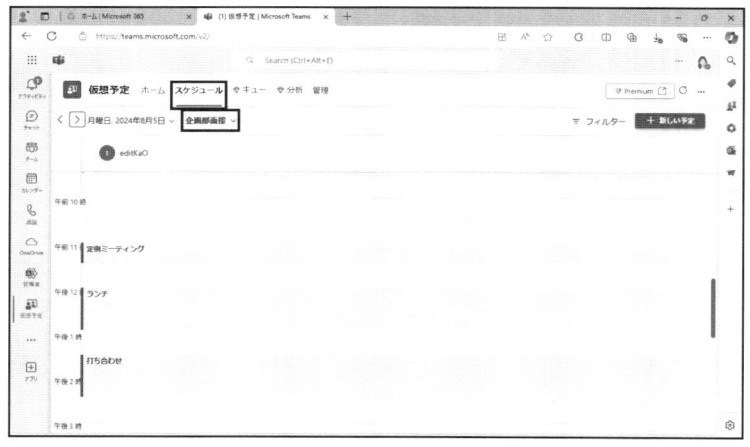

「スケジュール」タブに、作成したカレンダーが追加される。すでに他で予定が入っている場合は、カレンダーのその予定が表示されている

「ホーム」タブには、スケジュールする、キュー、分析、管理の項目が表示される。ただし、キュー、分析の内容を表示するには、Teams Premiumのラインセンスが必要だ

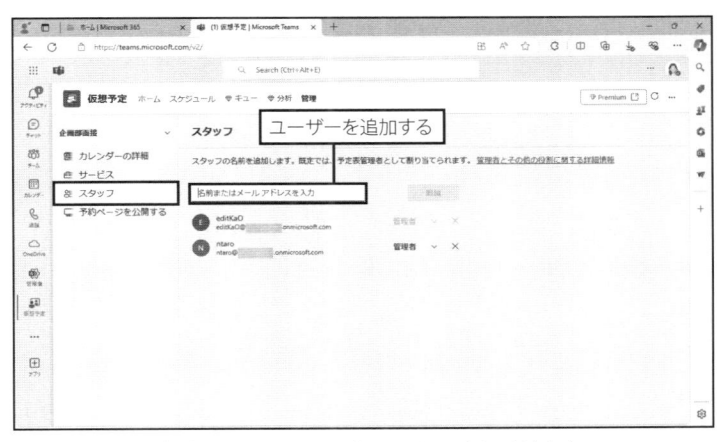

今回は、「管理」タブの「スタッフ」からユーザーをスタッフとして追加した

名やサービスカテゴリなどを指定して作成する。作成すると、作成した
カレンダーの表示に変更される。

　カレンダーを作成すると、そのカレンダーの情報が表示される。「ホーム」画面には、スケジュール、キュー、分析、管理が表示されている。

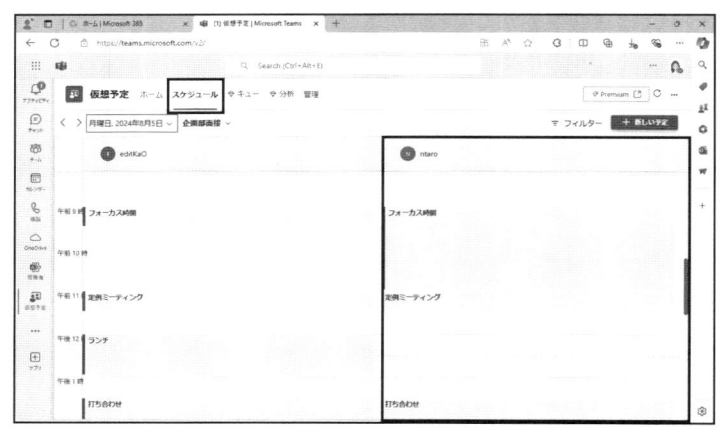

「スケジュール」タブでは、追加したユーザーがスタッフとして表示されたことが確認できる

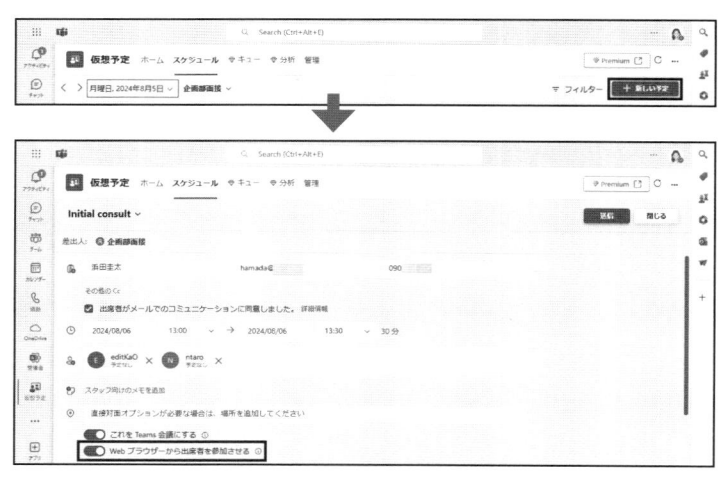

画面右上の「新しい予定」をクリックすると、新規予約の画面が表示される。「Webブラウザーから
出席者を参加させる」をオンにすると、「仮想の予定」として登録でき、Teamsアプリがない環境でも
Webブラウザーを使って出席できる

　また、それぞれのタブも追加されている。この中でキュー、分析は、
Teams Premium の別ラインセンスが必要だ。
　仮想予定は Bookings の予約ページと連動している。「管理」タブでは、

このカレンダーに関する詳細を指定できる。「スケジュール」タブでは、新規予定を作成することも可能だ。

既存のカレンダーを追加する

　既にあるカレンダーを追加することもできる。追加するには、「ホーム」タブまたは「スケジュール」タブから操作する。既存のカレンダーを追加した場合は、追加したほうのカレンダーの予定に色が付いた状態になる。

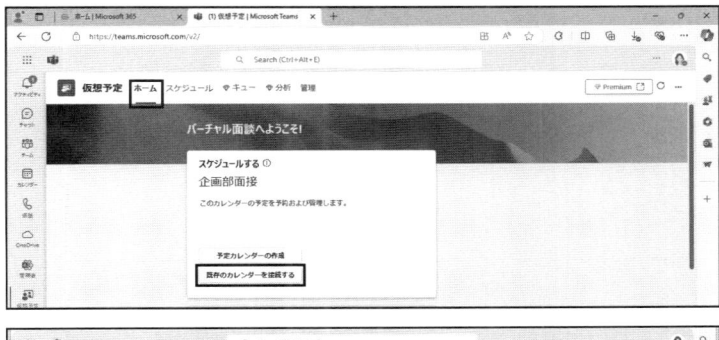

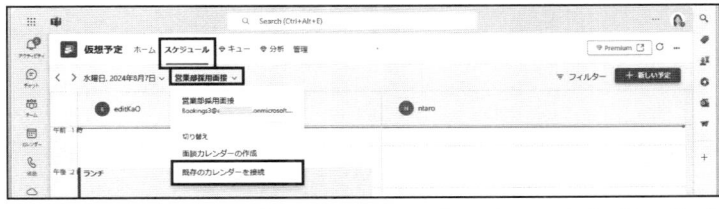

「ホーム」タブの「既存のカレンダーを接続する」または「スケジュール」タブのカレンダー名の部分から、「既存のカレンダーを接続」をクリックする

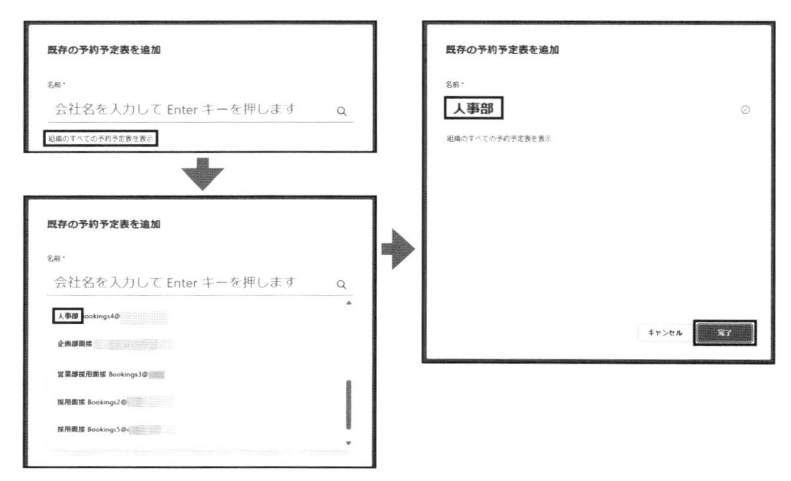

「既存の予約予定表を追加」画面が表示される。「名前」の「組織のすべての予約予定表を表示」を
クリックすると、接続できるカレンダー（予定表）の一覧が表示される。今回は「人事部」をクリックし
て「完了」をクリックする

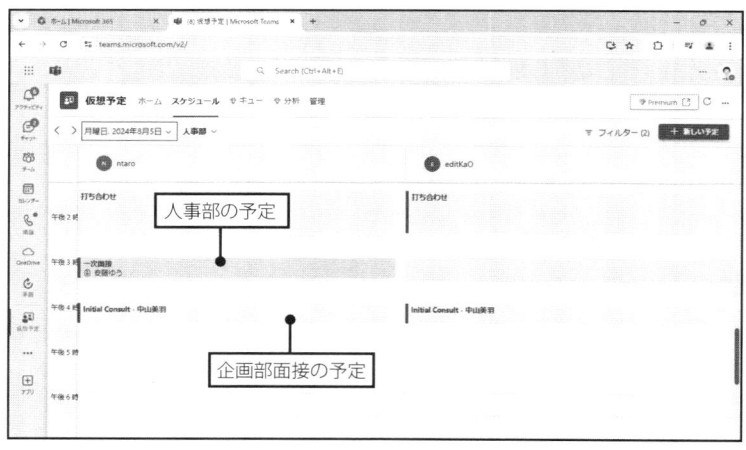

接続した「人事部」のカレンダーが表示された。事前に作成した「企画部面接」の予定と今回の「人
事部」の予定が表示されている。接続したカレンダーは色が付いた予定になる

5-4 作業している場所を示すTeamsの「場所」、会社か自宅かを通知

　Teamsには、ユーザーが作業している場所を通知する機能がある。今回は、この機能を中心にユーザーの状況を通知する機能を紹介していく。

「オフィス」か「リモート」かを表示する

　Teamsの「場所」は、会社で仕事をしているのか、自宅などでリモートワークをしているのかを他のユーザーに通知する機能だ。テレワーク

今日の勤務場所をアイコンで通知できる。画面右上のプロフィル画像から指定可能だ

勤務場所を設定するには、「勤務先の場所を設定する」をクリックすると、ドロップダウンメニューが表示されるので、そこから今日1日の仕事場所をクリックして指定する。会社の場合は「オフィス」、自宅などの場合は「リモート」を選択しよう

今日は1日出社のため、「オフィス」をクリックした。アイコンが会社の内容に変わる。再度、その場所をクリックすると、「オフィス」以外に「リモート（自宅）」「勤務先の場所をクリア」を選択することができる

を導入した企業などで役立つだろう。

　設定できるのは１日単位で、その場所は「オフィス」か「リモート」のどちらかだ。執筆時点では、「オフィス」や「リモート」の表現は変更できない。

Outlookなら勤務場所が曜日単位で指定も可能

　Outlook の「予定表」でも勤務場所を通知できる。Teams では１日単位だったが、Outlook なら曜日単位でまとめて登録可能だ。なお、Outlook は「オフィス」は「職場」と表示される場合がある。この表記は執筆時点では変更できない。

　Outlook の「設定」画面の「勤務時間と場所」では、曜日単位で「オフィス」または「リモート」のどちらかを選択することも可能だ。この画面は、Outlook の「設定」の「予定表」から「勤務時間と場所」を選択しても表示できる。

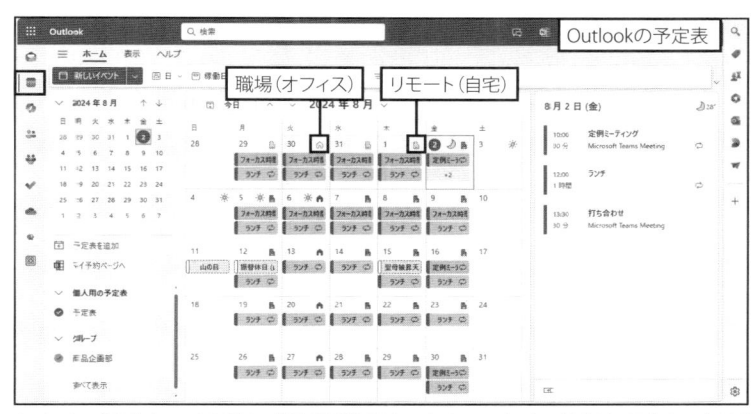

Outlookの「予定表」でも同様に、勤務場所を設定できる。Outlookの場合は、予定表の各日付の右上にアイコンが表示されている

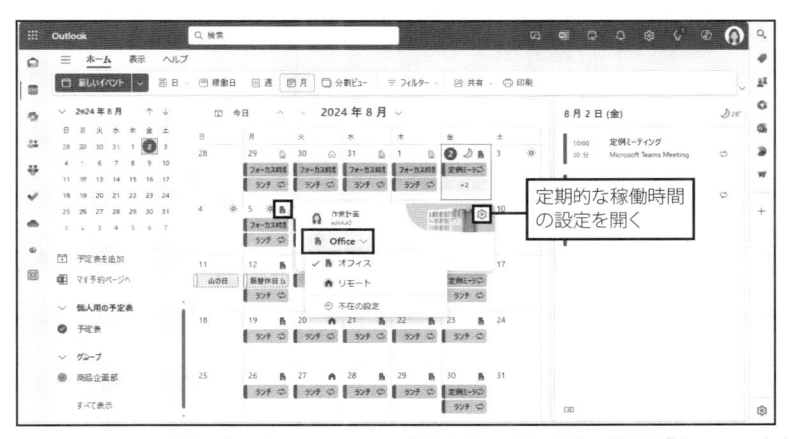

このアイコンを1日単位で変更するには、アイコン部分をクリックし、会社の場合は「オフィス」、自宅などの場合は「リモート」を選択する。この表示を曜日単位で変更することもできる。変更するには、このメニューから「定期的な稼働時間の設定を開く」をクリックする

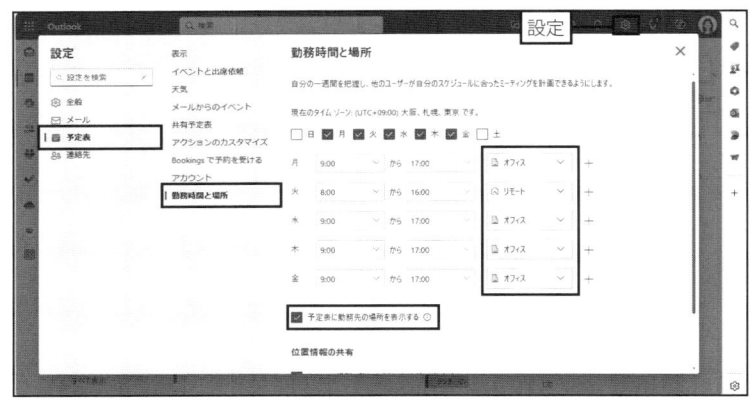

「定期的な稼働時間の設定を開く」で表示された画面。「予定表に勤務先の場所を表示する」にチェックが入り、その上の各曜日の右側から選択することが可能だ

対応可能な状況かを通知する

　Teams では、他にも自分の現在の対応状況を通知する機能やステータスメッセージを表示する機能、休暇中のスケジュールを通知する機能も用意されている。いずれもプロフィル画像をクリックしたメニューか

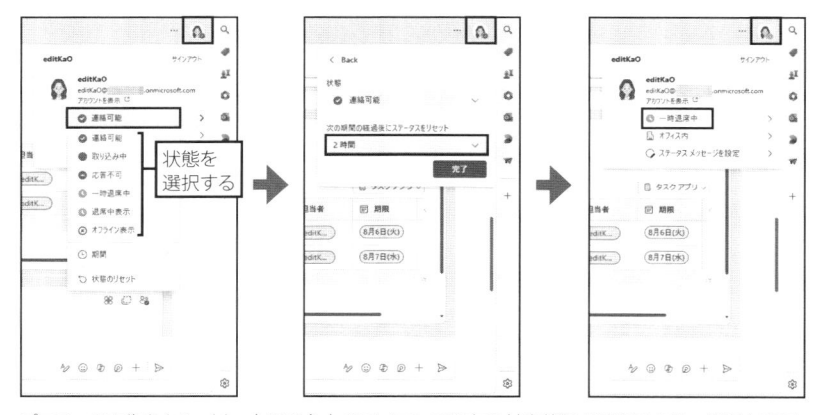

プロフィル画像をクリックし、右下の色丸のアイコンで現在の対応状況を確認できる。状況を変更したい場合は、「連絡可能」と表示されている部分をクリックし、他の状況を選択する。表示時間を設定するには、「期間」をクリックし、次の画面で表示させておく時間を指定して「完了」をクリックする。指定した時間、表示が変わる

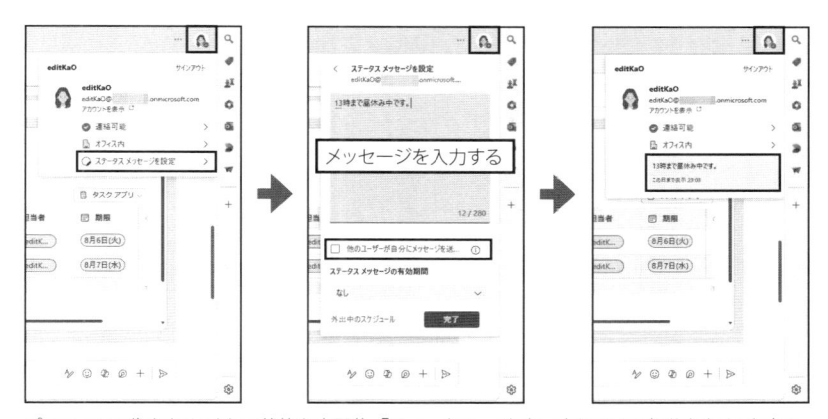

プロフィール画像をクリックして状態を変更後、「ステータス…」と表示されている部分をクリックする。表示された画面のテキストボックスで、他のユーザーに対して表示するメッセージを指定する。「他のユーザーが自分にメッセージを…」をオンにすると、メッセージの送信や@メンションをしたときに表示されるメッセージを指定する。さらにこのメッセージを表示する有効期間を設定することもできる

ステータスメッセージが設定されたユーザーに、@メンションを付けてメッセージを送信しようとすると、そのステータスメッセージが表示される

ら選択できる。

　自分の対応状況を通知するには、プロフィール画像の右下にある丸のアイコンの色から確認できる。この表示は他のユーザーとのチャット画面でも確認可能だ。ただし、この表示はTeamsが自動的に判断して変更

される場合もある。

　具体的な状況をメッセージで通知したい場合は、ステータスメッセージを表示させよう。

不在時のメッセージを表示する

　休暇などの不在時にメッセージが表示されるように設定することも可能だ。「外出中のスケジュール」をクリックして表示した画面から不在時のメッセージを指定する。不在中の期間には、それを通知するメッセージが表示される。

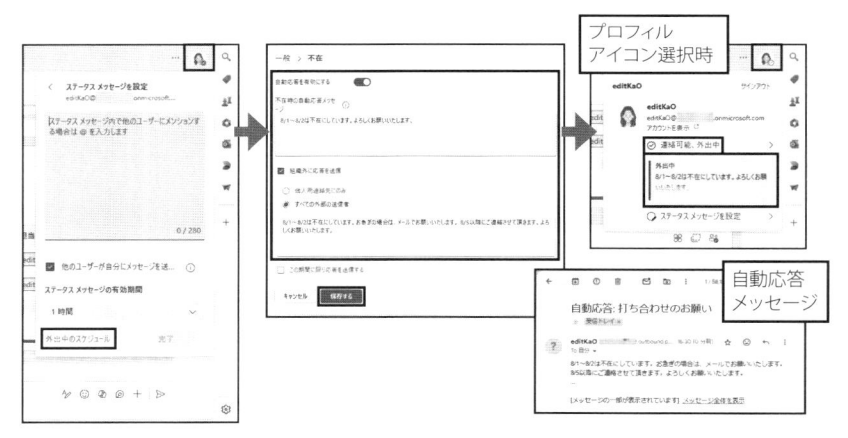

「ステータス…」と表示されている部分をクリックし、表示された画面で「外出中のスケジュール」をクリックすると、不在時のメッセージを指定できる。指定した不在のメッセージが表示されるようになる

5-5　Teamsに追加された「発見する」、自分に関係するメッセージをまとめて表示

　Teams では自分宛てのメッセージや共有ファイル、「いいね」などがあると、「アクティビティ」とバナーに通知が届く。未読のものをすぐに確認できるので便利だ。Teams にはさらに「発見する」というフィードが追加され、関連したチャネルの投稿をまとめて確認できるようになった。今回はこの「発見する」を紹介する。

自分宛ての投稿に気付きやすくなる「アクティビティ」フィード

　Teams の「アクティビティ」フィードは、投稿に「いいね」やメンションがされたり、ファイルの共有があったりすると通知してくれる。新しい投稿が届くとフィードに赤丸が表示され、未読の件数も表示される。

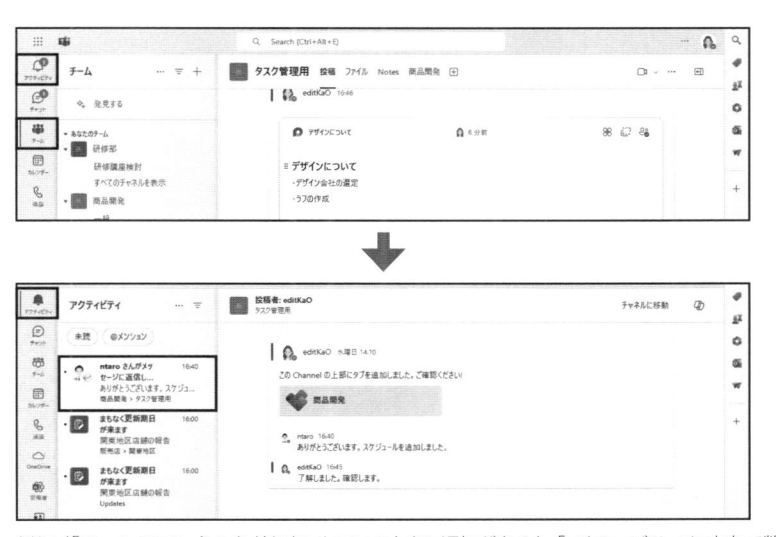

例えば「チーム」のチャネルなどを表示しているときに通知があると、「アクティビティ」に赤丸で数値が表示される。この「アクティビティ」をクリックすると、未読のメッセージが表示され、自分宛てのメッセージを確認できる

「発見する」フィードで関連メッセージをまとめて表示

　Teams の「チーム」をクリックすると、先頭に「発見する」フィードが表示される。米 Microsoft（マイクロソフト）の Web サイトで「Discover Feed」と呼ばれ、検出フィードや探索フィードと訳されていることもある。「見つける」や「状況確認」と表示されていたこともあっ

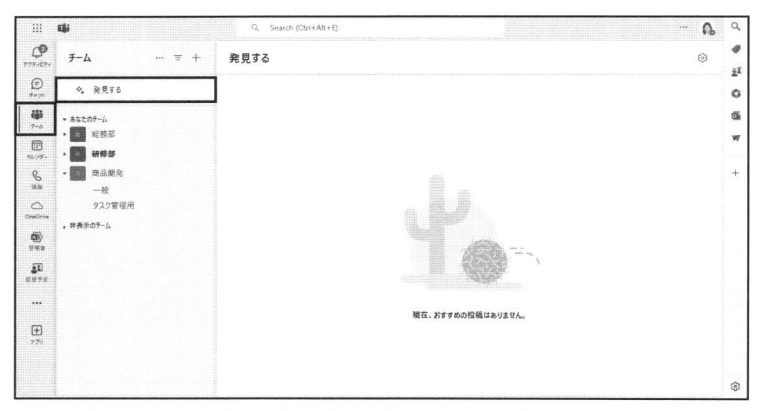

Teamsの「チーム」を表示すると、先頭に「発見する」という項目が追加されている。おすすめの投稿がない場合は「現在、おすすめの投稿はありません」と表示される

表示された場合は、「発見する」をクリックすると、各チャネルに投稿されたメッセージがスレッド単位で表示される

た機能だ。チャネル内に投稿された自分に関連したメッセージなどをまとめて表示する。

　ただ、Teams を使っていない最初の段階で「発見する」をクリックしても「現在、おすすめの投稿はありません」と表示されてしまう。チームを新規で作成したり、ファイルをアップしたりするなど、複数のやりとりを行った後にクリックすると投稿した内容がスレッド単位で表示される。

　どのような投稿なら必ず表示されるといった点までは不明だ。内容が表示されるまでに時間がかかる場合があった。

投稿のオプションを設定する

　「発見する」フィードに表示された各投稿のスレッドの右上にある「…」（その他のオプション）には、スレッドの詳細を設定するメニューが表示される。ここで、投稿を非表示にできる。

投稿をポイントし、画面右上の「…」(その他のオプション)をクリックすると、このスレッドに対応するオプションを設定できる

「発見する」内の投稿を一時的に非表示にする

　「発見する」フィードに表示された投稿のうち、関心のないものは非表示にできる。各投稿の「…」（その他のオプション）をクリックし、

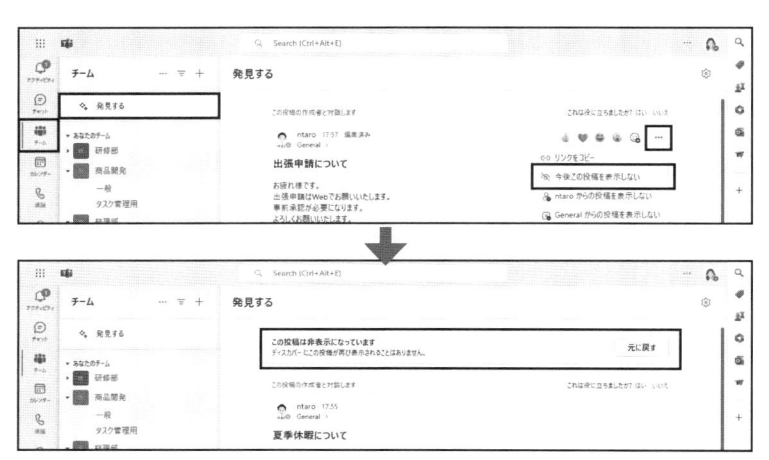

「…」(その他のオプション)をクリックし、「今後この投稿を表示しない」をクリックすると、投稿は非表示になる。操作の直後であれば、右側の「元に戻す」をクリックすれば、再び表示されるようになる

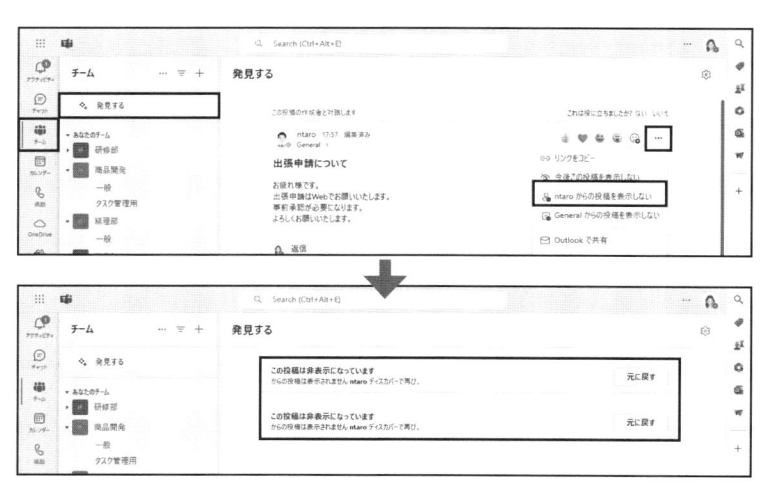

「…」(その他のオプション)をクリックし、「(ユーザー名)からの投稿を表示しない」をクリックすると、指定したユーザーの投稿が非表示になる

表示されたメニューから「今後この投稿を表示しない」を選ぶ。

　限定したユーザー名やチャネルの投稿をまとめて非表示にすることも可能だ。「…」（その他のオプション）から、「（ユーザー名）からの投稿

投稿を非表示にしている状態で、右上の「設定」をクリックしたときに表示される画面で非表示にしたユーザー名の「×」をクリックすれば、再度表示される

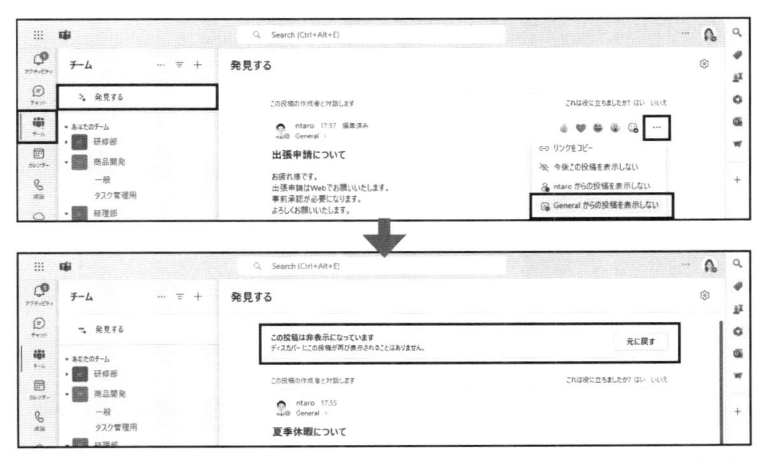

「…」（その他のオプション）をクリックし、「Generalからの投稿を表示しない」をクリックすると、選択したチームの「一般」に投稿された内容が非表示になる

を表示しない」または「General（またはチャネル名）からの投稿を表示しない」をクリックする。なお、投稿を非表示にしている状態であれば、「設定」画面からまとめて設定を解除することもできる。

　この「発見する」フィードで表示された投稿内容は、時間がたつと表示されなくなる。「すべて確認済みです」などのメッセージが表示され、最終的には「おすすめの投稿はありません」というメッセージが表示されるようになる。

しばらく時間がたってから確認すると、投稿は消えた状態になり、「すべて確認済みです」と表示される

第 6 章

OneDriveやSharePointで
ファイルを操作・共有する

6-1 Microsoft 365でファイル共有、OneDriveとSharePointで何が違う？

Microsoft 365 では、ファイル管理用に「OneDrive for Business」や「SharePoint」を利用できる。本章ではその特徴を紹介していく。まずはファイル容量や使い方など、両者の違いを見ていこう。

OneDriveとSharePointのファイル容量

OneDrive と SharePoint はどちらもクラウド上でファイルを管理できるサービスだ。OneDrive には個人向けに無料で利用できるサービスと、有償サービスとして利用できる「OneDrive for Business」の 2 種類がある。

個人向けの OneDrive は 5GB まで無料で利用できる。有償で容量を増やすことも可能だ。なお、個人向けのライセンス Microsoft 365 Personal を契約していれば、標準で 1TB まで利用できる。

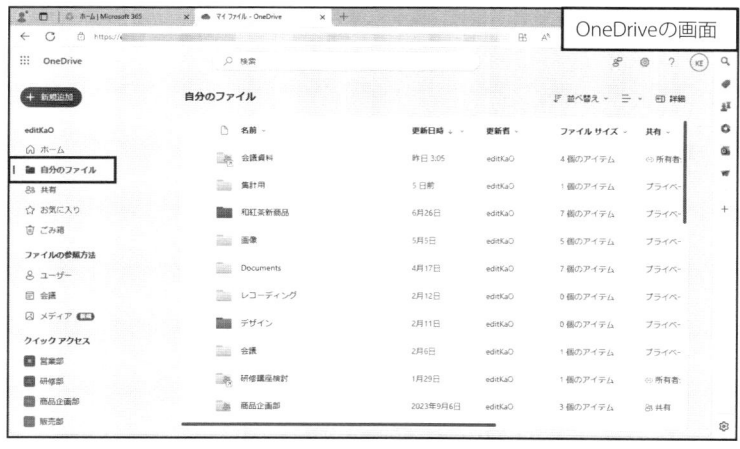

OneDriveで「自分のファイル」をクリックした画面。自分の作業用のファイルを置くスペースとして利用できる

SharePointのサイト内の「ドキュメント」を開いた画面。初期設定では、このサイトのメンバーがファイルを確認できる

　OneDrive for Business を利用するには、組織の Microsoft 365 アカウントが必要になり、1TB まで使える。この記事では、OneDrive for Business を使った操作を解説する。

　SharePoint はクラウド上で、複数のユーザーでファイルや情報を共有し管理するのに向いているサービスだ。組織全体で 1TB（＋ 10GB ×ライセンス数）が割り当てられる。ここでは、SharePoint Online を使った操作を解説する。

異なる環境やデバイスで共通に使えるファイル管理スペース

　OneDrive は、主に個人用途に使われることが多い。テレワーク中で会社と自宅など、複数の環境で作業するとき、OneDrive を使えばどの環境でも共通のストレージとして利用でき、同じファイルにアクセス可能だ。iOS や Android のスマートフォンで使えるアプリも用意されており、モバイル端末でも同じファイルを使えるので便利だ。

　また、パソコンが壊れるなど偶発的な事故に遭ったとしても、OneDrive にファイルを保存しておけば、影響は小さい。

Webブラウザー上のOneDriveのアプリやモバイルアプリでも同じようにファイルを管理できる。環境やデバイスに依存せずに、共通のファイルを扱える

複数のユーザーでファイルを共同管理する

　一方の SharePoint は、部署やプロジェクト単位などでファイルや情報を共有するためのポータルサイトの機能を持っている。また、Teamsのチームと密接に連携している。

　例えば、Teams でチームを作成すると、そのチームのチームサイトにSharePoint でファイルを共有するための「ドキュメント」が自動的に作

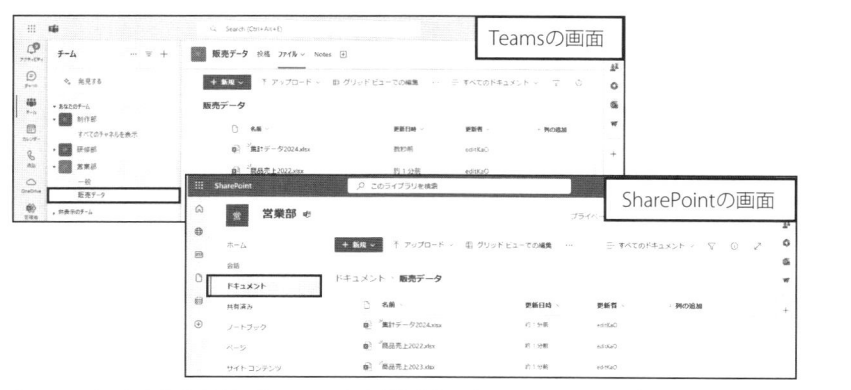

Teamsでチームを作成すると、SharePointにも同じようにそのチームのサイトが作成される。
Teamsのチャットで投稿したファイルは「ファイル」タブで管理され、同様にSharePointのチャネル内のドキュメントでも確認できる

成される。チャットなどに投稿されたファイルは、Teams の「ファイル」から確認できる。チームサイトでは、基本的にそのチームに所属するメンバーがファイルを確認できるようになっている。ファイルをメンバーで常に共有し管理したいなら、Teams と SharePoint を組み合わせた使い方がよいだろう。

ファイル移動の注意点

OneDrive では、ファイルやフォルダーはユーザーにひも付くため、共有していてもアカウントが削除されればファイルやフォルダーも削除されてしまう。マニュアルなど組織で共有する資料には SharePoint を使ったほうがよい。例えば、OneDrive で正式版になるまでファイルを管理し、正式版になったら SharePoint に移動して公開するといった使い方がよいだろう。

OneDrive と SharePoint はバージョンによって多少異なるが、似たような感覚で操作が可能だ。このとき注意したいのは、ファイルのバージョン履歴についてだ。通常ファイルを更新すると、「バージョン履歴」が

ファイルをOneDriveに保存すると、そのファイルの修正内容が「バージョン履歴」として残る。バージョン履歴を確認するには、そのファイルを選択し、「…」（その他の操作）をクリックし、「バージョン履歴」をクリックする。右側に「バージョン履歴」画面が表示され、古い日付から「1.0」などのバージョン番号が付与されている

記録される。このバージョン履歴は移動では維持されるが、コピーの場合は維持されない。

　なお、SharePoint では OneDrive に SharePoint のフォルダーへのショートカットを作成できる。ショートカットのため、フォルダーの内容自体は SharePoint で管理される。

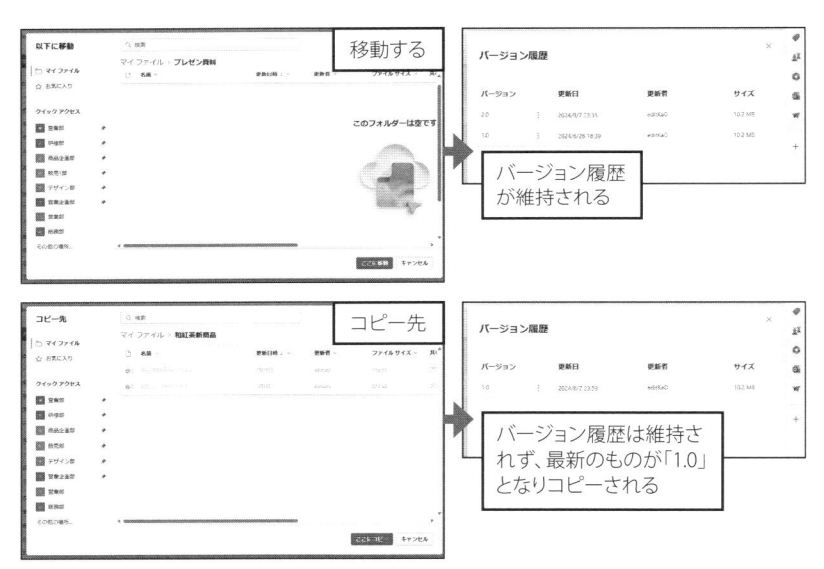

ファイルのバージョン履歴は、移動とコピーによって保持されるかどうかが異なる。移動ではバージョン履歴は維持されるが、コピーでは維持されない。コピーされた状態が最新バージョン「1.0」となる

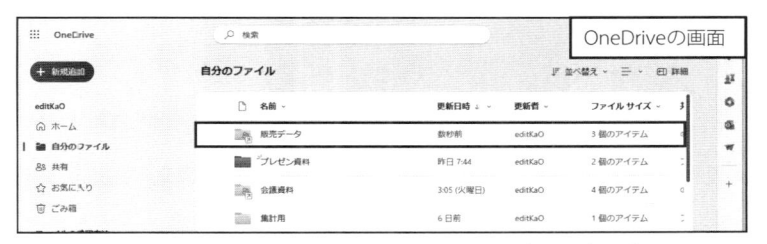

SharePointでショートカットを作成したい場合は、目的のフォルダーを選択し、「OneDriveへのショートカットの追加」をクリックする。OneDriveにSharePointへのショートカットが作成される

6-2　ファイルはSharePointとTeamsのどちらで管理すべきか、サービス選択の判断基準

　会社などの組織でファイルを共有するなら、SharePoint を使うと便利だ。グループやメンバー同士で情報を共有したり、Teams と組み合わせたりできる。今回は、SharePoint と Teams の連携方法や、用途によって SharePoint と Teams のどちらがファイル管理に向いているかという点を取り上げていく。

Teamsの共有ファイルはSharePointに保存

　Teams では、「チーム」の各チャネルにある「投稿」タブでチャットを行ったり「ファイル」タブでファイルを共有したりできる。このチームを Teams アプリで作成すると、SharePoint ではそのチームの「チームサイト」が自動的に作成されるようになっている。Teams の「ファイル」タブで見えているファイルは、実は同時に作成された SharePoint のチームサイトにある「ドキュメント」に保存されている。この記事では、

Teamsアプリで作成したチームには、チャネルが追加できる。そのチャネルそれぞれに「投稿」や「ファイル」などのタブがある。Teamsでチームを作成すると、SharePointに自動的にチームサイトが作成される。例えば、「営業部」というチームを作成すると、「営業部」のチームサイトが作成される

Teamsのチャネル内の「ファイル」タブで、「…」から「SharePointで開く」をクリックすると、SharePointが起動する。「ドキュメント」でファイル内容を確認できる

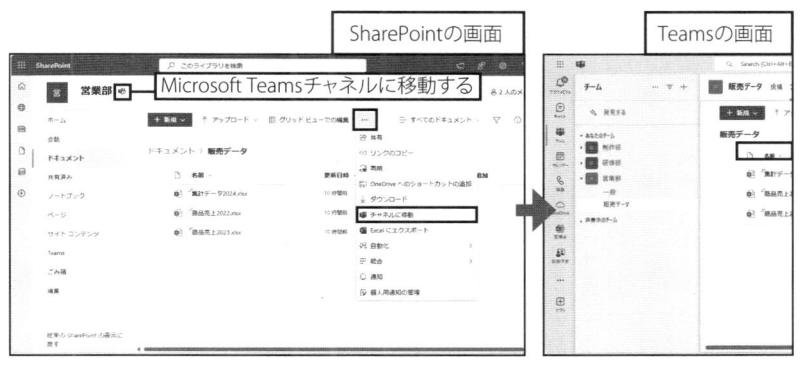

SharePointでチームサイトを開き、サイト名の右にあるTeamsのアイコン（Microsoft Teamsチャネルに移動する）をクリックするか、「ドキュメント」の「…」から「チャネルに移動」をクリックするとTeamsの該当のチャネルに移動する

SharePoint Online を使って解説している。

　こうした連携によって、Teams の「ファイル」から SharePoint のドキュメントを開いたり、SharePoint のドキュメントから Teams の該当チャネルに移動したりするといった使い方ができる。

SharePointで作成したチームサイトをTeamsに追加する

　SharePoint で作成したチームサイトを、Teams に追加することも可

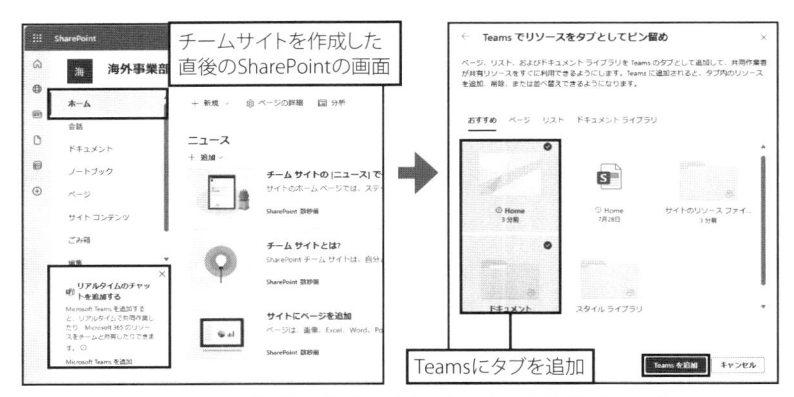

SharePointでチームサイトを作成した後、「リアルタイムのチャットを追加する」の「Microsoft Teams を追加」をクリックする。右側に表示された画面で「続行」をクリックして、Teamsに追加するリソース を選択し、「Teamsを追加」をクリックする。今回は「ホーム」と「ドキュメント」タブを追加した

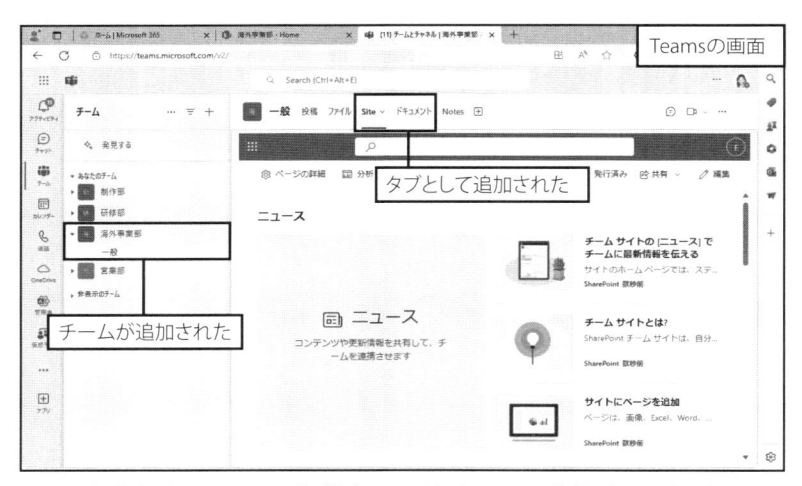

Teamsを起動すると、SharePointで作成したチームサイトのチームが追加され、選択したリソース はタブとして追加されたことを確認できる。そのタブをクリックすれば、SharePointを起動せずに Teams内で利用できる

　能だ。チームサイトを作成すると、Teamsにチームを作成するためのリ ンクが表示される。ここをクリックしてTeamsに「チーム」やタブと して追加したいリソースを選択する。操作後、Teamsにはチームサイト

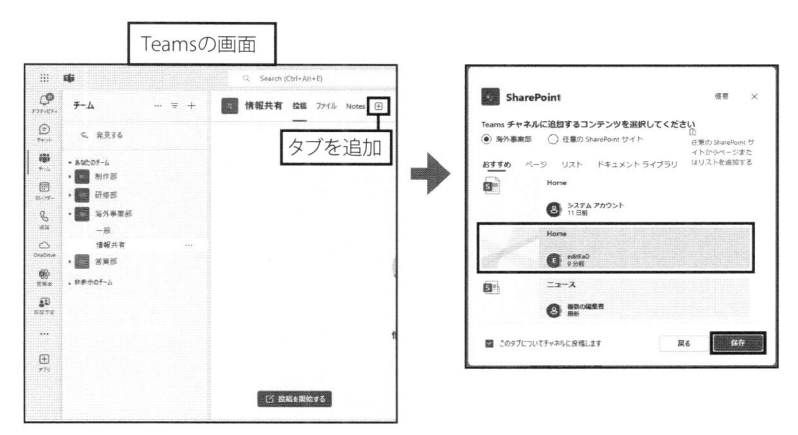

Teamsの「＋」（タブを追加）をクリックし、表示された画面で「SharePoint」を検索して選択する。次の画面でSharePoint内のリソースを選択して、「保存」をクリックする。今回は「Home」タブを追加した

のチームが作成され、選択したリソースがタブとして追加される。こうすれば、SharePoint を開かなくても Teams でチームサイトを利用できるようになる。

　Teams から SharePoint のリソースを直接指定して追加することも可能だ。チャネルの「タブを追加」から実行する。

TeamsとSharePointのファイル操作メニューの違い

　Teams の「ファイル」と、Teams に追加した SharePoint のタブ、SharePoint の「ドキュメント」のそれぞれで表示されるファイル操作メニューの内容はほぼ同じだ。

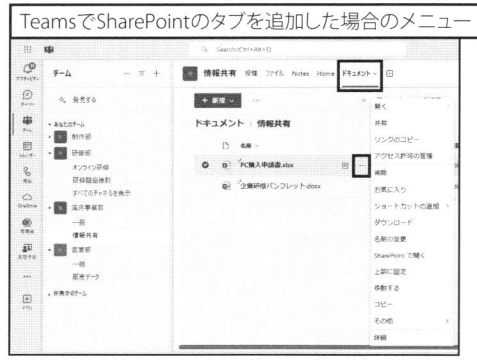

Teamsアプリの「ファイル」と、Teamsアプリに追加したSharePointのタブ、SharePointの「ドキュメント」のファイル操作メニュー

TeamsではOneDriveのファイルも扱える

　Teams の「ファイル」では、自分のアカウントの OneDrive のファイルが確認できる。

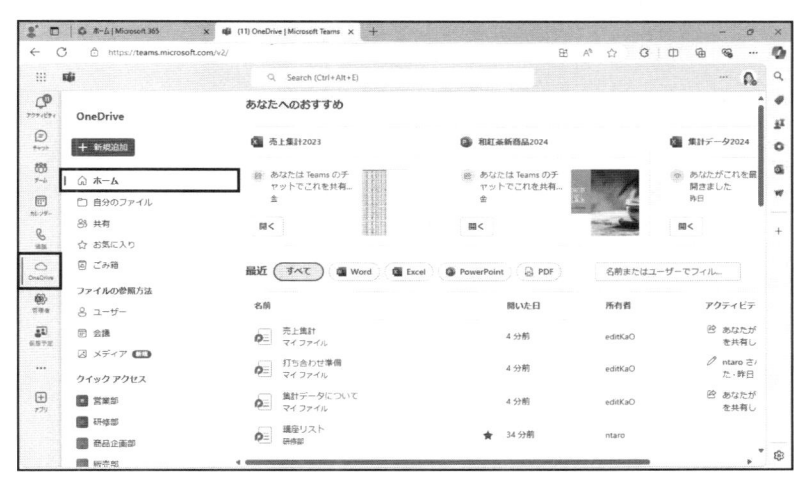

Teamsで「OneDrive」をクリックすれば、自分のアカウントのOneDriveのファイルを確認できる

SharePointとTeamsのどちらで管理するか

　ここまで紹介してきたように、ファイルは Teams と SharePoint のどちらでも管理できる。どちらを使うかは、人数や環境に応じて選択しよう。

　Teams はプロジェクトや部署単位など、比較的少人数での運用に向いている。チャットやファイルの投稿は時系列で並ぶので、経過を確認しやすい。チャットや Web 会議などのコミュニケーション機能と組み合わせて、ファイルを共同編集するときに便利だ。

　一方、SharePoint は大規模な人数でのファイル共有に向いている。情報ポータルサイトとして、全社的に告知したい内容を書き込んだり、共有したい書類ファイルを提供したりする。データベースとしても利用でき、Power Automate との連携で作業フローを自動化することも可能だ。

6-3　個人用ファイルの保存ならOneDriveを使う、リンクを使った共有も可能

　組織の Microsoft 365 アカウントを持っていれば、個人用のファイル置き場として「OneDrive for Business」を利用できる。各ユーザーが1TB を使えるので便利だ。今回は、OneDrive や Teams の自分専用のチャットをファイル置き場として利用する方法を紹介する。

パソコンやスマホなどで同じファイルを取り扱える

　OneDrive を利用すれば、パソコンやスマートフォンなどの環境に依存することなく、同じファイルを各端末で取り扱えるようになる。会社

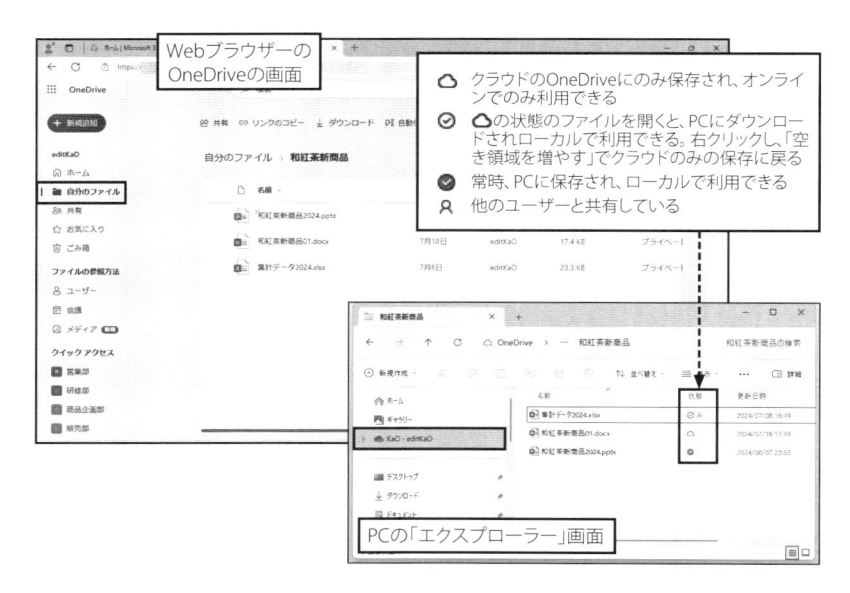

Microsoft 365アカウントでサインインすれば、OneDriveアプリを経由しなくてもパソコンの「エクスプローラー」でOneDriveのファイルを管理できる。また、Webブラウザーで同じアカウントでサインインすれば、Webブラウザー経由でも同じファイルで作業できる。エクスプローラーの状態のアイコンを見ると、フォルダーやファイルの保存状態が分かる

と自宅で別々のパソコンを使って作業するような場合でも、クラウドのOneDrive上で直接作業すれば、いちいちファイルをクラウドにアップロードしなくても済む。

またOneDriveには、オンデマンド機能がある。これは、ファイルをローカルのディスクに保存したようにユーザーに見せつつ、ファイルをクラウドのOneDriveに保存しておく機能だ。パソコンの保存領域を最小限に抑えることができる。ファイルの状態はアイコンの表示で分かる。

「自分専用のチャット」でもよい

Teamsで自分専用のチャットを利用できるようになった。Teamsをよく利用するなら、自分専用のチャットにファイルを保存して個人の作業スペースとして使うのも手だ。

なお、Teamsで「チーム」からアップロードしたファイルはSharePointに保存されるが、「チャット」からアップロードしたファイルはOneDriveに保存される。また、1対1で別のユーザーとやり取りしたファイルなども、同様にOneDriveに保存される。

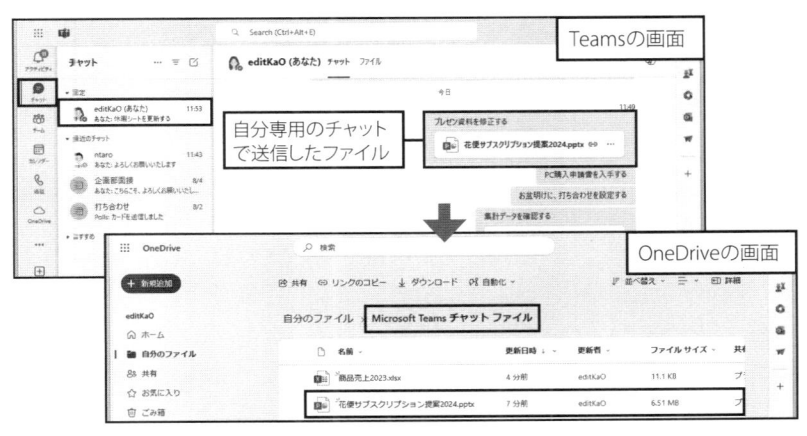

Teamsの「チャット」で操作したファイルはOneDriveに保存されるようになっている。チャットでファイルを送信すると、OneDrive内に「Microsoft Teamsチャットファイル」フォルダーが自動的に作成され、そこに保存される

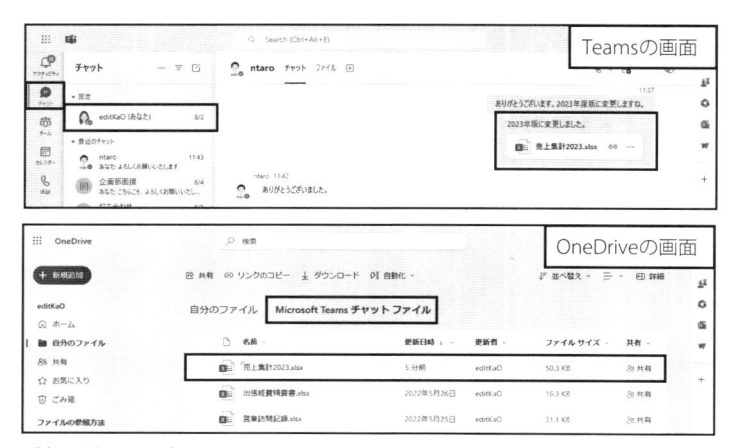

1対1で別のユーザーとやり取りしたチャットのファイルもOneDriveに保存される

OneDriveやTeamsのファイルを共有する

　OneDrive や自分専用のチャットに置いたファイルを、他のユーザーと共有することも可能だ。OneDrive では、アップロードしたファイルの共有設定は通常「プライベート」になっている。他のユーザーと共有を設定するときは、ファイルごとに設定を変更しよう。

　一方、Teams の「チャット」経由でアップロードしたファイルはすべて共有設定になっている。ファイルをアップロードするときに、リンクを使った共有の範囲を指定できる。共有したくないときは、自分専用のチャットで共有範囲を「現在このチャットに参加しているユーザー」にすれば、自分だけがアクセスできるファイルになる。

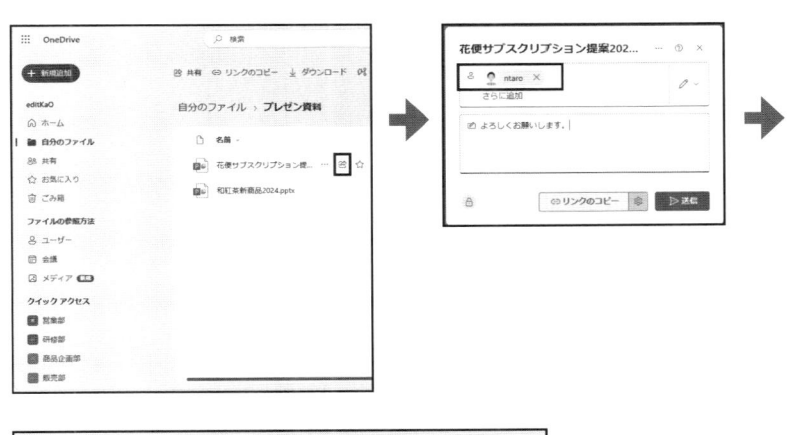

OneDrive内の「共有」をクリックすると、共有の画面が表示される。共有したいユーザーを指定し、メッセージなどを入力して「送信」をクリックすると、選択した設定で共有される。共有を設定したファイルは「共有」と表示される

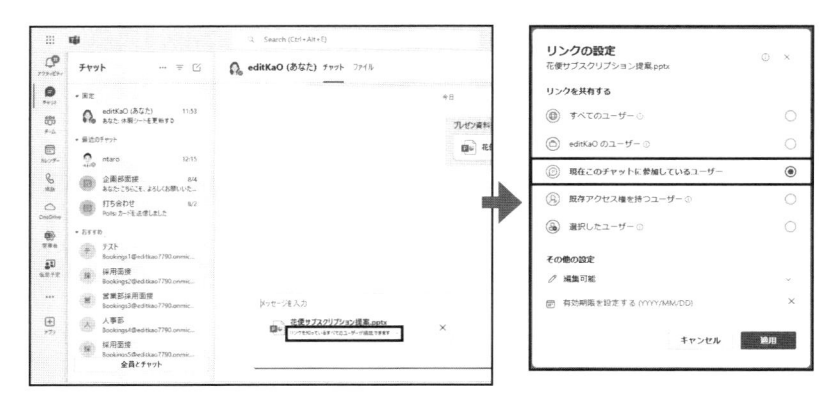

Teamsの「チャット」でアップロードするファイルは、送信時に共有範囲を指定できる。「リンクを知っているすべてのユーザーが編集できます」という部分をクリックし、「リンクの設定」画面を表示する。ここで、共有のためのリンク方法を指定する。自分専用のチャットを使用し、ほかの人に共有しないときは、「現在このチャットに参加しているユーザー」をクリックし、「適用」をクリックする。自分だけにファイルを共有していることになる

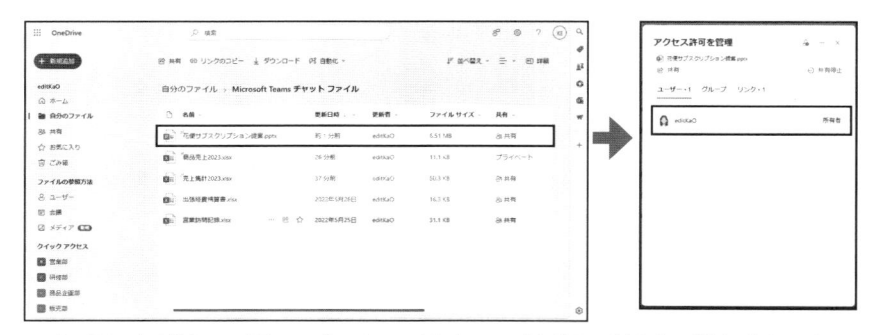

OneDrive内の「Microsoft Teamsチャットファイル」に、ファイルがアップされた。「共有」をクリックすると、アップしたユーザーのみに共有されているのが分かる

6-4　SharePointの通知自動化、Power Automateを使わずにどこまでできる？

　SharePoint でファイルを管理しているとき、新規ファイルのアップロードや既存ファイルの変更などのイベントを自動で通知できると都度確認して対応しやすくなる。自動化ツール「Power Automate」を利用すれば実現可能だが、標準機能でも実現できる。今回は通知を自動化する方法を紹介する。

「通知」機能を利用する

　SharePoint のドキュメントライブラリに新規でファイルがアップロードされたり、既存のファイルが更新されたりしたときに、自動で通知メールを送るように設定できる。この設定には、ドキュメントライブラリの「通知」を使う。

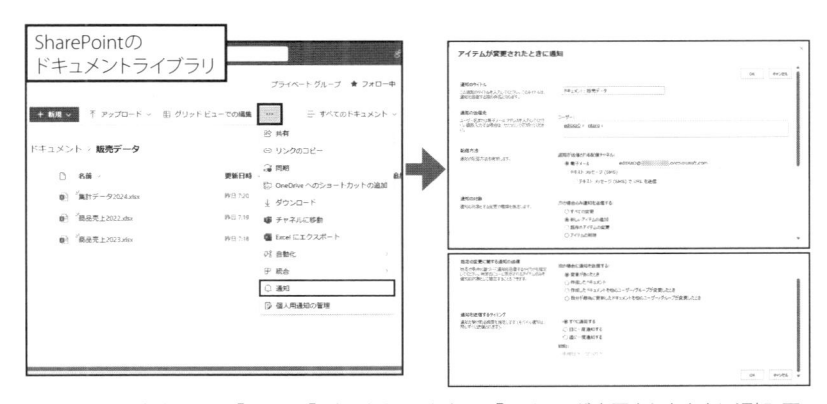

自動通知を設定するには、「…」から「通知」をクリックする。「アイテムが変更されたときに通知」画面が表示されたら、通知するユーザーや通知対象、通知のタイミングなどを指定して「OK」をクリックする。今回は、新規ファイルが追加されたらすぐに通知が届くように設定した

ドキュメントライブラリに新規ファイルを追加した。Outlookなどでメールを確認すると通知が届いているのが確認できる

「ルール」なら特定の列やセルの変更を通知できる

　SharePoint の「ルール」を利用すれば、より細かい設定でメール通知ができる。「通知」ではどの部分が変更されても通知メールが届くが、

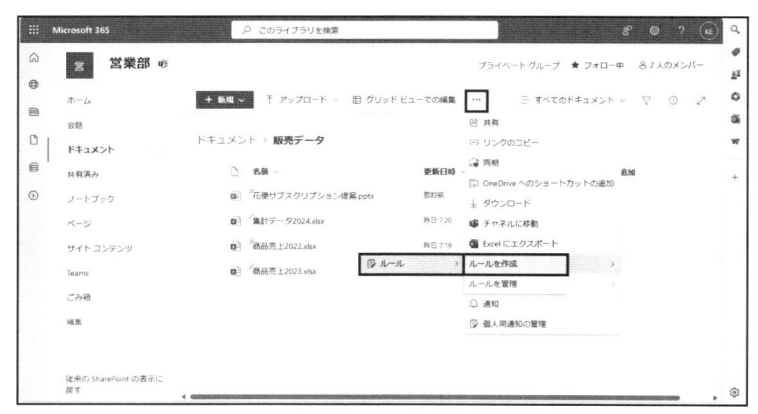

「ルール」を使って自動で通知メールが届くようにするには、画面上部の「…」をクリックする。「自動化」の「ルール」の「ルールを作成」をクリックする

「ルール」なら指定した列やセルが変更されたときだけ通知メールが届くように設定できる。

　「ルールを作成」画面では、どのような変更が入ったらメールを送信するかを指定する。「どのような変更が入ったら」の部分は「トリガー」

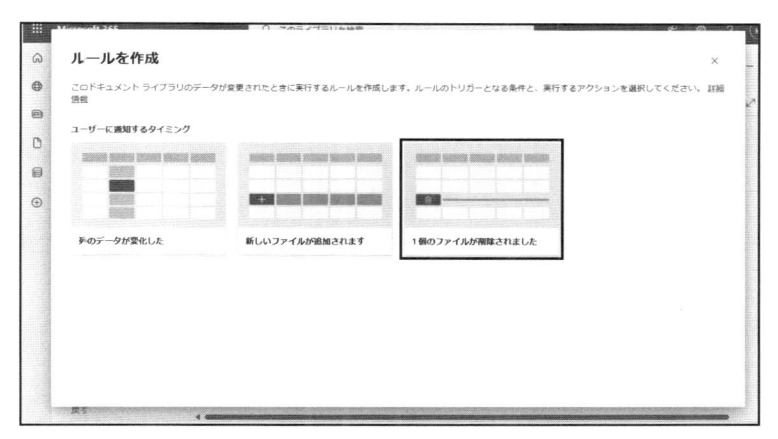

「ルールを作成」画面の「ユーザーに通知するタイミング」でトリガーを指定する。今回は、ファイルが削除された場合に通知するように設定する。まず、「1個のファイルが削除されました」をクリックする

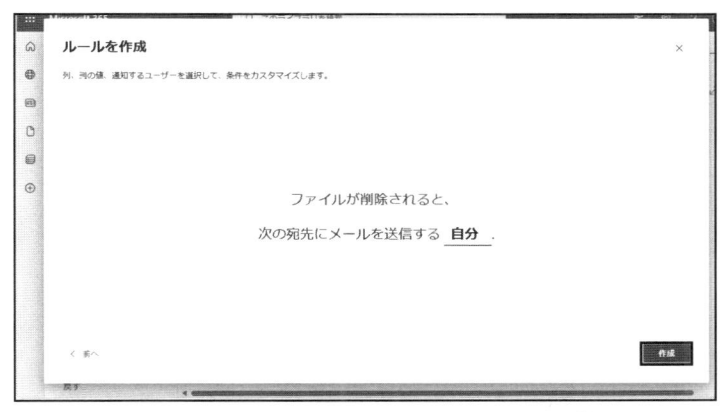

ファイルが削除された際にメールで通知する宛先を指定する。今回は「自分」宛てにした。ルールを作成したら「作成」をクリックする

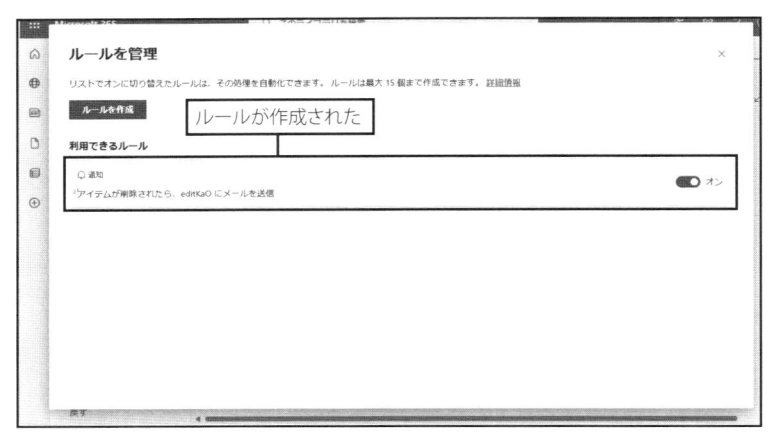

ルールが作成され、「ルールを管理」画面の「利用できるルール」に現在作成したルールが作成された

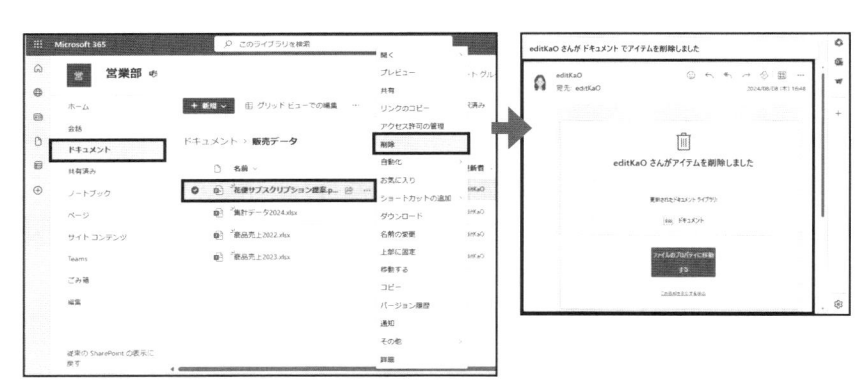

削除したいファイルを選択して「Delete」キーを押すか、「…」から「削除」をクリックして、ファイルを削除する。メールでファイルの削除を知らせる通知が届く

と呼ばれるもので、「ユーザーに通知するタイミング」で指定する。

　ルールの作成が完了したら、実際にルールの動作を確認してみよう。

作成済みのルールを変更する

　作成済みのルールを後から変更するには、「ルールを管理」から変更する。一時的に削除したい場合は、該当のルールをオフにできる。

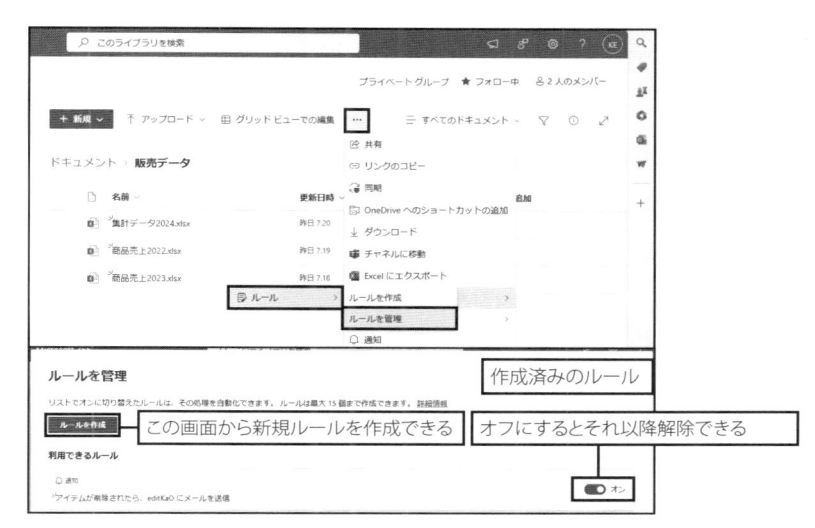

作成済みのルールを変更するには、画面上部の「…」をクリックし、「自動化」の「ルール」の「ルールを管理」をクリックする。「ルールを管理」画面の一覧から変更したいルールをクリックすると、「ルールの編集」画面が表示されるので修正する

6-5 OneDriveの「ファイルの参照方法」、ユーザーや会議単位で共有ファイルを管理する

OneDrive for Business の「ファイルの参照方法」を使うと、組織内のユーザーや会議で共有されたファイルを整理して表示できる。今回は、この「ファイルの参照方法」を紹介する。

共有されたファイルを自動的に整理してくれるビュー

OneDrive に追加された「ファイルの参照方法」には、「ユーザー」「会議」「メディア」という3つのビュー（表示方法）がある。「ユーザー」では、組織内のユーザーに共有されたファイルや共同で作業したファイルを、ユーザーごとに表示する。「会議」は、会議で共有されたファイルをその会議のタイトルごとに表示する。「メディア」は、画像や動画などのファイルが管理されている。

ユーザー単位で共有されたファイルを管理する

「ユーザー」は、ファイルを共有したユーザー単位で、アクセス権のある自分に共有されたファイルのみが表示される。ファイル名は分からないが、共有したユーザーなら分かるといった場合には、このビューから確認すれば簡単だ。ユーザーと共有したファイルがすべて表示されている。

ユーザー名で検索したり、よく共同作業するユーザーを固定して常に先頭に表示されるように設定したりすることが可能だ。

「ファイルの参照方法」には「ユーザー」と「会議」、「メディア」が表示されている。ここでは、「ユーザー」をクリックする

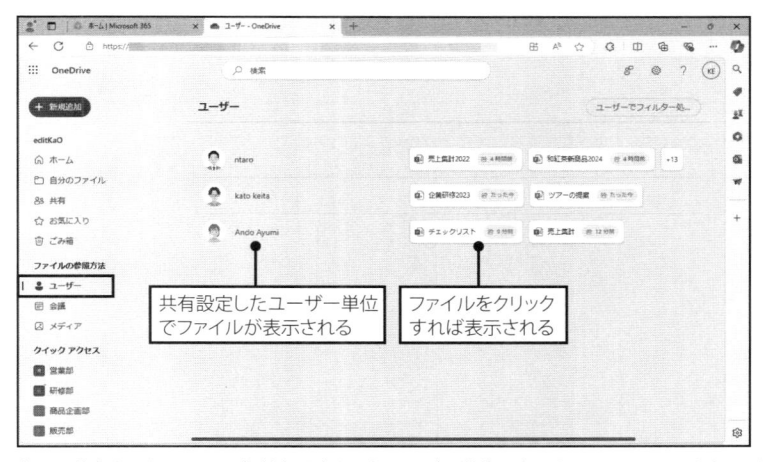

自分に共有されたファイルが、共有設定をしたユーザー単位で表示される。ファイルをクリックすればそのファイルを表示できる

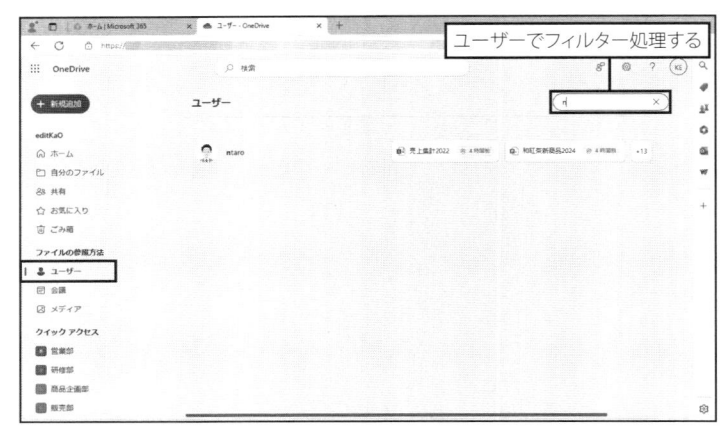

ユーザー単位で検索したい場合は、画面右上の「ユーザーでフィルター処理する」ボックスに、検索したいユーザー名を入力する。数文字入力するだけでも検索可能だ。該当のユーザーのみが表示された状態になる

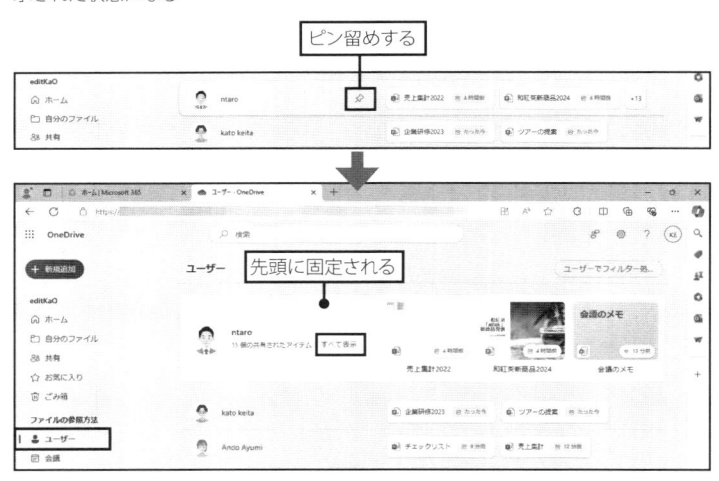

ユーザーを固定して表示したい場合は、ユーザー名をポイントし、表示された「ピン留めする」をクリックする。ピン留めしたユーザーが先頭に固定して表示される。「すべて表示」をクリックすると、そのユーザーが共有したファイルの一覧が表示される

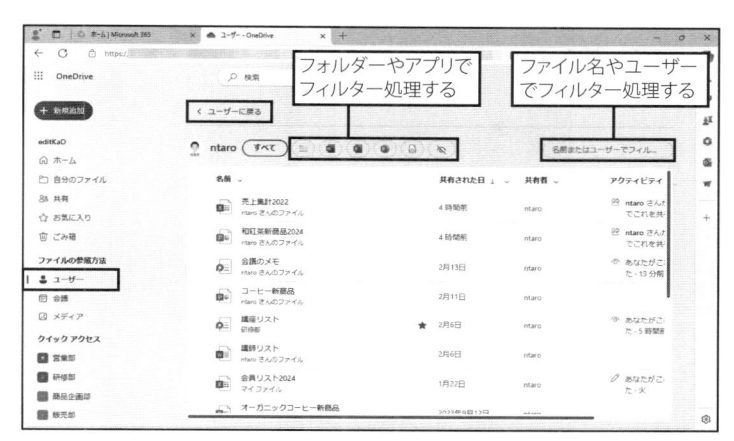

選択したユーザーが共有したすべてのファイルが表示される。上部ではフォルダーやアプリで抽出したり、ファイル名やユーザーでフィルター処理したりできる。元の表示に戻るには、「ユーザーに戻る」をクリックする

会議で共有されたファイルを素早く見つける

　ファイルを共有しながらWeb会議をすることはよくあるだろう。この「会議」ビューでは、TeamsのWeb会議で共有されたファイルが会

「ファイルの参照方法」の「会議」をクリックすると、自分が参加予定、または参加した共有ファイルのある会議のタイトルが表示される。現在会議中やこれから始まる会議は「予定されている会議」、すでに終了した会議は「過去の会議」にリスト化されて表示される

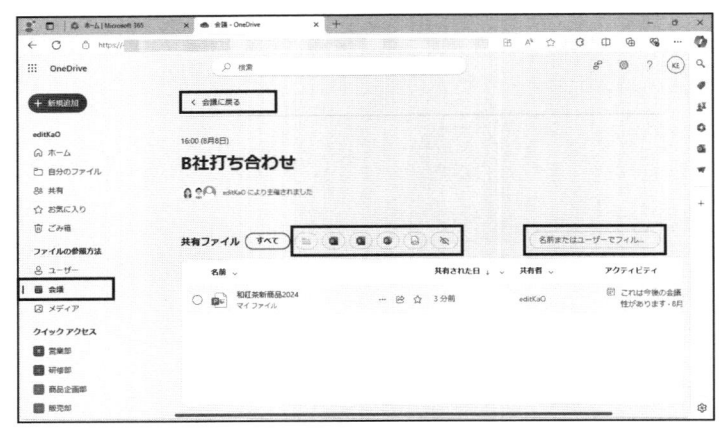

会議のタイトルをクリックすると、その会議で共有されたファイルの一覧が表示される。「ユーザー」と同様に、上部でフォルダーやアプリで抽出したり、ファイル名やユーザーで該当のファイルを抽出したりできる。元の表示に戻るには、「会議に戻る」をクリックする

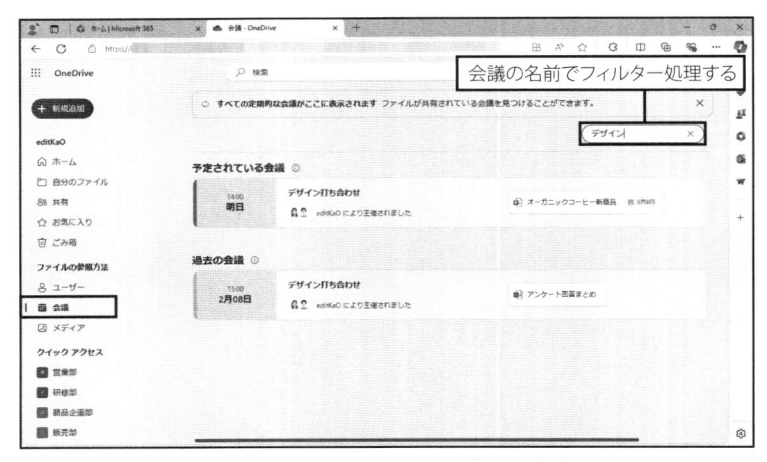

会議名でフィルター処理をかけたい場合は、画面右上の「会議の名前でフィルター処理する」ボックスに会議名を入力する。数文字入力すると該当の会議タイトルが表示される

議名ごとに表示される。

　これから始まる会議と既に終了した会議は分けて表示されるため、過去に会議で使った共有ファイルを確認したいといった場合に、会議名か

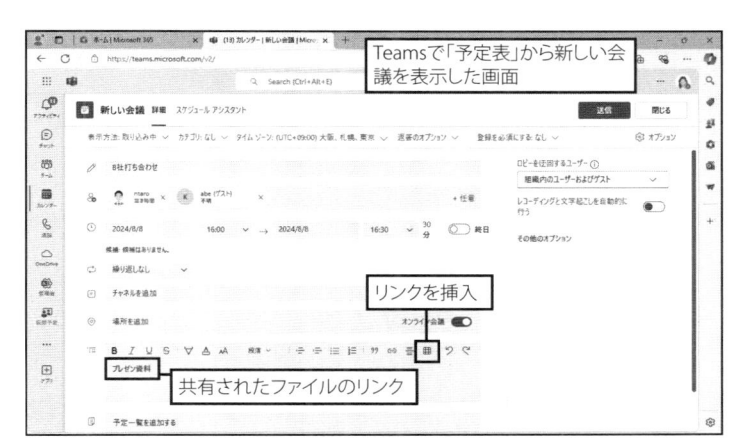

OneDriveの「会議」に表示されるのは、例えばTeamsで「会議をスケジュール」から会議予定を送信する際に、OneDriveに保存したファイルを共有するためのリンクを挿入する。すると、その会議タイトルがビューに表示されるようになる

ら素早く確認できる。

　なお、このビューに表示されるのは、会議予定を送信する際に事前にファイルを共有した場合や、会議のチャットでファイルが共有された場合、会議を記録した場合だ。執筆時は、Teams で「予定表」などから会議予約のための画面を表示し、そこに OneDrive に保存した共有ファイルのリンクを送信した会議のみが表示された。

　会議中に PowerPoint Live などで共有したファイルも表示されるようになれば、さらに利便性が高まるはずだ。

画像や動画を管理する「メディア」

　「ファイルの参照方法」の「メディア」をクリックすると、すでに OneDrive で画像ファイルなどを保存している場合は、ここに表示されるようになる。

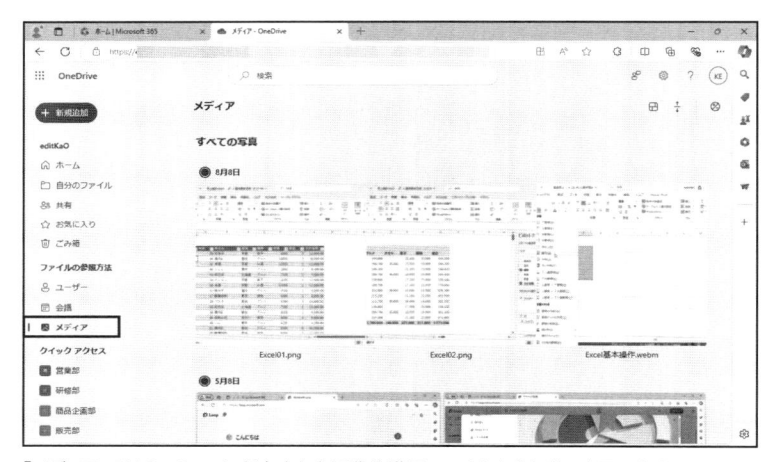

「メディア」ではOneDriveに保存された画像や動画ファイルをまとめて表示できる。OneDriveに画像や動画ファイルを保存していた場合は、この画面にファイルのアイコンが表示される

6-6　使ったら手放せないMicrosoft 365「マイ コンテンツ」、"自分"のファイルを一覧表示

　Microsoft 365 のナビゲーションバーに表示される「マイ コンテンツ」。クリックすると自分に関連するファイルが表示され、さらにファイルを検索したり、ファイルから To Do のタスクを作成したりできる。使ってみると便利で手放せなくなるだろう。今回は、この「マイ コンテンツ」の使い方を紹介する。

自分で作成・共有したファイルを表示

　「マイ コンテンツ」には、自分が作成したファイルや共有したファイル、他のユーザーから共有されたファイルなどの一覧が表示される。OneDrive のファイル、Outlook の添付ファイルなど、すべてが対象だ。

　Microsoft 365 のアプリ間の連携が取れているので、アプリに移動しなくても「マイ コンテンツ」から直接ファイルを開くことが可能だ。

Microsoft 365のナビゲーションバーに表示される「マイ コンテンツ」をクリックすると、自分に関連するファイルの一覧が表示される

フィルターを使ってファイルを絞り込む

　「マイ コンテンツ」では、ファイルをキーワードで検索したり、アプリや更新日で絞り込んだりできる。検索するときは、画面右上の「自分

「自分のファイルを検索」ボックス内にキーワードを入力すると、そのキーワードに合ったファイルを抽出できる

右側の「フィルター」をクリックすると、「種類」「アクティビティ」「時刻」が表示される。例えば、「種類」から「Word」、「時刻」から「先月」を選択すると、その条件に合致したファイルだけが表示される

のファイルを検索」ボックスにキーワードを入力する。アプリや更新日で絞り込むときは、「フィルター」を利用する。

ファイルからTo Doにタスクを登録する

　ファイルをポイントすると、ファイル名の右側に「共有する」と「その他のオプション」が表示される。「その他のオプション」をクリックすると、「開く」「共有する」といったメニューが表示される。メニューはファイルにカーソルを合わせてから右クリックしても開ける。

　メニューで「＋追加先」から「To Do」を選ぶと、「To Do」にタスクが登録される。「To Do」は、Microsoft 365 アプリの1つで、タスクのリスト（To Do リスト）を管理するアプリだ。Outlook や Teams などの Microsoft 365 アプリで登録したタスクを一覧表示できる。

　「マイ コンテンツ」からファイルのタスクを登録したら、「To Do」アプリで作業内容を追加しよう。

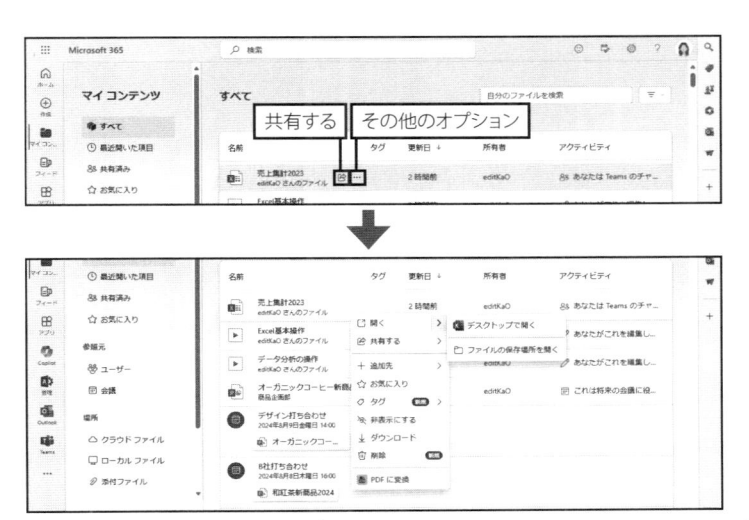

ファイルをポイントすると、「共有する」「その他のオプション」が表示される。「その他のオプション」をクリックすると、「開く」「共有する」といったメニューが表示される

235

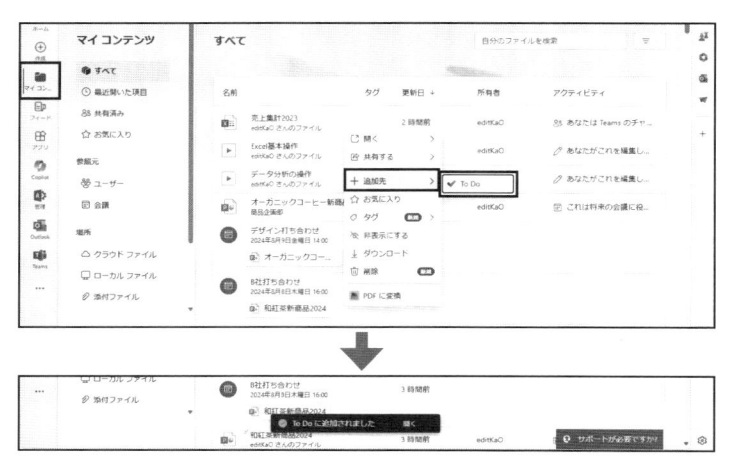

ファイルのメニューから「＋追加先」をクリックして「To Do」をクリックする。下側にTo Doに追加されたことを示すポップヒントが下側に表示される。そのヒントの「開く」をクリックする

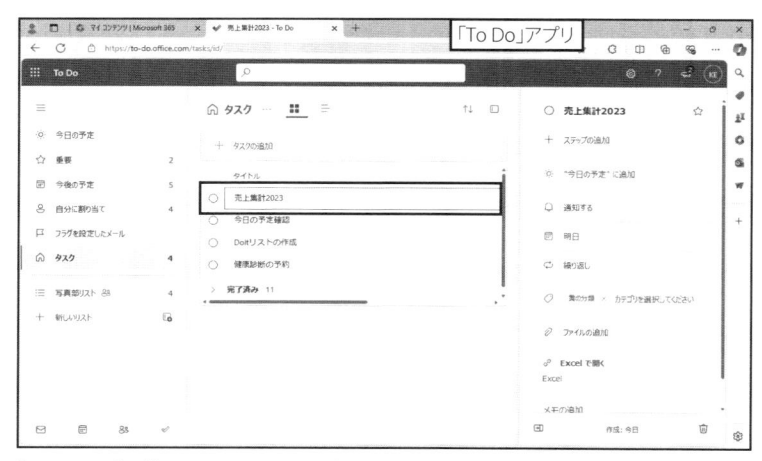

「To Do」アプリが起動し、タスクの一覧が表示される。タスクを選択すると、右側で通知を設定したり、メモを追加したりできる

ユーザー、会議別でファイルを表示する

　「マイ コンテンツ」の画面左側にある「参照元」には、「ユーザー」と「会議」が表示されている。「ユーザー」はファイルをやり取りしたユーザーごとに、「会議」はTeamsで事前にファイルを共有した会議の名前ごとにファイルが表示される。

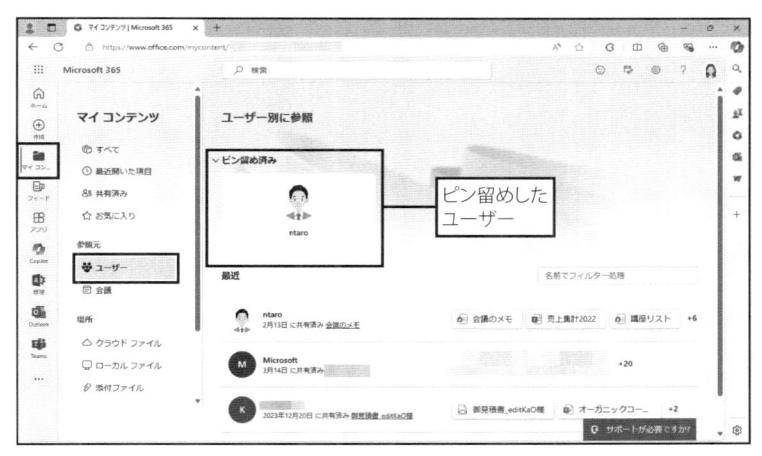

「参照元」の「ユーザー」をクリックすると、ユーザー別にファイルがまとめて表示される。ピン留めしたユーザーは先頭に表示される

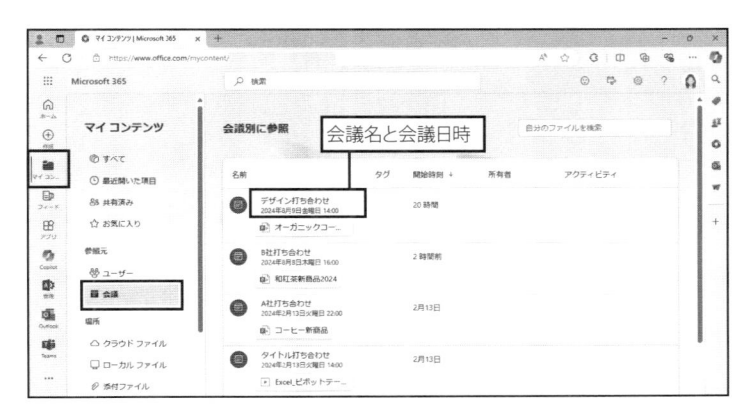

「参照元」の「会議」は、Teamsで開催された会議ごとに、事前に共有したファイルが表示される

保存先ごとにファイルを表示する

　「マイ コンテンツ」の画面左側にある「場所」で保存場所を選択すると、ファイルの保存先ごとにファイルを表示できる。例えば、「クラウドファイル」をクリックすると、OneDrive に保存されたファイルが表示される。「添付ファイル」はメールに添付されたファイルを指す。

「場所」の「クラウドファイル」では、OneDriveに保存されているファイルの一覧が表示される。画面右上の「OneDriveに移動」をクリックすると、OneDrive for Businessが表示される

6-7　Microsoft Teamsから操作できるように なった「OneDrive」を使いこなす

　新しい仕様の Teams には、ナビゲーションバーに「OneDrive」が表示される。これを使えば、OneDrive を操作するときにアプリを切り替える必要がない。Teams 内で操作が完結できるので便利だ。今回は、Teams 内の OneDrive の操作を紹介する。

新しいTeamsで「ファイル」が「OneDrive」に変更

　新しい Teams では、ナビゲーションバーの「ファイル」が「OneDrive」に変わった。この機能は職場用の Microsoft 365 アカウントでサインインしたときに利用できる。

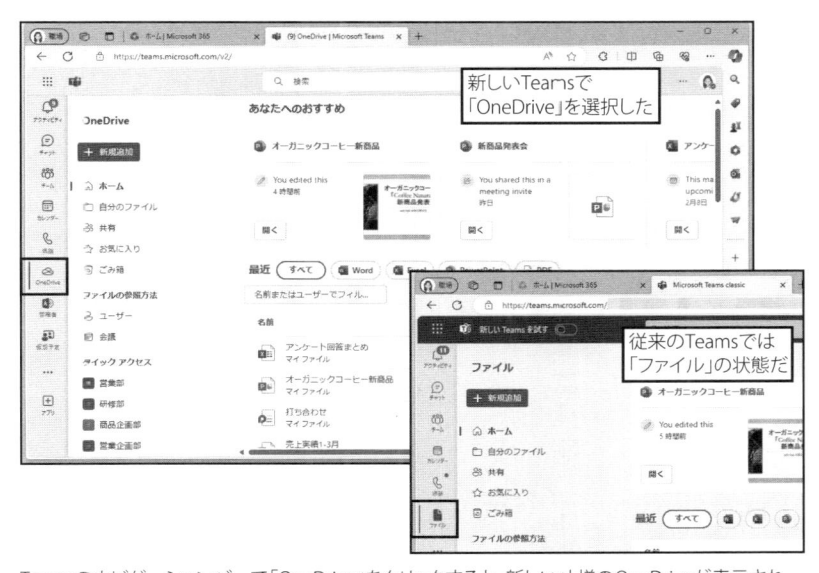

Teamsのナビゲーションバーで「OneDrive」をクリックすると、新しい仕様のOneDriveが表示される。画面は、Edgeで職場のMicrosoft 365アカウントでサインインしたときのもの。OneDrive for Businessを使用している。従来のTeamsでは、「OneDrive」の部分は「ファイル」になっていた

　「OneDrive」を選択すると、Teams 内で OneDrive が表示され、新しい仕様の OneDrive の内容を確認できる。

新しい仕様のOneDriveをTeams内で直接開ける

　Teams 内で表示できる OneDrive は、通常の OneDrive とほぼ同等の機能が使用できる。

　最初の「ホーム」画面では、最近使ったファイルやおすすめのファイルなどが表示され、フィルターを利用して、必要なファイルをすぐに見つけることができる。

　なお、Teams 内の OneDrive は通常の OneDrive と操作が異なる点が少しある。例えば、Teams 内の「OneDrive」でファイルを開く操作は、「Teams で編集」や「ブラウザーで開く」などの操作が表示される。一方、通常の OneDrive は Web ブラウザーでアプリを直接開いたり、保存場所を開いたりといった操作になる。

　「Teams で編集」を選ぶと、Teams 内で編集するアプリが起動し、編

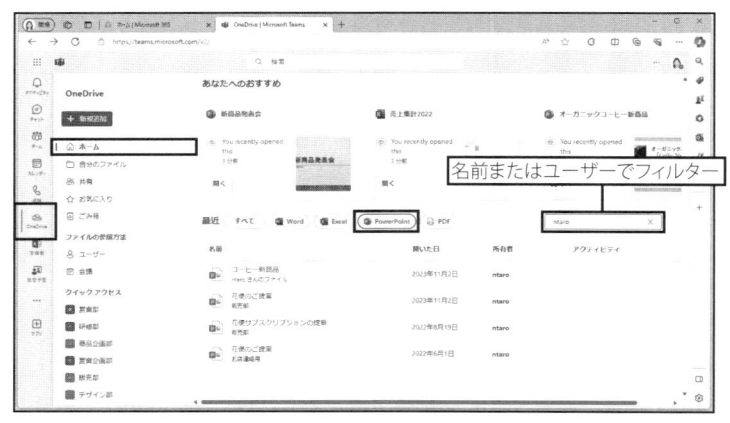

「ホーム」画面では、最近使ったファイルやおすすめのファイルが表示されている。フィルター機能も利用でき、「最近」の横の各種ボタンをクリックすると、そのアプリに限定したファイルを表示できる。さらに右側の「名前またはユーザーでフィルター」ボックスでユーザー名を入力して、そのユーザーが所有者であるファイルを検索することも可能だ。ここではユーザーが「ntaro」、「PowerPoint」でフィルターをかけた

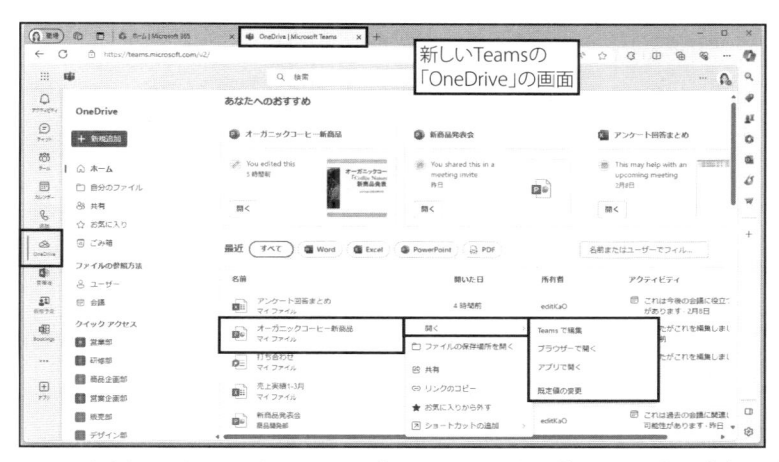

ファイルを右クリックして開いたメニューから「開く」をクリックする。「Teamsで編集」や「ブラウザーで開く」などの項目が表示される

Edgeで表示した「OneDrive」の画面。ファイルを開く操作では、直接アプリで開く、保存場所を開くなどの項目が表示されている

集作業が可能になる。

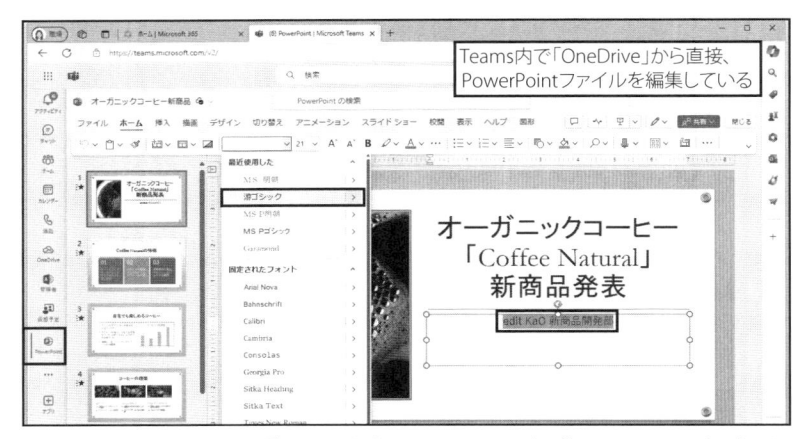

例えば、PowerPointファイルを「Teamsで編集」で開くと、Teams内に「PowerPoint」アプリが起動し、ナビゲーションバーに「PowerPoint」が表示される。画面はTeams内のPowerPointでフォントを変更しているところ

クリックした際の操作を変更する

　Teams 内の OneDrive でファイルをクリックして開くと、初期設定で

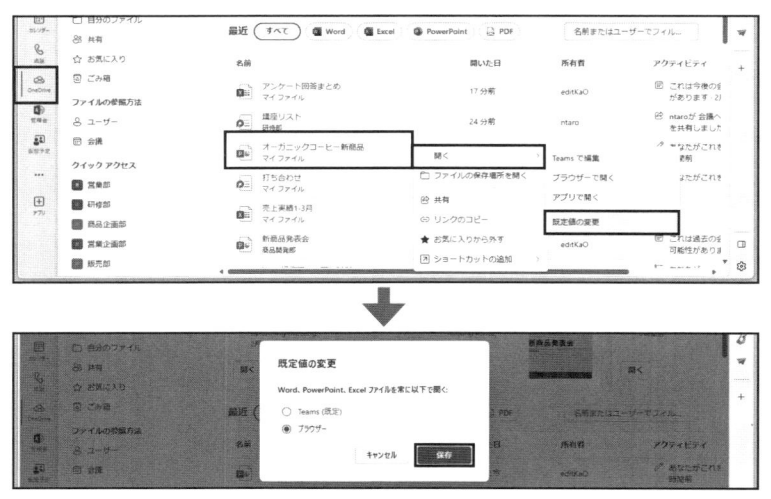

ファイルをクリックした際にWebブラウザーで表示するように変更するには、「開く」の「既定値の変更」をクリックする。表示された画面で「ブラウザー」をクリックして「保存」をクリックする

は、Teams 内で該当のアプリが起動して表示される。これを Web ブラウザーで開くように変更できる。変更するには、「既定値の変更」から操作する。

自分で作成したファイルやお気に入りのファイルを確認する

　Teams 内の OneDrive は、項目ごとにファイルがまとめられて管理されている。「自分のファイル」（マイファイル）では、自分が作成したファイルやフォルダーの一覧が確認できる。「共有」では自分が共有したファイルや共有されたファイルを確認できる。「お気に入り」では、「お気に入り」に追加したファイルが表示される。

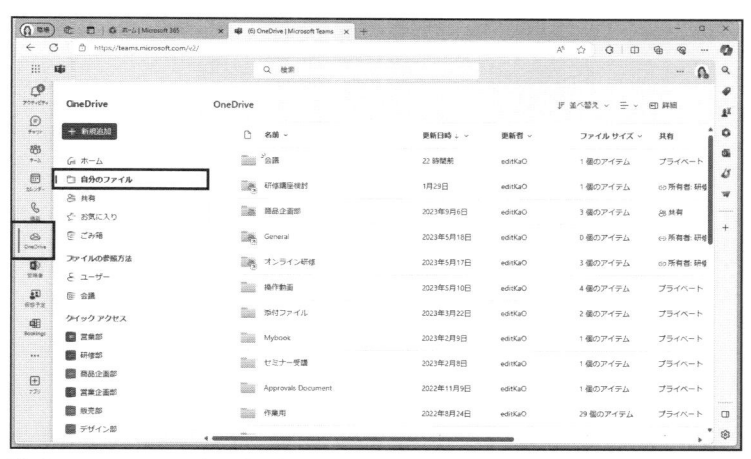

「自分のファイル」では、自分が作成、更新したファイルやフォルダーの一覧が表示される。ファイルが行方不明になったら、ここで確認してみよう

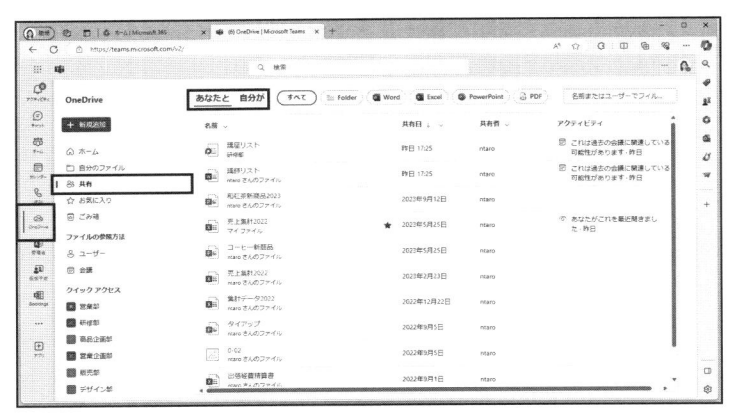

「共有」では、共有された、または共有したファイルの一覧がまとめられている。ここでは、共有されたファイルが「あなたと」タブ、自分が共有したファイルが「自分が」のタブで管理されている

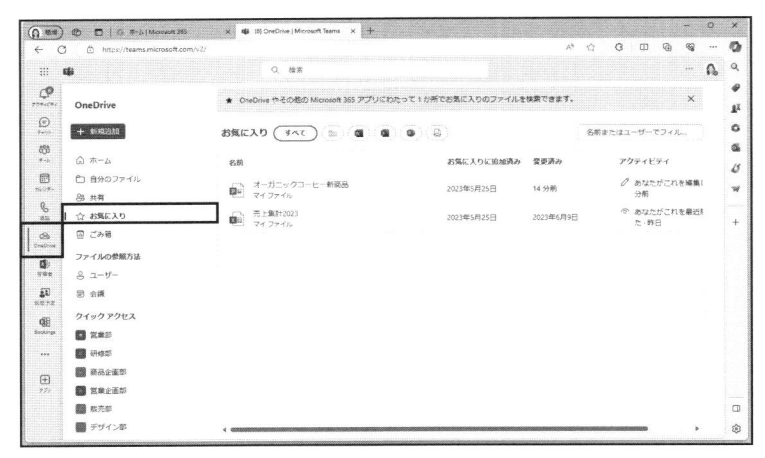

「お気に入り」では、お気に入りに追加したファイルの一覧が表示されている。OneDriveやほかのMicrosoft 365アプリでお気に入りにしたファイルが表示される

「ファイルの参照方法」でビューを確認する

　「ファイルの参照方法」には「ユーザー」「会議」の2つのビューがある。「ユーザー」では、ユーザー単位でファイルが分けて管理されている。○○さんから送られたファイルだったが、ファイル名がわからないと

いったときにはここで確認すればよい。

「ファイルの参照方法」の「会議」ビューでは、会議で利用したファ

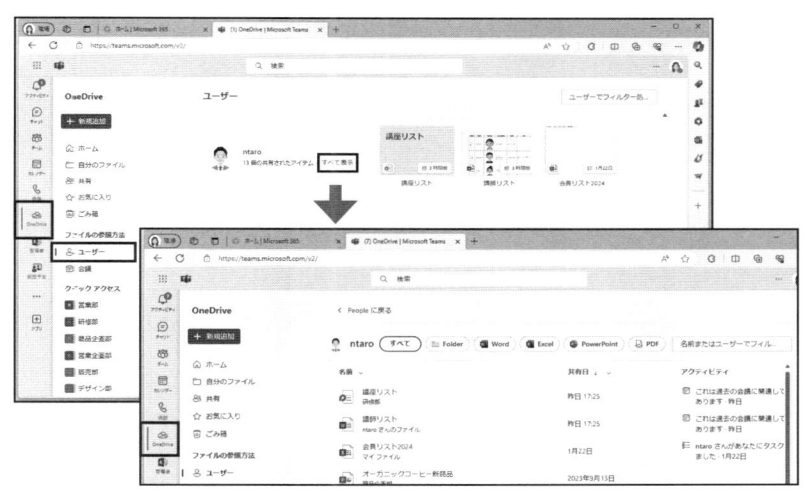

「ファイルの参照方法」の「ユーザー」をクリックすると、ユーザー単位でファイルが分かれて表示される。「すべて表示」をクリックすると、そのユーザーとやり取りしたすべてのファイルが確認できる

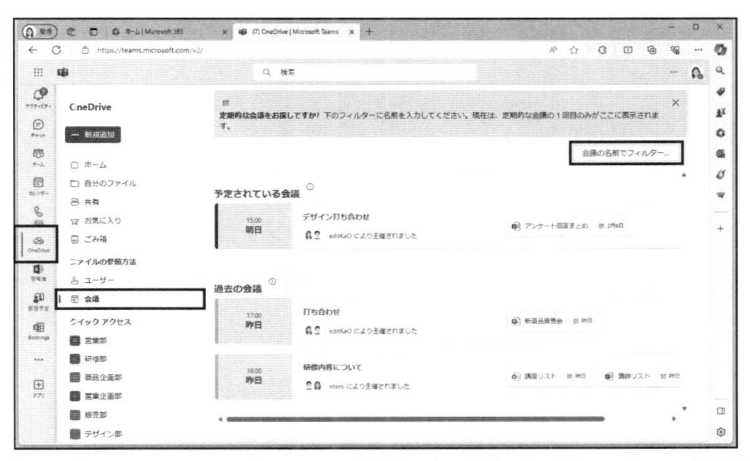

「会議」ビューでは、これから予定されている会議や過去の会議で利用したファイルの一覧が表示されている。右上の「会議の名前でフィルター」ボックスから会議名で検索をかけて抽出することも可能だ

イルやこれから予定されている会議のファイルが一覧で表示されている。ここで表示されているファイルは、会議開催前に事前に添付したファイルだ。例えば Teams で「新しい会議」や「会議のスケジュール設定」から会議予定を送信する際に、OneDrive に保存したファイルを共有するためのリンクを挿入する。すると、その会議タイトルがビューに表示されるようになる。

　なお、現在は「メディア」ビューが新たに追加されている。詳細は「6-5」を参照してほしい。

「新規追加」からフォルダーを作成する

　画面左上の「新規追加」をクリックすると、新規でフォルダーや各種のドキュメントなどを作成するための項目が表示される。例えば、「新規追加」の「フォルダー」をクリックすると、フォルダーを作成できる。

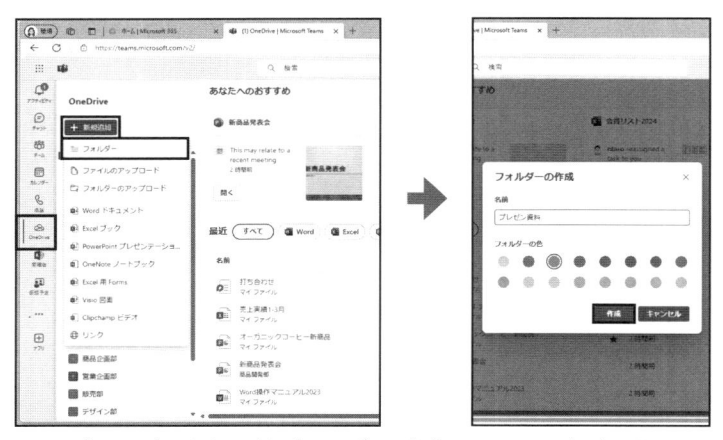

ここでは「フォルダー」をクリックし、「フォルダーの作成」画面でフォルダー名を付け、フォルダーの色を選択して「作成」をクリックする。新しいOneDriveではフォルダーに色を付けられるが、Teams内のOneDriveでも同様に色を付けて作成できる

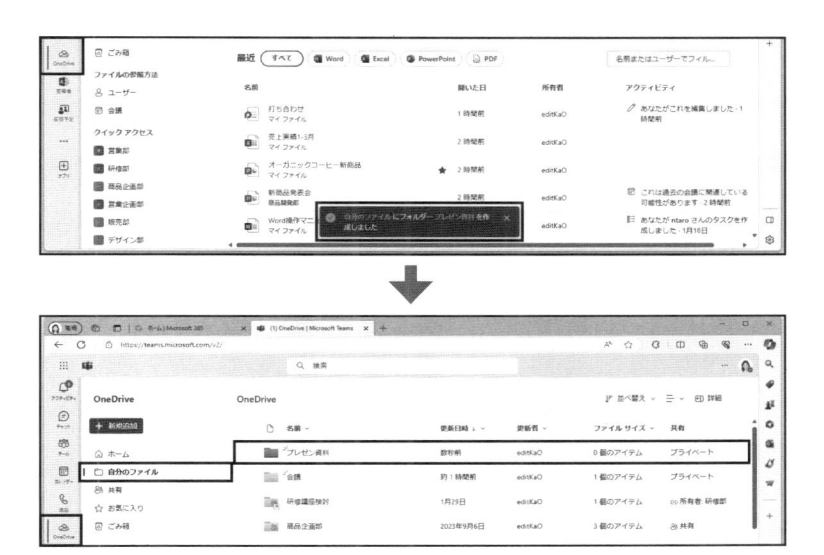

フォルダーの作成が完了すると、下にメッセージが表示される。フォルダーは、「自分のファイル」に作成される

第 7 章

Web会議内でアプリを利用する

7-1 Teamsの「PowerPoint Live」を使って ワンランク上のプレゼンテーション

　Web 会議でワンランク上のプレゼンテーションを実現したいのなら、Microsoft Teams の「ライブプレゼンテーション」を利用してみよう。ライブプレゼンテーションでは、Teams の画面共有と違い、PowerPoint アプリを起動せずにスライドを表示できる。

「PowerPoint Live」からファイルを選択

　Teams アプリからライブプレゼンテーションを始めるには、画面共有を実行するときと同じように画面上部の「共有」をクリックする。「PowerPoint Live」からプレゼンに使用するファイルをクリックして開くとライブプレゼンテーションが始まる。

　ここで表示されないファイルを使用したいときは、メニュー下の「OneDrive を参照」または「コンピューターを参照」をクリックしてファイルを指定する。

TeamsアプリのWeb会議中にライブプレゼンテーションを始めるときは、「共有」をクリックして「PowerPoint Live」から表示したいスライドのファイルをクリックする

発表者の画面にはスライドやそのノート、スライド一覧などが表示される。ノートはPowerPointのスライドにある「ノート」に当たる部分で、発表時のメモなどを入力しておく。参加者側には表示されない

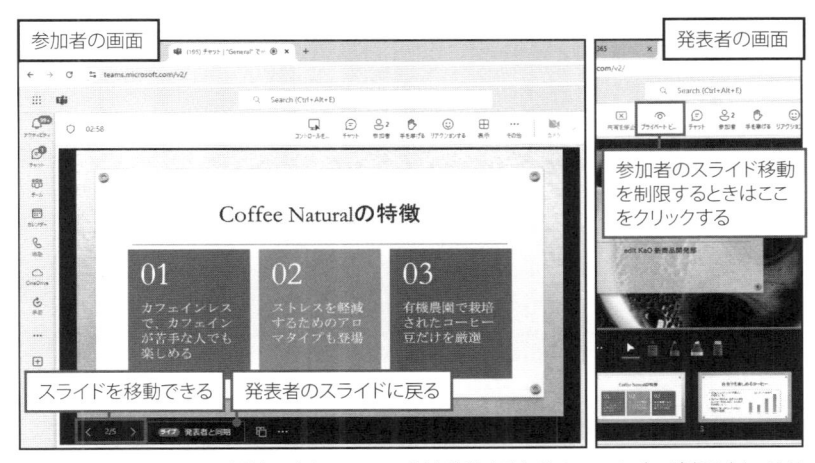

参加者の画面にはスライドが表示される。スライドを移動するためのツールバーが表示され、スライドを移動できる。移動した場合は「発表者と同期」が表示され、クリックすれば発表者側のスライドに戻れる。発表者側で参加者のスライド移動を制御したい場合は、移動を防ぐためのボタンをクリックする

　ライブプレゼンテーションが始まると、発表者の画面にはスライドとそのノート、スライド一覧、参加者の一覧が表示される。参加者の画面

にはスライドが表示され、ノートは表示されない。

　参加者の画面には、スライドの左下側にスライドを移動するためのツールバーが表示される。ここをクリックしてスライドを移動できるが、他の参加者には影響しない。発表者が表示しているスライドに戻る場合は、ツールバーの「発表者と同期」をクリックする。

参加者にスライドの進行を任せる

　会議では、複数のユーザーで発表することもあるだろう。そのとき、発表者が別のユーザーにスライドの進行を任せることができる。

　この機能を利用するには、発表者があらかじめユーザーを指定しておく必要がある。参加者を Web 会議に招待する前に、画面の「…」（その他の操作）をクリックし、「設定」の「会議のオプション」をクリックする。「会議のオプション」画面が表示され、「発表者となるユーザー」

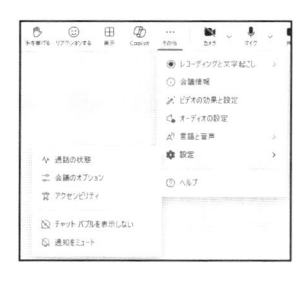

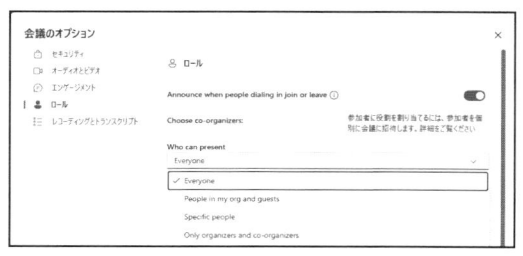

発表者がWeb会議の前に、「会議のオプション」画面で「発表者となるユーザー」(Who can present)に別のユーザーを指定する

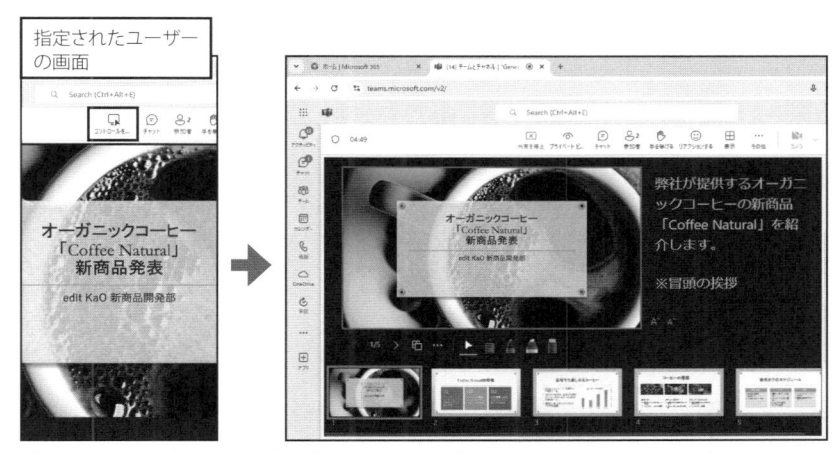

指定されたユーザーの画面上部に「コントロールを取得」が表示され、これをクリックすると、スライドを制御できるようになる。スライドのノートやスライド一覧が表示される

発表者の画面上部には、他のユーザーにスライドの制御が移ったことが表示される。「戻る」または画面上部の「制御する」をクリックすると、スライドの制御が発表者に戻る

で発表者になるユーザーを指定する。

　発表者がユーザーを指定すると、指定した参加者の Teams の画面上部に「コントロールを取得」が表示されているときは、この部分をクリッ

クするとその参加者にスライドの制御が移る。クリックした参加者の画面にはスライド一覧やノートが表示され、発表者の画面には他のユーザーに移ったことを知らせるメッセージが表示される。

ライブキャプションを表示する

　ライブプレゼンテーションで、プレゼン中の音声を字幕化する「ライブキャプション」を使用可能だ。使用するには、Teams アプリの画面上にあるツールバーの「…」（その他の操作）から「言語と音声」の「ライブキャプションをオンにする」をクリックする。

　ライブキャプションが有効になると、画面の下側に発表者と参加者の音声の字幕が表示される。表示されている言語が異なる場合は、画面右下の「字幕の設定」をクリックして、表示された画面で言語を変更する。

Teamsアプリでライブプレゼンテーションをしながら、音声の字幕を表示するには、「…」(その他の操作)をクリックし、「ライブキャプションをオンにする」をクリックする

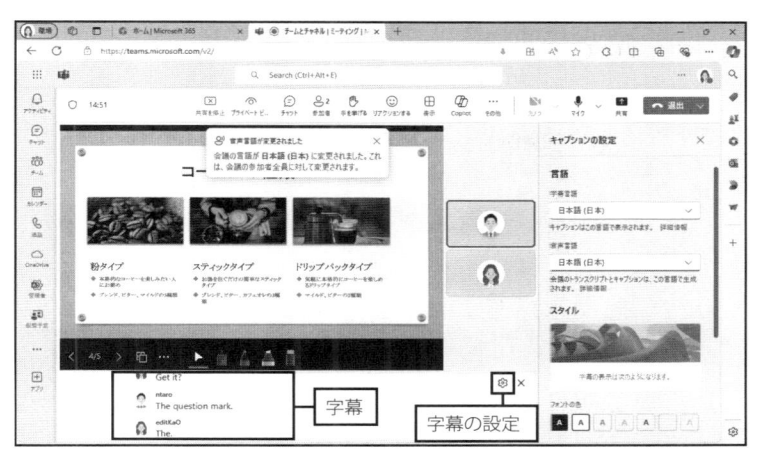

画面下側に現在の音声のライブキャプション（字幕）が表示される。言語が異なる場合は、画面右下の「字幕の設定」をクリックし、表示された画面で「字幕言語」と「音声言語」から言語を変更する

Teamsの文字起こし機能を使って議事録を作成

　Teams には、会議の音声を文字起こしする機能がある。この機能とレコーディング機能を併用すれば、Web 会議の正確な議事録を簡単に作成できる。

　使用するには、画面上部の「…」（その他の操作）をクリックし、「レコーディングと文字起こし」の「文字起こしの開始」をクリックする。画面の右側に「トランスクリプト」画面が表示され、文字起こしが始まる。会議が終了すると、文字起こしの内容がファイルに保存され、後から確認できる。

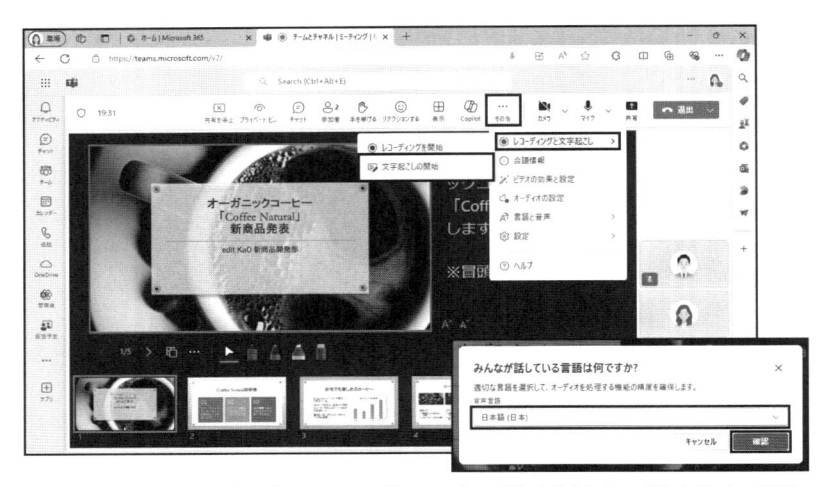

画面上部の「…」(その他の操作)をクリックし、「レコーディングと文字起こし」の「文字起こしの開始」をクリックする。話している音声の言語を確認する画面が表示されたら、言語を確認して異なる場合は別の言語を指定して「確認」をクリックする

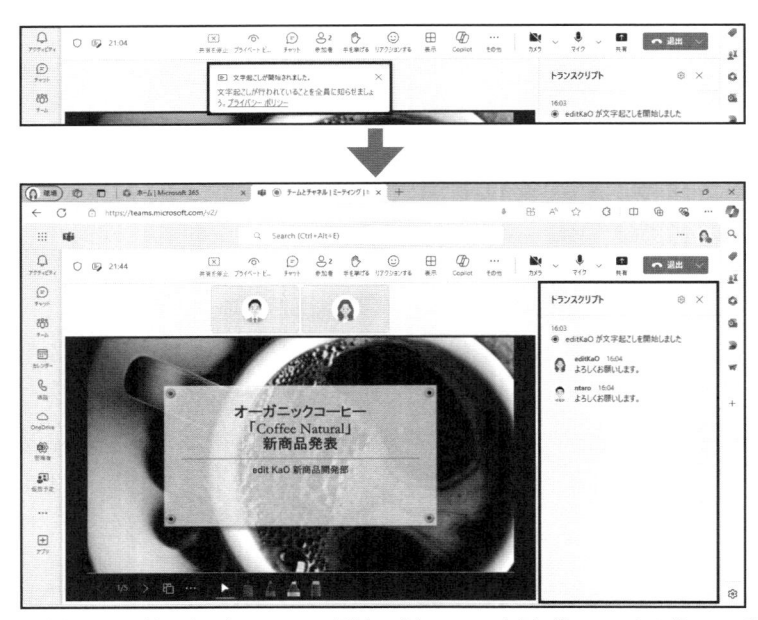

文字起こしの開始を確認するメッセージが表示され、画面の右側に「トランスクリプト」画面が表示される

7-2　Web会議でアンケートを実施するなら「Polls」、Formsベースで使いやすい

　Teams の Web 会議で、出席者の投票やアンケートを集めるときに便利なのが「Polls（ポールズ）」というアプリだ。Microsoft 365 のライセンスで利用できる。

　アンケートと言えば、「Microsoft Forms」が頭に浮かぶ人が多いだろう。Teams でも Forms を使ってアンケートを実施できたが、Polls は Web 会議で使いやすくなるように Forms をベースに改良されたサブアプリだ。早速使ってみよう。

リアルタイムで回答結果が分かる

　Teams で作業を効率化したり新しい機能を追加したりできるアプリが、マイクロソフトやサードパーティーから多数提供されている。これらはアプリの管理画面で追加できる。Polls は Teams で使えるアプリの

会議前に作成するには、会議の予定を送信した後に会議の詳細画面を表示する。画面上部の「＋」
（タブを追加）をクリックする

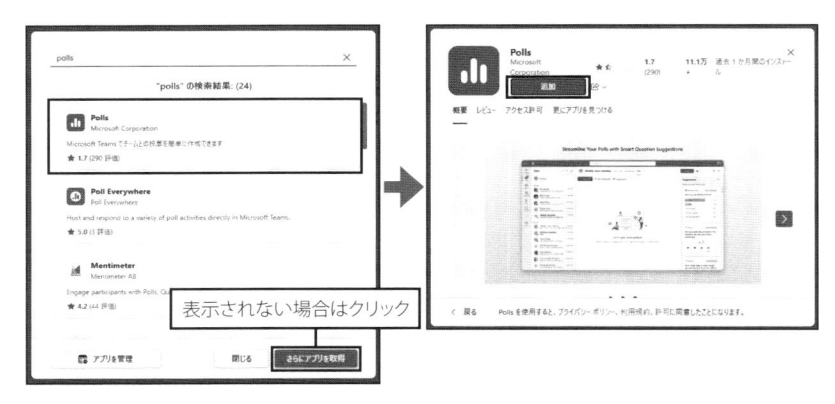

アプリ追加の画面で「Polls」をクリックする。表示された画面で説明を確認し、「追加」をクリックする

「Polls」タブが追加されたら、画面左上の「新しい投票」をクリックする。作成したいアンケートの種類を選択する画面が表示されるので、ここから目的の種類を選ぶ

1つで、マイクロソフトが提供するものだ。

　Polls は Forms がベースになったもので、Web 会議中にリアルタイムで回答してもらう簡単なアンケートや投票を作成できる。回答結果もリアルタイムに分かるようになっている。

　アンケートは Web 会議の前に作成しておく。まず会議予定を作成して参加者に送信したら、詳細画面を開いて「＋」（タブを追加）から「Polls」アプリを追加する。Polls が追加されたら、作成するアンケートの種類を選ぶ。「複数選択」「テスト」「ワードクラウド」「評価」「ランキング」の

「複数選択」を選んだ場合

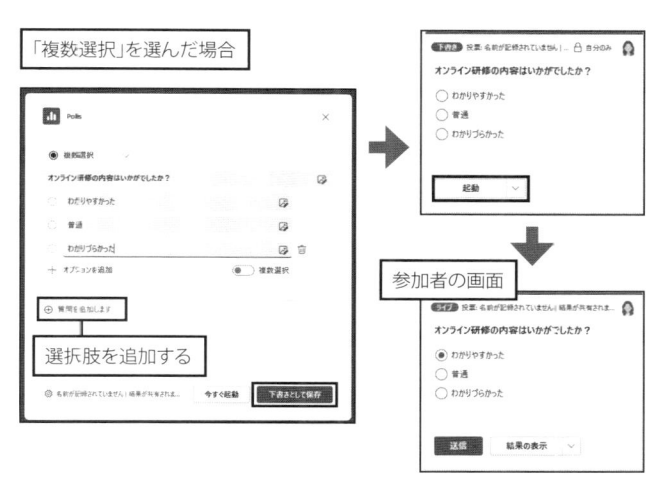

選択肢を追加する

参加者の画面

「複数選択」は複数の選択肢から回答を選ぶ質問形式だ。入力が完了して「下書きとして保存」をクリックすると、「下書き」として質問が表示される。回答を募集するときは「起動」をクリックする。回答者は、選択肢から回答を選んで「送信」をクリックする

「ワードクラウド」を選んだ場合

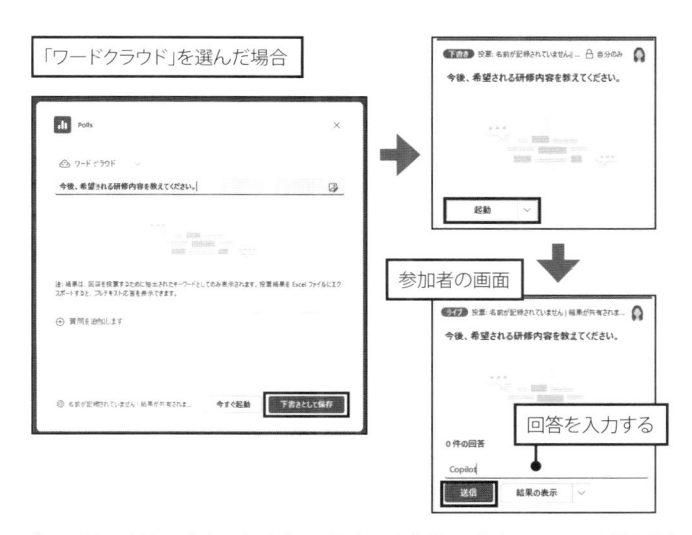

参加者の画面

回答を入力する

「ワードクラウド」は自由入力形式で回答する形式だ。回答者の画面には質問が表示され、自由に回答を入力して「送信」をクリックする

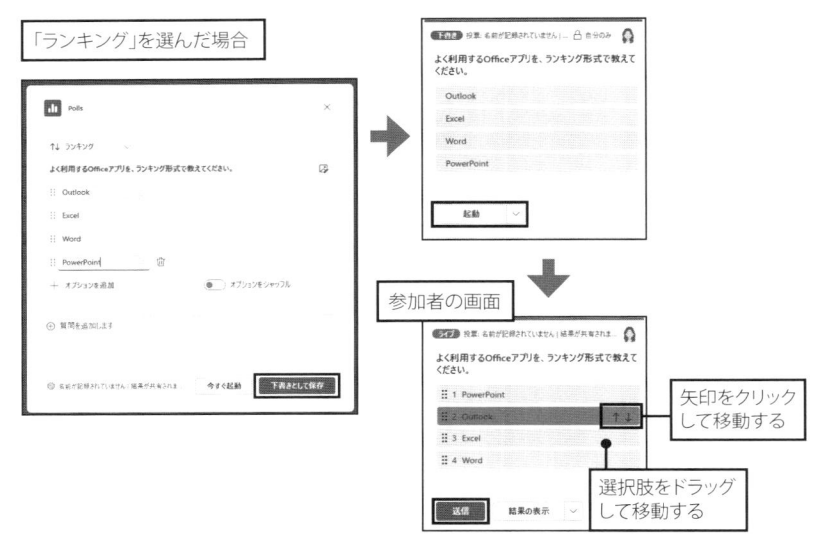

「ランキング」を選んだ場合

参加者の画面

矢印をクリック
して移動する

選択肢をドラッグ
して移動する

「ランキング」は選択肢の順番を移動して、順位を回答する形式だ。回答者は選択肢をドラッグまた
は上下の矢印をクリックして順番を変更し、「送信」をクリックする

5 種類だ。

　今回は、「複数選択」「ワードクラウド」「ランキング」の 3 つのアンケー
トを作成した。作り方は、必要事項を入力したら下書きとして保存する
だけ。会議中に回答を募集するときは「起動」をクリックすればよい。

アンケートの集計イメージを確認する

　アンケートの集計結果は、リアルタイムで表示される。グラフや回答された単語の文字の大きさで集計結果を確認できる。

「複数選択」の投票　　　　　　　　　　　　　　「ランキング」の投票

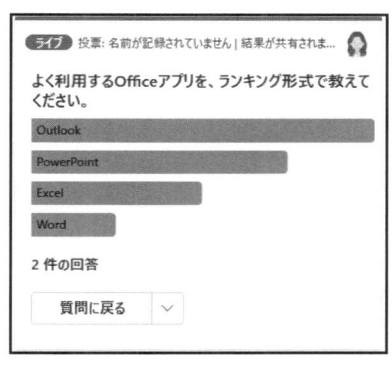

それぞれの質問の回答結果はリアルタイムで集計される。「複数選択」は回答した選択肢が横棒グラフで表示され、%が表示される。「ランキング」は回答が多い選択肢が上から順に横棒グラフで表示される

「ワードクラウド」の投票

ワードクラウドは入力した単語が表示される。複数回答があった単語は文字が大きくなる。入力された単語をポイントすると、いいねボタンが表示されるので、それをクリックしても回答数が多くなる

7-3 Teamsで使える「Excel Live」を使って Web会議中にExcelファイルを共同編集

　Teams には、Web 会議中に共同作業を行うための機能が複数用意されている。中でも、リアルタイムで Excel ファイルを共同編集できる「Excel Live」は便利だ。今回は、この Excel Live の使い方を紹介する。

Excel Liveを利用する

　Excel Live を利用するには、Web 会議中に画面上部の「共有」をクリックし、「Excel Live」から Excel ファイルを指定して開く。ファイルを共有するための画面が表示されるので、「共有」をクリックする。この操作によって Teams 上で Excel ファイルを表示できる。

　画面を共有すると、発表者の画面下部には「あなたが発表中です」と表示される。

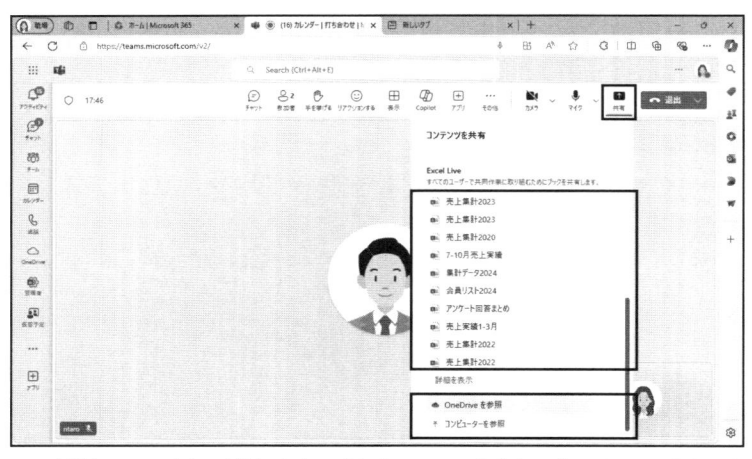

Web会議中に、画面上部の「共有」をクリックし、「コンテンツを共有」の「Excel Live」から表示されているExcelファイルを開くか、下の「OneDriveを参照」または「コンピューターを参照」から指定して開く

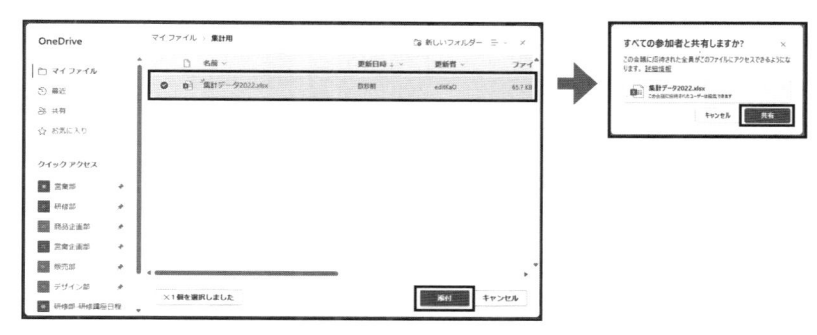

画面は「OneDriveを参照」の例。開きたいExcelファイルを選択し、「添付」をクリックする。共有を確認する画面が表示されたら、「共有」をクリックする

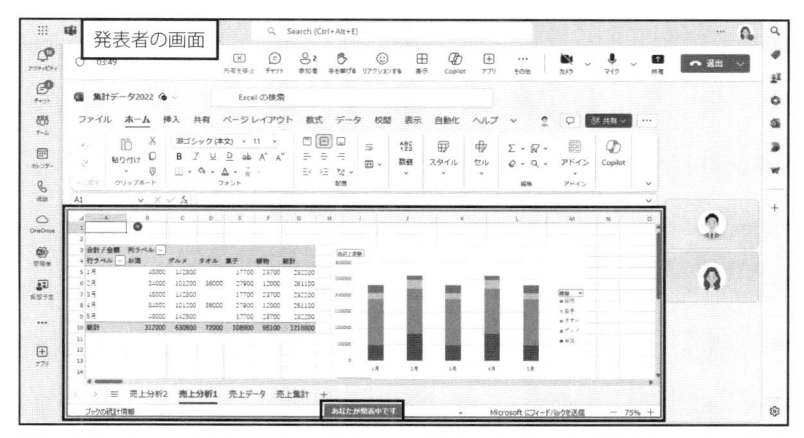

選択したExcelファイルがTeams内に表示された。画面下には、「あなたが発表中です」という文字が表示されている。

Excelファイルを共同で編集する

　Excel ファイルを共有すると、発表者と参加者の両方で編集が可能になる。編集した内容はリアルタイムで表示できる。

　参加者の画面下部には、「＜ユーザー名＞をフォローしています」と表示されている。参加者が操作を開始すると、文字は「＜ユーザー名＞のフォローを再開する」に切り替わる。操作を終了して、再度文字をクリックすると、「＜ユーザー名＞をフォローしています」に切り替わる。

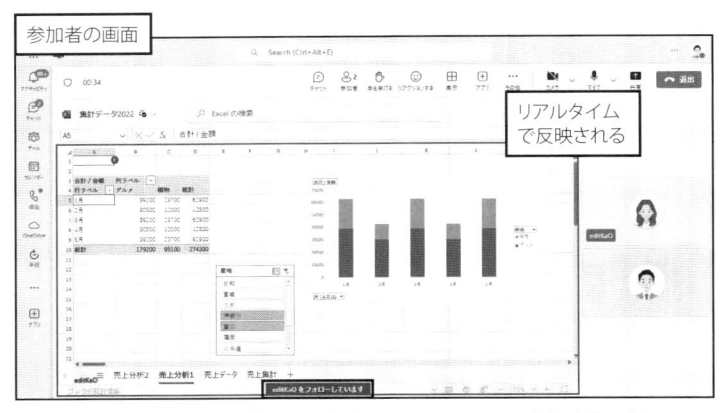

参加者の画面では、画面下に「＜ユーザー名＞をフォローしています」と表示されている。発表者がスライサーを表示してデータを絞ると、参加者全員の画面もリアルタイムで変更される

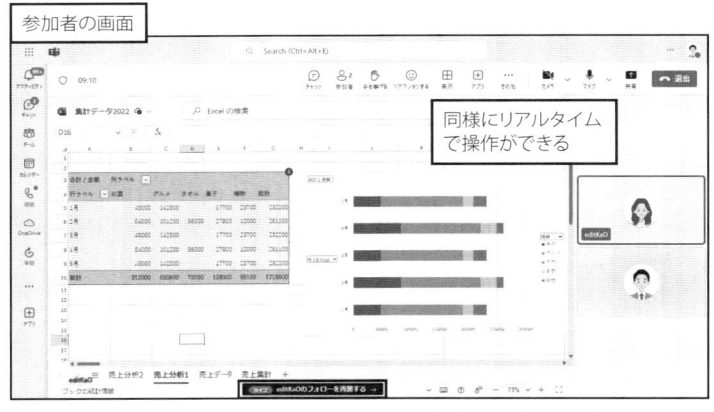

参加者の画面でも同様に編集作業が可能だ。例えば、ピボットグラフでグラフの種類を変更してみる。参加者が作業している間は、画面下部の文字が「＜ユーザー名＞のフォローを再開する」に変わる。操作を終了したら、画面下部の文字をクリックして、フォローを再開する

　なお、Excel Live を終了するには、画面上部の「共有を停止」をクリックする。

画面を広く使う

Excelの画面を広く使いたい場合は、画面右に表示されている参加者の画面（ギャラリー）を非表示にしよう。さらにデスクトップアプリの場合は、Excelの画面を別ウィンドウに表示させることも可能だ。

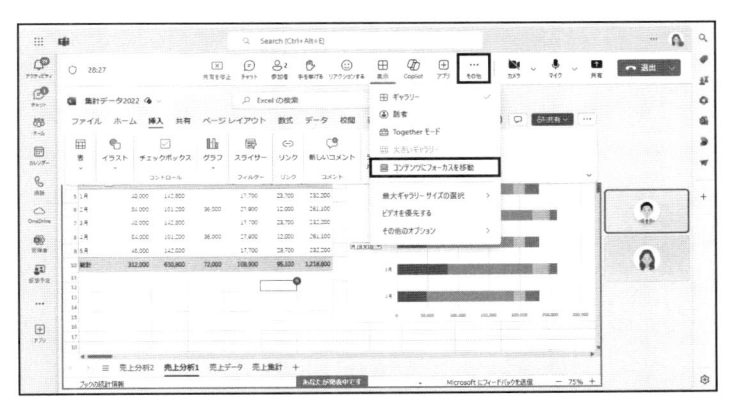

ギャラリーを非表示にするには、画面上部の「表示」から「コンテンツにフォーカスを移動」をクリックする

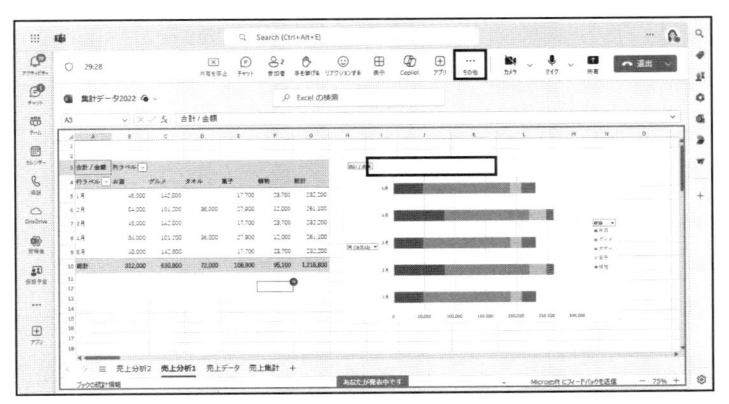

右側に表示されていた会議参加者が非表示になり、画面が広く使えるようになる

7-4　Teams会議の予約に便利な「スケジュールアシスタント」、空き時間を一目で把握

　Teams では、会議の開催日時を出席者の予定を確認しながら選択できる。これは「スケジュールアシスタント」という機能で、Outlook からも利用できる。今回は、スケジュールアシスタントの操作を中心に紹介しよう。

予約担当者の負担を軽減

　Teams の「スケジュールアシスタント」を使えば、Teams の会議予約を作成する際、出席者の空き時間が一目で確認できるので便利だ。事前に出席者全員の予定を確認する手間がなくなり、予約担当者の負担を軽減できる。

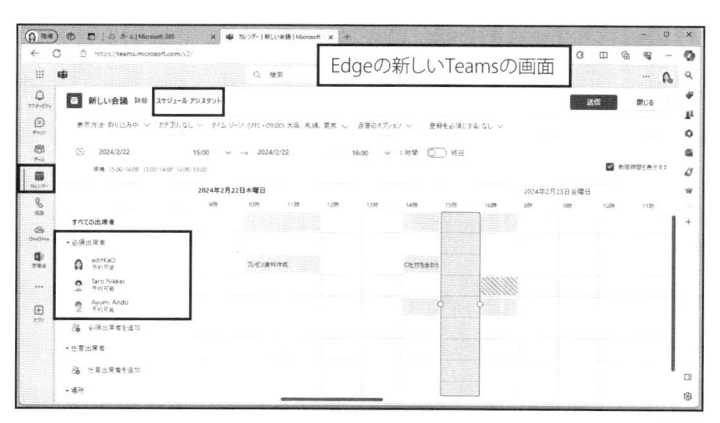

Teamsの「カレンダー（予定表）」から、「新しい会議」を作成して「スケジュールアシスタント」を表示した。「必須出席者」のすべてが「予約可能」な時間で、会議予定を作成できる

Teamsのカレンダーから会議の予定を作成する

　「スケジュールアシスタント」は、「カレンダー（予定表）」から利用する。Teams の「カレンダー」から会議を開きたい日時の部分をドラッグすると「新しい会議」画面が表示される。

　「詳細」では、会議名や出席者などを登録する。出席者の予定はすぐに反映され、指定した時間にすでに予定が入っていると「取り込み中」などと表示される。その場合、「候補」に時間が表示されていれば、その時間は出席者全員が空いている。クリックすれば時間を変更して予約を入れられる。

　出席者が多い場合は、「必須出席者」と「任意出席者」に分けて登録し、「必須出席者」に絞った空き時間を見つけて予定を入れられる。

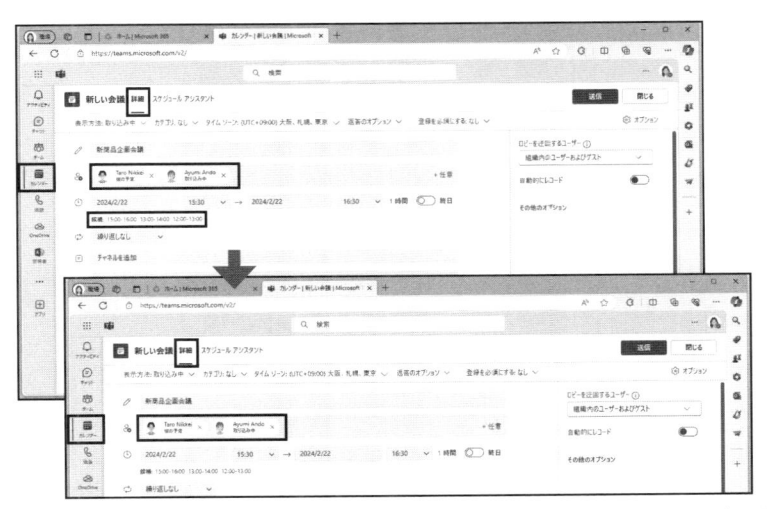

予定した会議の日時には、出席者にすでに予定が入っていた。この場合、下の「候補」に時間が提示されていれば、この時間をクリックすると、「空き時間」になり開催することができるようになる

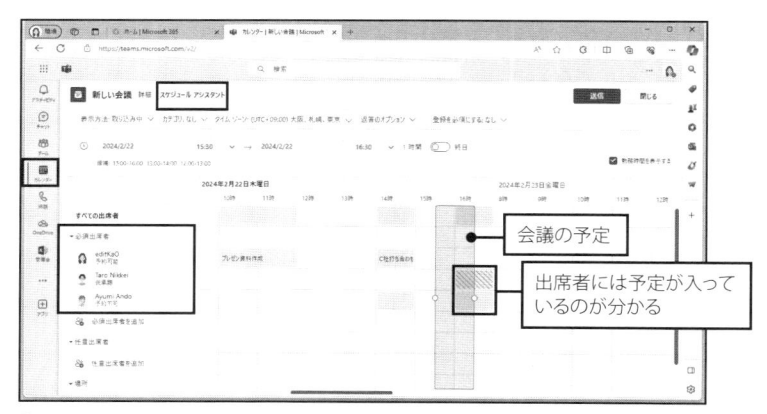

「スケジュールアシスタント」をクリック。「すべての出席者」には、「必須出席者」や「任意出席者」に追加した出席者の予定が表示されている。開催しようとしていた日時には、他の出席者は予定が入っていることが分かる。さらに「必須出席者」の欄には「予約不可」などと表示されている

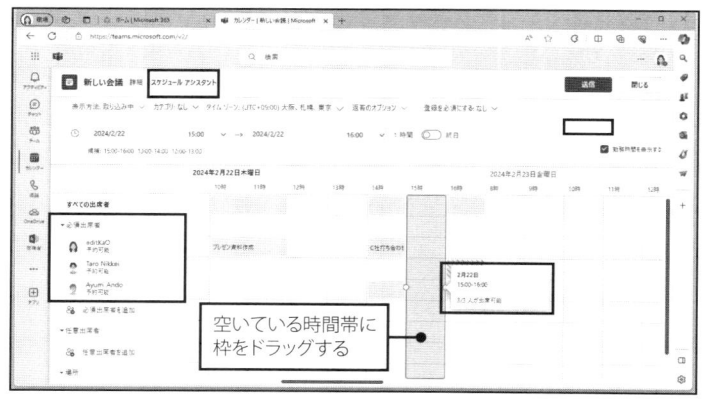

枠をドラッグするなどして、出席者が空いている時間に予定を変更できる。変更した予定にマウスカーソルを合わせると、ポップヒントが表示され、全員が出席可能と表示される。さらに「必須出席者」の欄には、すべての参加者が「予約可能」となっている。「送信」をクリックして会議の開催メールを送る

Outlookでもスケジュールアシスタントを利用する

　Teams の「カレンダー（予定表）」と Outlook の「予定表」は連動している。どちらかで会議の予定を入力すれば、両方に反映される。

　Outlook で「スケジュールアシスタント」を利用するには、予定表か

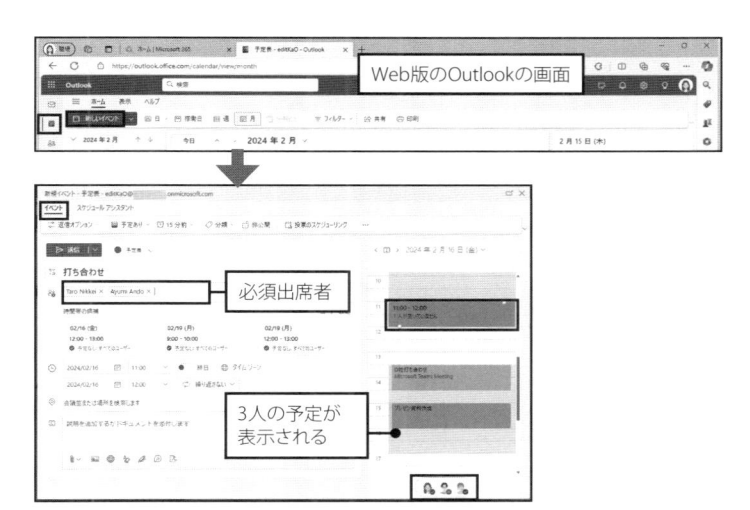

Outlookの「カレンダー」で「新しいイベント」をクリックすると、「新規イベント」画面が表示される。「イベント」では、Teamsの「詳細」と同様、出席者を指定して、予定が合わない場合は、「時間帯の候補」から選択できる。Outlookは右側に1日の予定が表示され、視覚的に予定が空いているかどうかを確認できる。予定が入っている場合は、赤色になり、メッセージが表示される

「時間帯の候補」の一覧から、空いている時間帯を選択すると、右側の日程も表示が変更され、緑色に変わって、全員予定が空いている旨のメッセージが表示される。下のユーザーアイコンも緑色のチェックに変わる

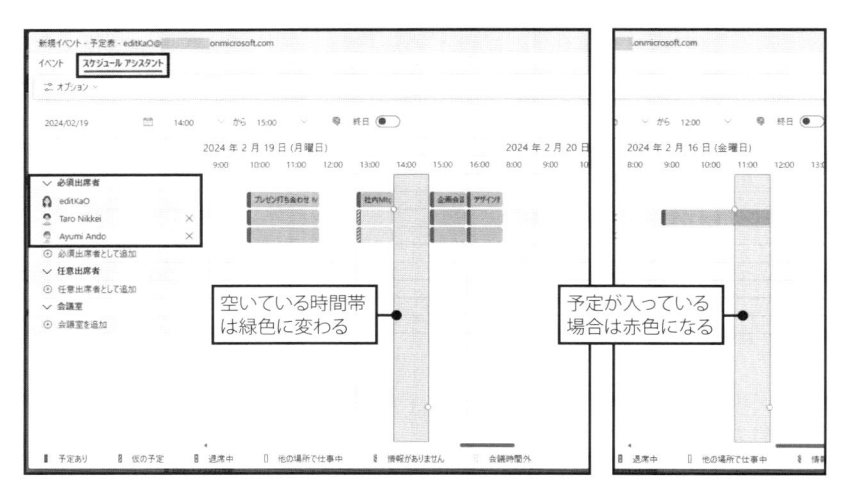

Outlookの「スケジュールアシスタント」では、Teamsと同様、「必須出席者」を追加すると、その出席者全員の予定を確認しながら、会議の開催日時をドラッグして選択できる。予定が入っている場合は赤色になるが、空いている場合は緑色になる

ら「新しいイベント」をクリックし、「新規イベント」画面から操作する。

　「スケジュールアシスタント」では、Teams と同様に「必須出席者」を追加すると、その出席者全員の予定を確認しながら、会議の開催日時をドラッグして選択できる。

タイムゾーンが合わない出席者でも予定を作成できる

　「スケジュールアシスタント」では、異なるタイムゾーンの出席者の予定を確認しながら、会議の日時を選択できる。

　なお、Teams のタイムゾーンが意図したものと合わない場合は、Web 版の Outlook のタイムゾーンに影響を受けている場合もあるので確認してみよう。

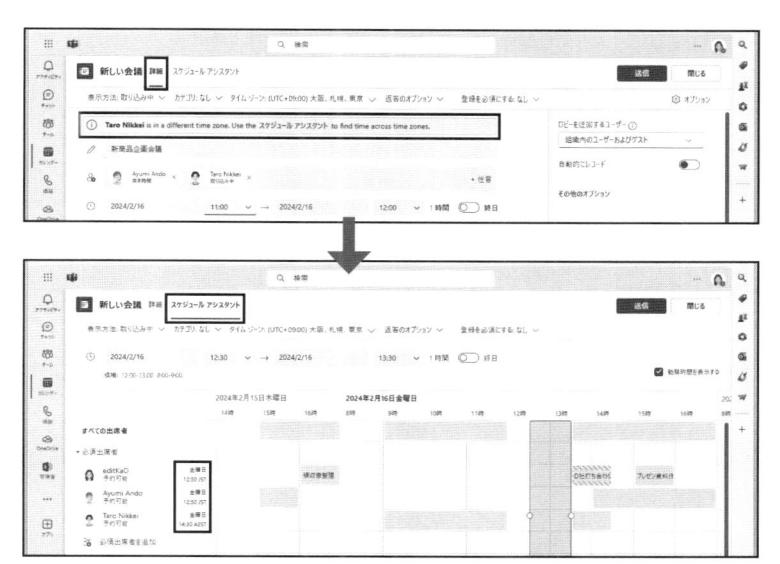

Teamsの「新しい会議」画面で、タイムゾーンが合わない出席者を追加した場合は、「詳細」ではなく、「スケジュールアシスタント」で開催日時をドラッグしながら時間を設定しよう。「スケジュールアシスタント」では異なるタイムゾーンの出席者でも、確認しながら会議予定を作成できる

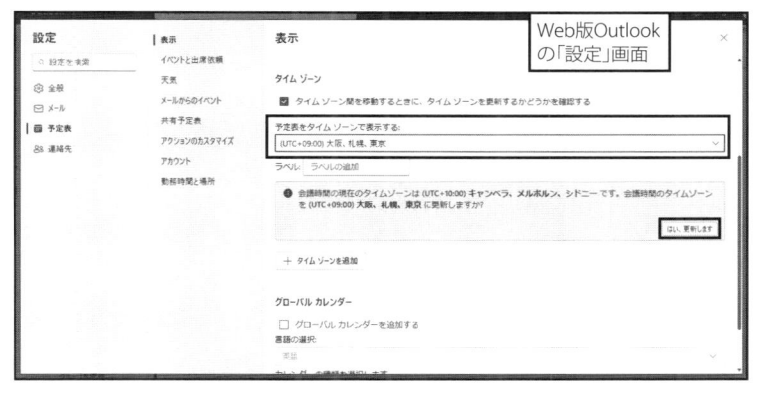

Outlookの「設定」を表示し、「予定表」の「表示」の「タイムゾーン」で「予定表をタイムゾーンで表示する」でタイムゾーンを選択して「保存」をクリックする。変更したら、「はい、更新します」をクリックする

7-5 会議中の音声をリアルタイムで文字起こし、Teams「トランスクリプト」を使う

　Teams には、会議中の音声をリアルタイムでテキスト化する機能が用意されている。テキストデータは後からダウンロードできるので、議事録作成にも使える。今回は、この文字起こしの機能を紹介しよう。

Web会議中の音声を文字で起こす

　Teams では Web 会議中の音声をリアルタイムで文字に変換できる。議事録作成のほか、会議の内容を使った資料作りにも役立てやすい。この機能は「トランスクリプト」と呼ぶ。

　Microsoft 365 の Word などでもトランスクリプト機能があるが、こちらは音声ファイルをアップロードしてテキスト化したり、音声を録音していったんファイルにしてからテキスト化したりといった使い方でTeams の機能とは少し異なる。

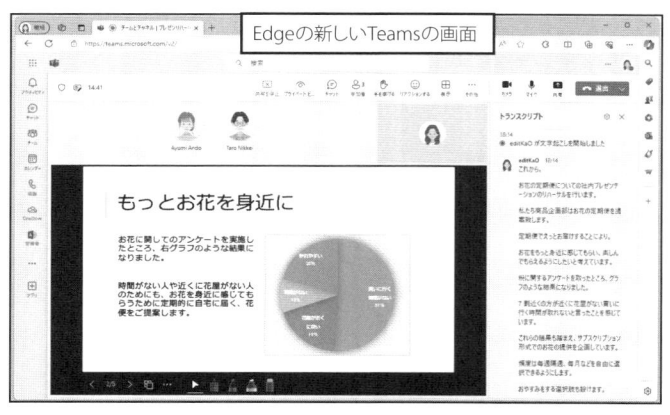

Edgeの新しいTeamsのWeb会議でPowerPointのファイルを共有しながら、リアルタイムで音声を文字起こししている

文字起こし機能を開始する

　会議中に文字起こしを開始するには、画面上部の「…」(その他の操作)から「レコーディングと文字起こし」の「文字起こしの開始」をクリックする。なお、このメニューで「レコーディングを開始」をクリックす

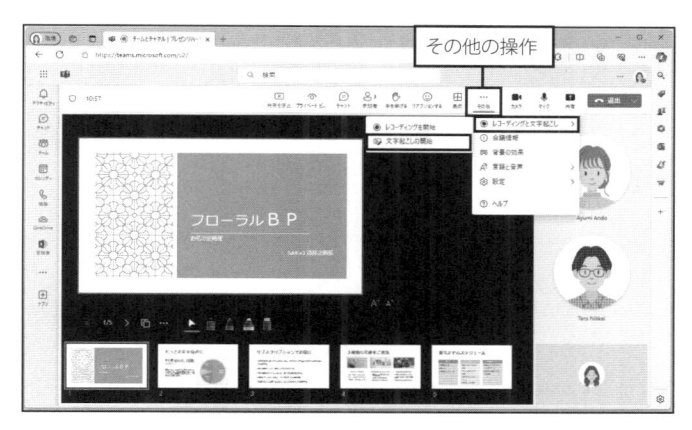

文字起こしを開始するには「…」(その他の操作)から「レコーディングと文字起こし」をクリックし、「文字起こしの開始」をクリックする

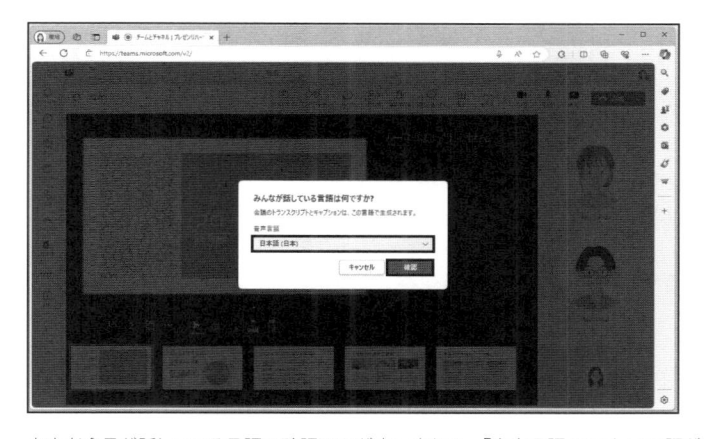

出席者全員が話している言語の確認画面が表示される。「音声言語」に正しい言語が表示されていれば、「確認」をクリックする。言語を変更するには、「音声言語」の右側の下向き矢印をクリックして一覧から選択する

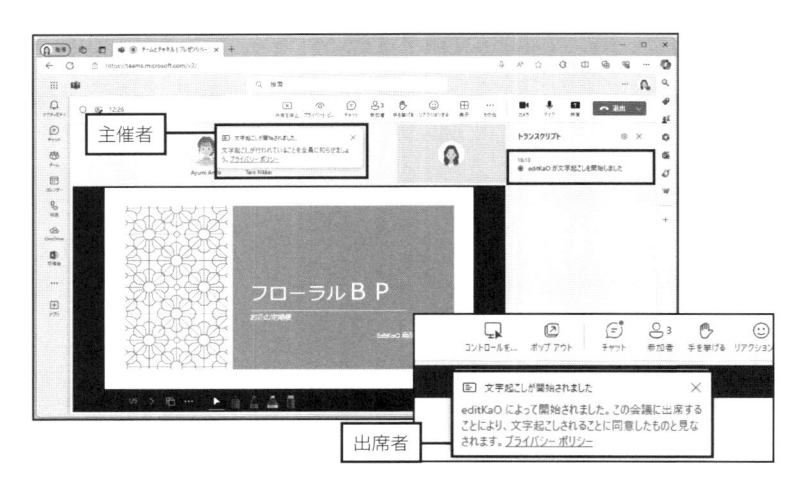

画面右側に「トランスクリプト」が表示され、文字起こしを開始したことを知らせるメッセージが表示される。出席者側にも文字起こしの開始が通知され、出席することにより、文字起こしに同意したものとみなす、内容のメッセージが表示される

画面右側の「トランスクリプト」には、話している内容がテキスト化され、リアルタイムで画面に表示される。トランスクリプトには話している出席者の名前やアイコン、タイムスタンプが表示されている。なお、右上の「トランスクリプトの設定」からも音声言語を変更することができる

　ると、会議の内容を録画して残すことが可能だ。

　　文字起こしの機能を利用するには、出席者全員が話している言語と同

じ言語を選択する必要がある。音声言語の選択画面で、正しい言語が選択されているかを確認し、異なっていた場合は変更する。選択できる言語は、英語と韓国語、イタリア語など40種類以上用意されている。

　文字起こしが開始されると、主催者、出席者の両方の通知が表示される。会話が始まると、画面に自動的にテキスト化されて表示される。なお、「トランスクリプト」画面が表示されない場合は、「レコーディングと文字起こし」の「トランスクリプトを表示する」をクリックする。

文字起こしを終了する

　文字起こしを終了するには、画面上部の「…」（その他の操作）をクリックして、「レコーディングと文字起こし」の「文字起こしの停止」をクリックする。トランスクリプトが終了し、メッセージが表示される。なお、出席者全員が会議から退出しても、自動的に停止される。

　文字起こしが終了すると、「チャット」や「チーム」の「チャネル」の「投稿」タブなどにトランスクリプトが表示される。なお、トランスクリプトの結果はマイクの性能や環境などにより、誤変換や音声が認識されていない箇所がある場合もあるので、必ず内容を確認しよう。

文字起こしを終了するには、「…」（その他の操作）をクリックし、「レコーディングと文字起こし」の「文字起こしの停止」をクリックする

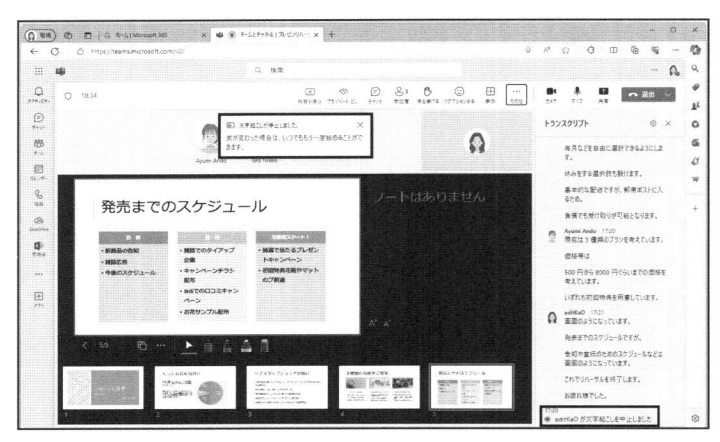

画面上部や「トランスクリプト」に、文字起こしが終了したことを通知するメッセージが表示される

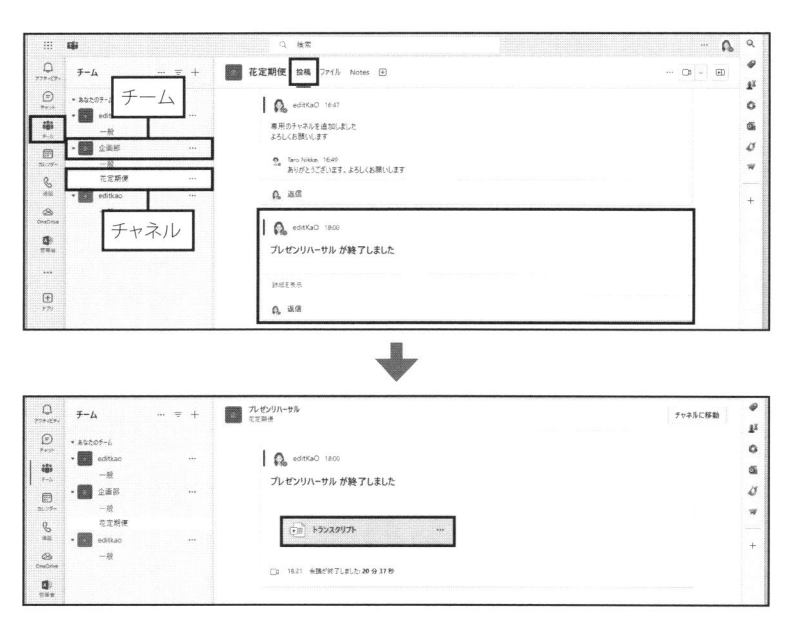

例えば、「チーム」の「チャネル」から会議を開始した場合は、その「投稿」タブに会議が終了したこと
を通知するメッセージが表示される。「詳細を表示」をクリックすると、「トランスクリプト」のファイル
を確認できる

「文字起こし機能」を選択できないときのトラブルシューティング

　文字起こし機能を利用できないときは、Teams の管理者側で設定を
オフにしている場合がある。管理者に設定を確認してみよう。なお、設
定が反映されるまでに数時間かかる場合があるので、利用前に確認して
おこう。

設定を確認するには、Teamsに管理者のアカウントでサインインし、「管理者」をクリックする。「ダッ
シュボード」タブの「設定」の「会議」をクリックする。「トランスクリプトの作成を許可」がオフになっ
ていればオンにして「保存」をクリックする

7-6　アプリ連携しやすくなったTeamsのメモ機能、議事録作成やタスク管理に役立つ

　Teams には、オンライン会議中に使えるメモ機能「会議のメモ」が用意されている。会議中にリアルタイムで内容をまとめて、議事録作成に役立てたり、「会議のメモ」自体を議事録代わりにしたりすることも可能だ。今回は、この「会議のメモ」を紹介しよう。

Microsoft 365のほかのアプリと連携

　「Loop」アプリが Teams のメモ機能として使えるようになった。Loop は、Microsoft 365 のほかのアプリと連携して、共同作業できるようにするためのツールだ。このため、「会議のメモ」にある「フォローアップタスク」にタスクを追加すると、「To Do」や「Planner」などのタスクアプリと連動しタスク管理が可能になる。

Teamsのオンライン会議中に「会議のメモ」を表示して、内容をまとめたり、議事録作成のメモを書き込んだりできる。タスクはその場で追加し、会議の進行具合で「完了」することもできる

会議の開催前に「会議のメモ」を作成する

　「会議のメモ」を表示できるのは、現状では予定された会議だ。「カレンダー」から、新しい会議を作成して、その画面下にあるメモのアイコ

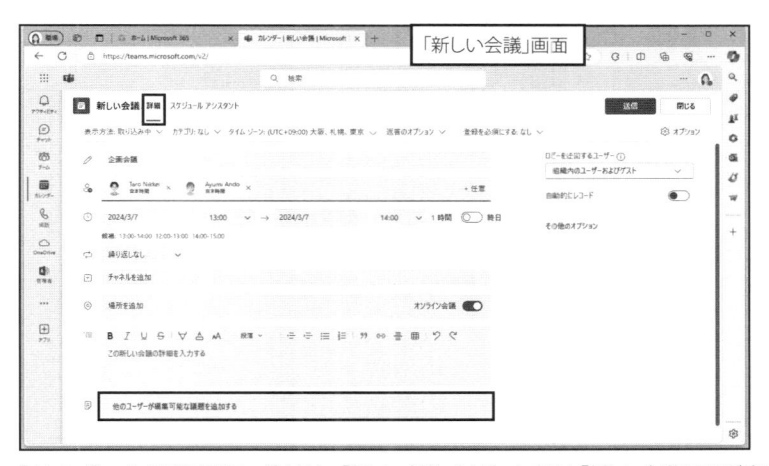

「カレンダー」から日程をドラッグするか、「新しい会議」をクリックすると「新しい会議」画面が表示される。追加するには、「詳細」タブの画面下にある部分をクリックする

クリックすると、「準備しています」と表示され、直後にLoopアプリが起動される。先頭から「議題（チェックリスト）」「会議のメモ（箇条書き）」「フォローアップタスク（タスク）」が表示されている

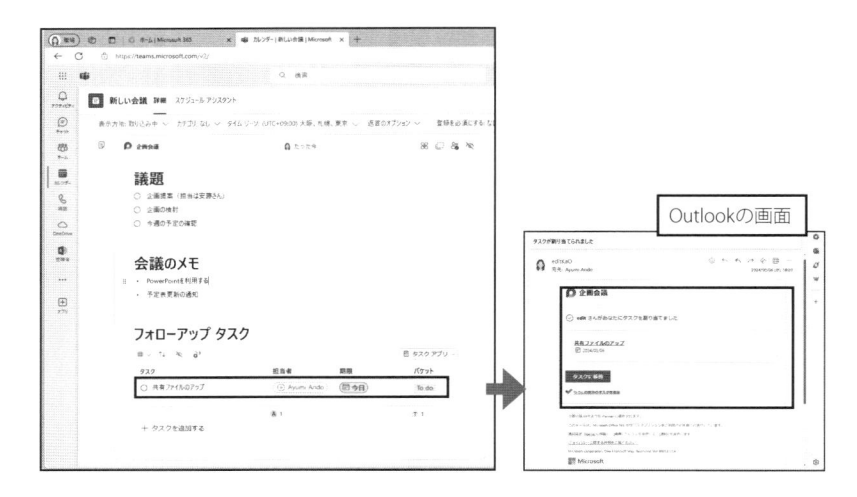

「議題」や「会議のメモ」は箇条書きで入力していく。「フォローアップタスク」は「To Do」アプリや「Planner」アプリと連動している。「担当者」を選択後、再度クリックしてアクセス許可を付与し「期限」を指定すると、その担当者宛てにOutlookに割り当てのメールが届く。すべてを入力したら、「送信」をクリックして会議の招待メールを送る

ン部分から追加する。なお、新規で「会議のメモ」を追加できるのは、会議の開催者のみだ。

　「Loop」アプリが起動し、先頭に「議題」や「会議のメモ」、「フォローアップタスク」が表示されている。「フォローアップタスク」は、「To Do」アプリや「Planner」アプリと連動している。担当者を割り当てると、Outlook に割り当てのメールが届く。

オンライン会議中にメモを入力する

　会議の予定作成時に「会議のメモ」を作成しておけば、オンライン会議を開始すると、画面右側に「会議のメモ」が表示される。この「会議のメモ」に、会議中も追加、修正することが可能だ。

オンライン会議が始まると、右側の画面に「会議のメモ」が表示される。画面が表示されない場合は、画面上部の「メモ」をクリックする

「議題」や「フォローアップタスク」で、会議内で終了したものはクリックすることで完了とすることができる。また、「タスクを追加する」をクリックすれば、新規のタスクを追加することもできる

Loopコンポーネントを追加する

　「議題」や「会議のメモ」、「フォローアップタスク」以外に、新しく項目を追加することができる。これは、「Loop コンポーネント」という形式で作成する。

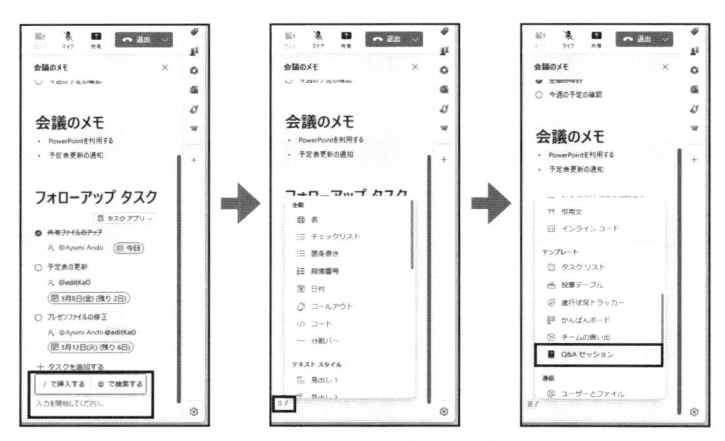

画面下部の空白部分をクリックすると、「入力を開始してください」と表示され、上部に「/で挿入する」「@で検索する」の項目が表示される。「/」を入力すると、挿入できるコンポーネントの一覧が表示される。今回は「テンプレート」の「Q&Aセッション」をクリックする

「Q&A」という項目が追加され、「質問の入力」が表示される。質問を入力すると、下に「回答」欄が表示され、回答を入力することができる

　追加するには、画面下部の空白部分をクリックする。「／」（半角スラッシュ）を入力すると、コンポーネントの一覧が表示され、そこから追加したいコンポーネントを選択できる。「@」（半角アットマーク）を入力すると、組織内のユーザーあてにメンションを付けることが可能だ。

会議終了後に「会議のメモ」を確認する

　会議の終了後は、会議の詳細画面から、あらためて「会議のメモ」を確認することができる。

　なお、「会議のメモ」は、Loop ファイルとして「OneDrive」に保存される。

会議終了後に「会議のメモ」を確認するには、「カレンダー」で開催された会議の「編集」をクリックして、その会議の編集画面を表示する。「詳細」タブの画面下には、会議で追加したメモの内容が表示されている

「まとめ」タブでは、その会議で使用された共有ファイルや出席者のリスト（出席リポート）が表示されている。画面下の「メモ」でも同じように会議中に編集したメモが表示される

7-7 Teamsチャットに「今すぐ会議」が追加、会議のほうが効率的と判断したらすぐ開始

　Teams では、複数のユーザーとグループチャットを使ってメッセージのやり取りなどが可能だ。このグループチャットに「今すぐ会議」機能が追加された。この機能を使えば、チャット中にビデオ会議のほうが効率的と判断したらすぐに会議を開始できる。今回はこの機能について紹介しよう。

チームやカレンダーには以前からあった「今すぐ会議」

　「今すぐ会議」は予約しなくてもその場ですぐにビデオ会議ができる機能である。以前から、Teams の「チーム」と「カレンダー」で利用できた。

　この「今すぐ会議」機能が、グループチャットからも利用できるようになった。

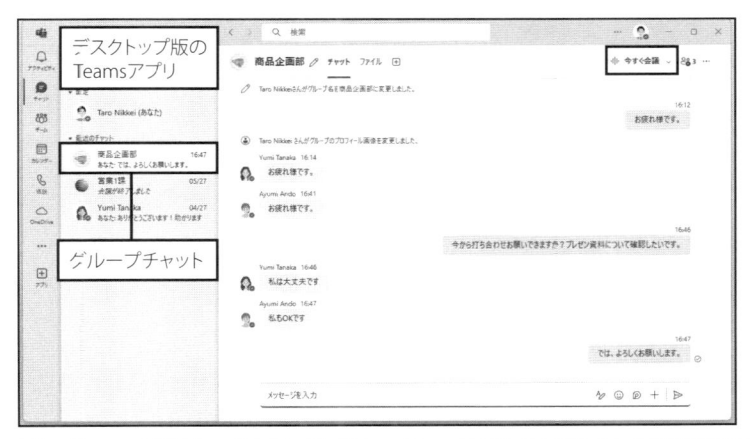

新しいTeamsのデスクトップアプリでは、グループチャットで「今すぐ会議」という機能が追加された。グループチャットに追加されているユーザーとすぐに打ち合わせしたい場合などは、ここから会議をするとスムーズだ

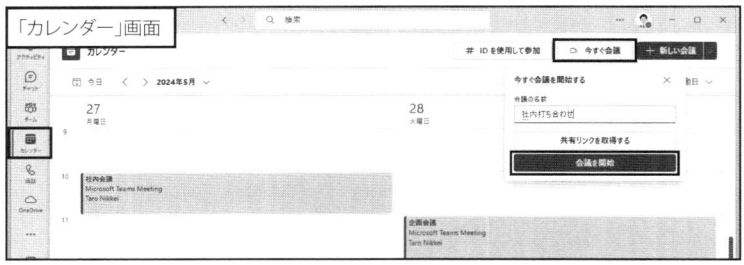

これまで「今すぐ会議」の機能は「チーム」「カレンダー」から使用できた。始めるには「チーム」の「チャネル」の右上からカメラのアイコンをクリックして「今すぐ会議」をクリックするか、「カレンダー」の「今すぐ会議」をクリックして会議名を入力し、「会議を開始」をクリックする

グループチャットからすぐにビデオ会議を始める

　グループチャットの右上にある「今すぐ会議」をクリックすると、ビ

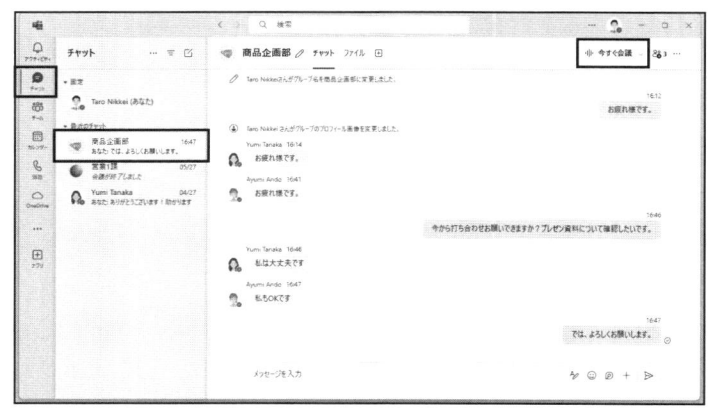

グループチャットで今すぐ会議を始めるには、「チャット」画面で、会議を始めたいグループチャットを選択する。そのグループチャットの右上にある「今すぐ会議」をクリックする

グループチャットに参加しているユーザーには会議参加の画面が表示され、参加できる。会議が始まると、右上には会議に参加しているユーザーのアイコンが表示されている。画面外には会議中を示す小さな会議画面が表示される。最大化すると、通常の会議画面が表示される

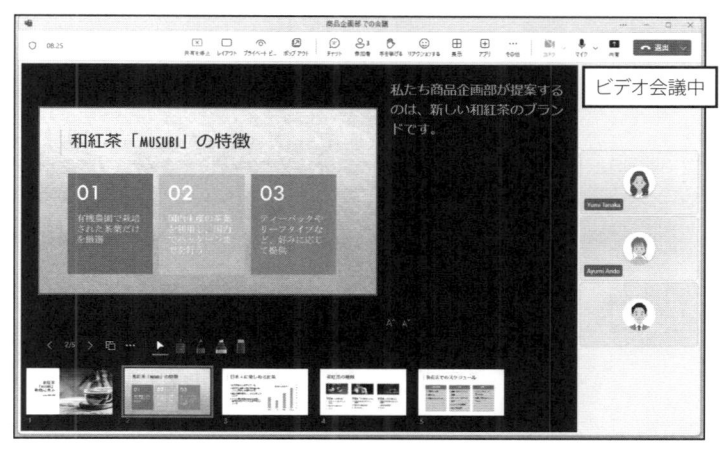

参加したユーザーでビデオ会議が始まる。あとは、通常のビデオ会議と同じように利用できる。画面は、会議中にPowerPoint Liveを使ってプレゼンをしている

デオ会議が始められる。チャットでメッセージのやり取りをしていて、話したほうが効率的だと判断したときにすぐビデオ会議を始められるので便利だ。

会議開始後に参加者を呼び出す

　会議開始後にユーザーを呼び出して、ビデオ会議に参加させることも可能だ。呼び出しはグループチャットに参加しているすべてのユーザーを対象にしたり、ユーザー単位で指定したりできる。

　指定するには、「他のユーザーに参加するよう呼び出す」画面を表示し、そこで「全員を呼び出す」をクリックするか、ユーザーを指定して「リング」をクリックする。

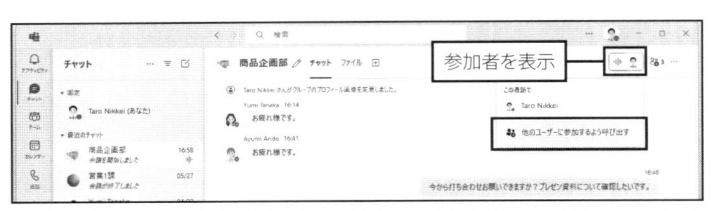

会議開始後に参加者を追加するには、画面右上の「参加者を表示」をクリックし、「他のユーザーに参加するよう呼び出す」をクリックする

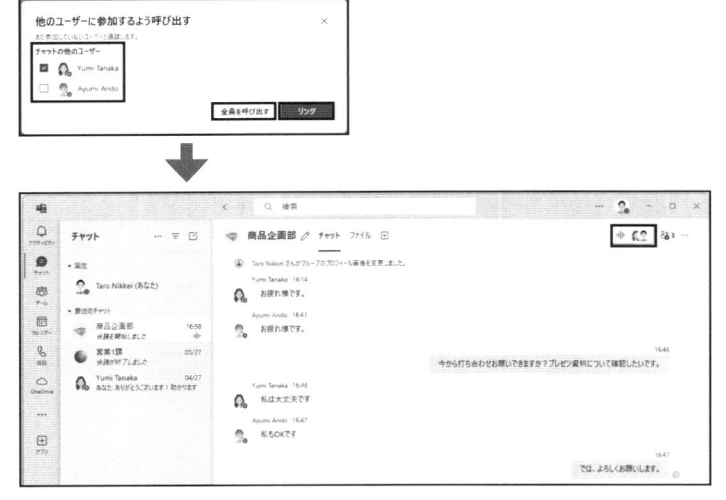

所属しているユーザー全員を参加させたい場合は「全員を呼び出す」、一部のユーザーを参加させたい場合は「チャットの他のユーザー」の呼び出したいユーザーのチェックをオンにし、「リング」をクリックする。会議が始まると、右上に参加しているユーザーのアイコンが表示される

第 8 章

Teamsでアプリを活用する

8-1　出張の申請から承認までをTeamsだけで完結、テンプレートを利用しよう

　Teams の「承認」アプリには、様々なテンプレートが用意されている。例えば、出張や在宅勤務の申請から承認までの手続きをテンプレートだけで完結できる。

　今回は Teams に「承認」アプリを追加する方法から、テンプレートをカスタマイズして出張の申請から承認を受けるまでの流れを見ていこう。

「承認」アプリを追加し、テンプレートを利用する

　Microsoft 365 には、「承認」という機能がある。Teams の「承認」アプリはすべての承認を行うハブ機能だ。これには、SharePoint、Power Automate などからの承認も含まれる。そのため、すでに Power Automate などで承認を使った操作をしていれば、Teams にも表示さ

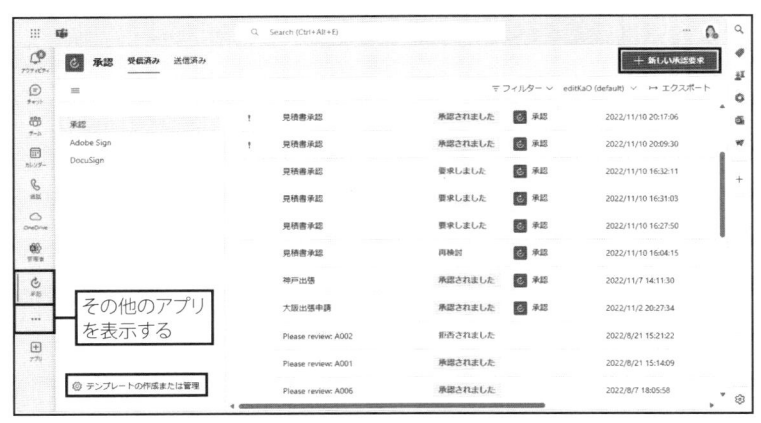

「承認」アプリを追加するには、左側の「…」(その他のアプリを表示する)をクリックし、「承認」をクリックする。「承認」アプリは、Power Automateをベースにしているので、既に利用している場合は、承認の要求一覧が表示される。新しい承認を作成するには、画面右上の「新しい承認要求」をクリックする。今回はテンプレートを使用するため、左下の「テンプレートの作成または管理」をクリックする

れる。

　まずは Teams に「承認」アプリを追加し、テンプレートを使って「出張」の承認要求を作成しよう。

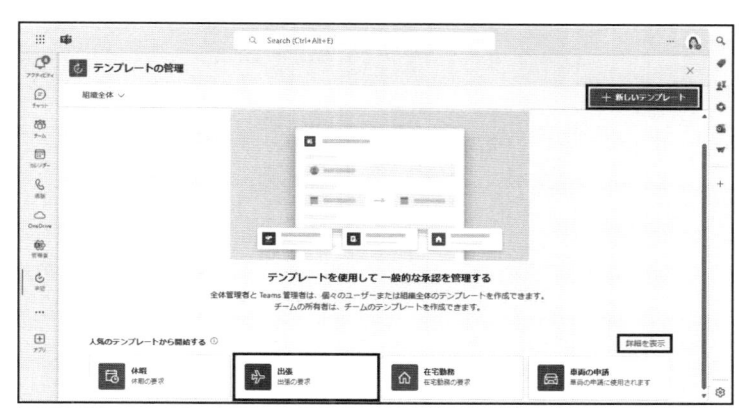

「テンプレートの管理」画面が表示される。「人気のテンプレートから開始する」にはよくアクセスされるテンプレートが表示されている。この一覧に目的のテンプレートがない場合は、「新しいテンプレート」または「詳細を表示」をクリックすれば、より多くのテンプレートから選択可能だ。今回は「人気のテンプレートから開始する」の「出張」をクリックする

「出張」のテンプレートをカスタマイズして利用する

　「テンプレートの管理」画面で、あらかじめ項目が決められたテンプレートを使って承認を作成する。ユーザーや組織全体で利用するテンプレートを作成できるのは、全体の管理者や Teams 管理者だ。チームの所有者であれば、チーム内で利用するテンプレートを作成できる。

　「出張」テンプレートを選択して、利用できる範囲を設定しよう。

　「テンプレートの管理」画面では、基本設定、フォームデザイン、ワークフロー設定の流れで手順を確認していく。フォームデザインは、アンケート作成ツール「Forms」と同じような操作方法で、項目の追加や移動、削除などが可能だ。今回は、テンプレートをチームに合わせてカスタマイズして利用する。

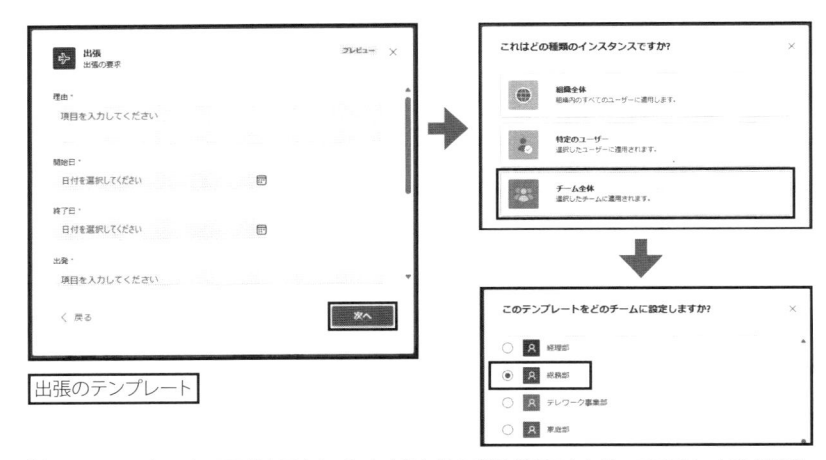

出張のテンプレート

「出張」のテンプレート画面が表示され、入力するための項目が表示される。ここでは、内容を確認して「次へ」をクリックする。このテンプレートをどこで利用できるようにするかを設定する。今回は「総務部」のチームで利用するようにするため、「チーム全体」をクリック。どのチームで設定するかを確認する画面で「総務部」をクリックし、「完了」をクリックする

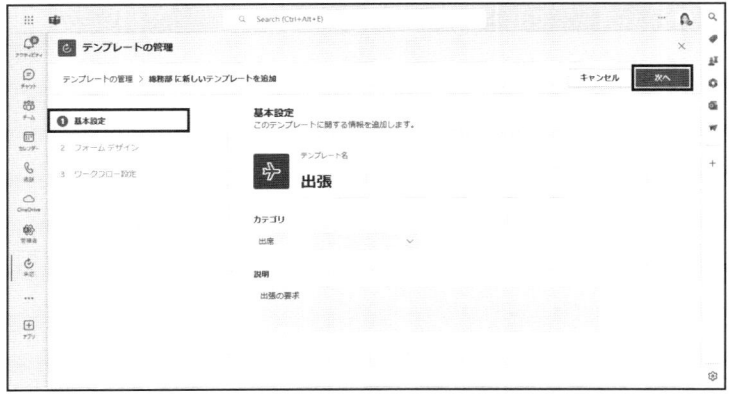

「テンプレートの管理」画面で「基本設定」が表示され、作成したテンプレートが表示される。確認して「次へ」をクリックする

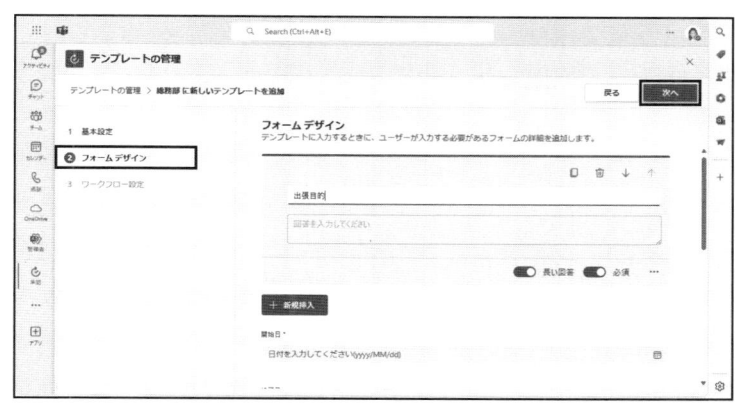

「フォームデザイン」が表示される。ここでは入力する項目のタイトルや説明を変更する。Formsの操作と同じように、変更したい部分をクリックすると、編集できるようになる。タイトルや説明を変更したり、「新規挿入」から新しい項目を追加したりできる。すべての設定が完了したら「次へ」をクリックする

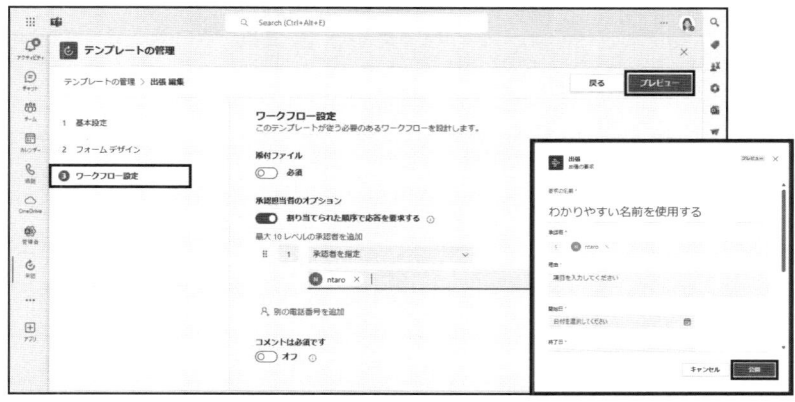

最後の「ワークフロー設定」では、添付ファイルの利用や承認者などを指定する。「承認担当者のオプション」で「割り当てられた順序で応答を要求する」をオンにし、「承認者を指定」を選択する。その下のボックスで承認者のユーザーを指定できるようになる。すべての指定が終了したら、「プレビュー」をクリックする。入力する内容を確認し、「公開」をクリックすると、テンプレートが公開される

テンプレートを使って出張申請をする

　テンプレートが作成できたら、実際に申請してみよう。今回は「総務部」チームの「出張申請」チャネルの「投稿」タブから申請する。承認

者に指定されたユーザーは、承認要求の通知が届いたら「承認」または
「拒否」を選択して処理をしよう。

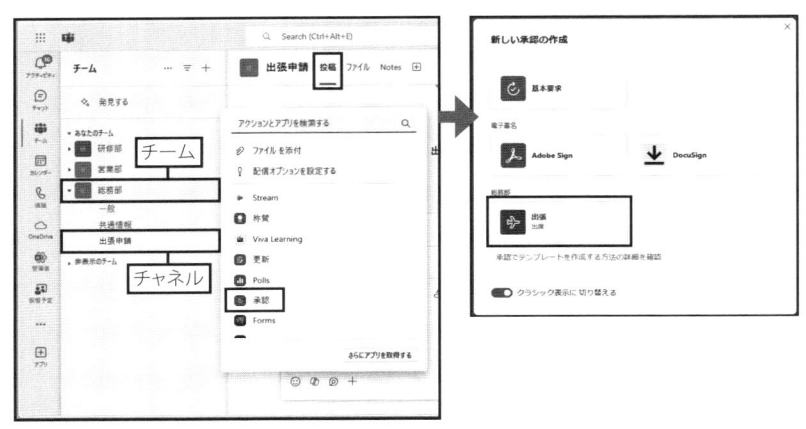

今回は「総務部」チームの「出張申請」のチャネルに追加する。「投稿」タブをクリックし、新規の投稿
メッセージを表示して、「＋」（アクションとアプリ）をクリックする。表示された一覧から「承認」をクリ
ックすると、「新しい承認の作成」画面が表示される。作成した「総務部」の「出張」をクリックする

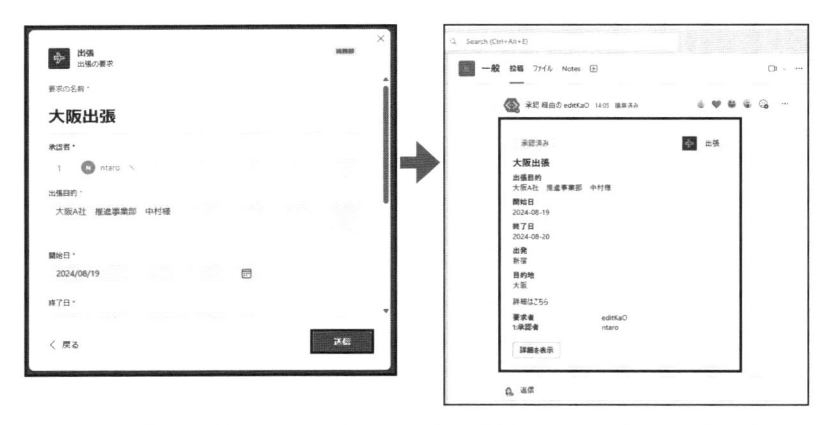

「出張」のテンプレートが表示されたら、各項目を指定して「送信」をクリックする。「投稿」タブに出
張申請が投稿される

承認者の「アクティビティ」に承認要求が来たことを示すメッセージが表示される。コメントを入力して、「承認」または「拒否」をクリックする。今回は「承認」をクリックした。承認されると、申請者の画面で「承認済み」と表示される。「詳細を表示」をクリックすると、この出張申請の詳細を確認できる

8-2　テンプレートですぐ始められるTeamsの「更新」、進捗状況や勤務場所を報告する

　Teams の「更新」は、作業終了時に状況を入力して、別の人に共有するためのアプリだ。例えば、小売店で閉店時に在庫状況やその日に発生した問題などを入力して、翌日の担当者にその情報を伝えるといった使い方が考えられる。今日の勤務場所が自宅か会社かといった報告にも利用できる。今回は、テンプレートを使って始める方法を紹介する。

情報をアップデートする

　マイクロソフトの Web ページでは、「更新」アプリは組織内のユーザーが「更新プログラム」を作成、確認、送信するための一元的な場所を提供するとしている。更新プログラムという名称だとイメージしにくいが、日報のように定期的に報告するものを指す。例えば、テレワークを選択できるような会社の場合、今日や明日の作業場所を通知して情報を共有するために使う。

　「更新」には複数のテンプレートが用意されている。目的に合わせて適切なものを作成する。

テンプレートを利用すると、あらかじめ項目が決まったフォームを作成できる。店舗の報告やサポート対応、プロジェクトの進行状況、作業日報など、情報をアップデートして共有するのに役立つ

「更新」アプリを追加する

「更新」アプリは、左側の「…」（その他のアプリを表示する）から追

左側の「…」(その他のアプリを表示する)をクリックし、「更新」をクリックする。表示されない場合は「さらにアプリを取得する」をクリックして追加する。テンプレートを利用するために、「すべてのテンプレートを表示」をクリックする。

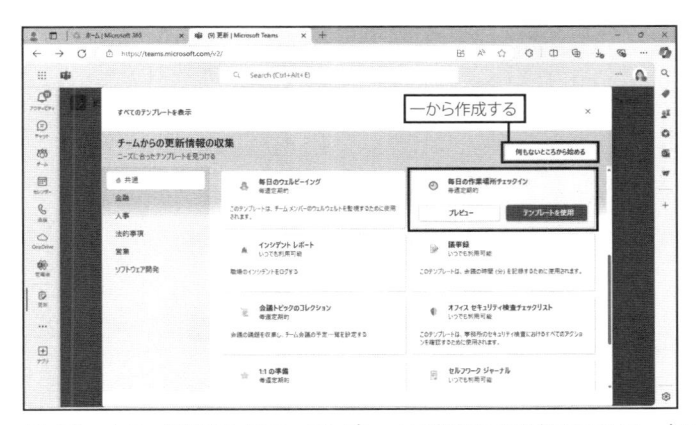

テンプレートの一覧が表示される。テンプレートは職種ごとに分類されている。今回は「共通」から「毎日の作業場所チェックイン」を利用してみよう。「プレビュー」をクリックすると、このテンプレートの完成例を確認できる。「テンプレートを使用」をクリックすると、選択したテンプレートを利用できる。なお、一から作成するには「何もないところから始める」をクリックする

「プレビュー」をクリックした画面。「結果のプレビュー」では具体的な入力の結果を確認できる。「自分のチームで試す」をクリックすると、そのテンプレートを使用可能だ

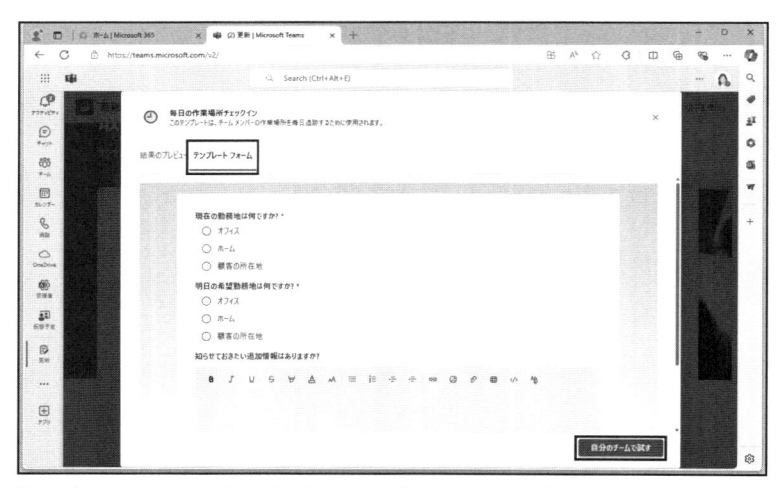

「テンプレートフォーム」をクリックした画面。入力時のフォームの状態を確認できる

加する。今回は、毎日の作業場所を報告するための「毎日の作業場所チェックイン」のテンプレートを利用しよう。

テンプレートをカスタマイズする

　テンプレートはあらかじめ項目が決まっているが、変更することも可能だ。テンプレートを選択後、「更新プログラムの収集」の「フォームの編集」で、テンプレートのタイトルを変更したり、質問の項目を追加し

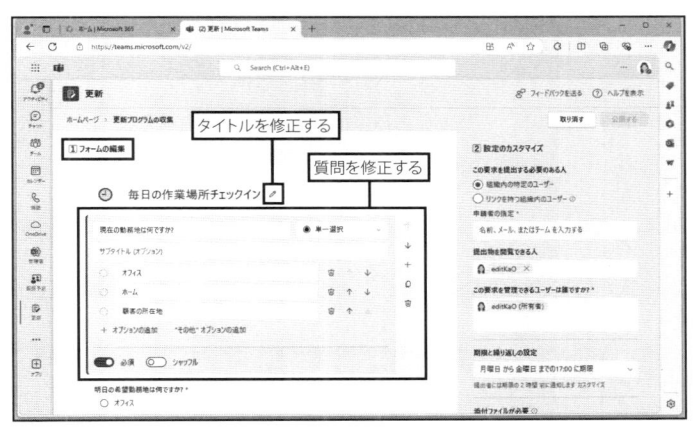

テンプレートを選択すると、「1　フォームの編集」と「2　設定のカスタマイズ」が表示される。最初はフォームの編集をしよう。ここでは、Formsと同じように質問を編集可能だ。タイトルを修正するには、鉛筆のアイコンをクリックする。質問を修正するには、その質問をクリックして修正する

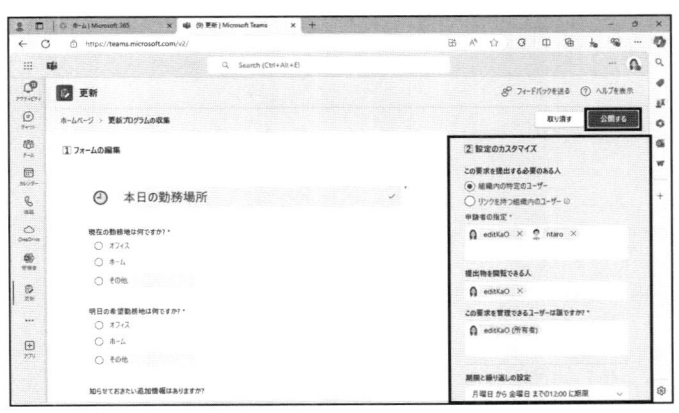

次に「2　設定のカスタマイズ」で、このフォームに回答するユーザーを指定し、閲覧可能なユーザーや管理者、入力の期限などを設定する。すべてを設定したら、「公開する」をクリックする

公開後、入力期限が近付くと回答者の「アクティビティ」に更新を促す通知が届く。必要な項目を入力して、完了したら「送信」をクリックする

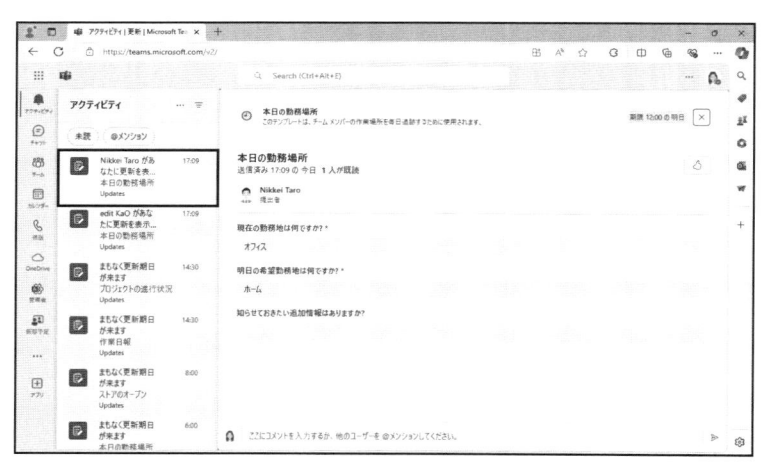

閲覧可能ユーザーの「アクティビティ」には、フォームに回答したユーザーの入力結果が通知される

たりすることが可能だ。「設定のカスタマイズ」では、回答者のユーザーやこのフォームの閲覧者、管理者、入力の期限などを設定する。

フォームに回答を入力する

　作成時に入力期限を設定しその期限が近付くと、「アクティビティ」に入力を促す通知が届く。通知テキストを選択すると入力フォームが表示されるので、入力して「送信」しよう。

更新結果を確認する

　入力結果を確認するには、「更新」アプリの「ホームページ」の「更新プログラムをレビューする」から確認したいフォームをクリックする。回答結果のハイライトやまとめの情報を確認できる。

「更新」アプリの「ホームページ」の「更新プログラムをレビューする」で、そのテンプレートをクリックすると、そのテンプレートの入力結果のまとめを確認できる

8-3 デジタルホワイトボードを共同編集、Teams会議内でも共有できる

　「Whiteboard」は、Microsoft 365 が提供するデジタルのホワイトボードだ。Web 会議やオンライン講座などで手書きの文字や絵を表示したり、テキストや画像などを取り込んだりできる。さらに、アプリ上でホワイボードを共有して他のユーザーと共同で編集したり、Teams の Web 会議上で「Whiteboard」を会議中のユーザーと共有したりすることが可能だ。今回はこの「Whiteboard」の共有を中心に紹介する。

Whiteboardアプリで共同編集する

　Whiteboard アプリは、デジタルのホワイトボードで、手描き入力したり、共同で編集したりできる。

　Whiteboard アプリで共有するには、メールで共有を招待するか、アクセスする URL を相手に知らせて同時に編集できる。

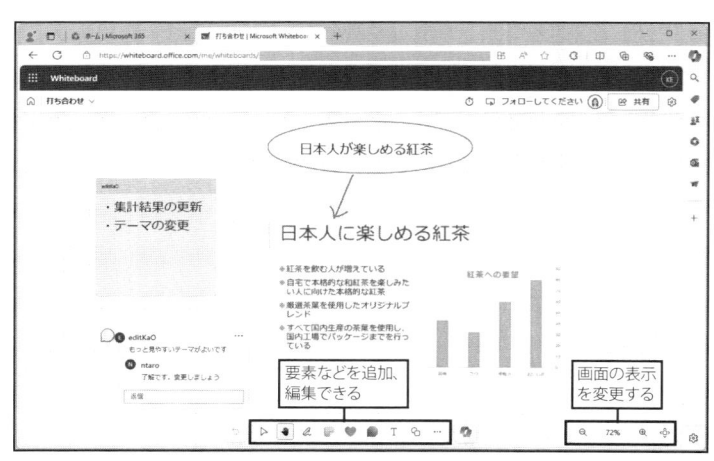

ホワイトボードでは、手書き入力したり、コメントやメモを追加したりできる。画面下部には要素を追加するためのツールバーが表示され、そこから操作可能だ

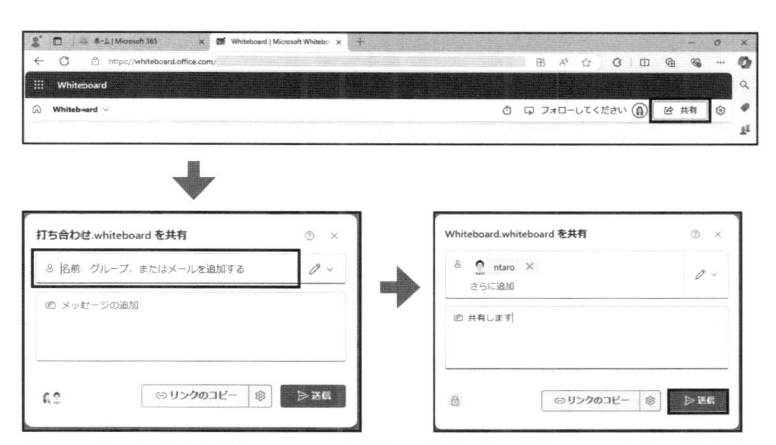

ホワイトボードで現在作業中のファイルを共有して作業したい場合は、画面右上の「共有」をクリックする。共有のための画面が表示されたら、共有するユーザー名やアドレスを指定し、メッセージを入力して「送信」をクリックする。共有相手に通知メールが送信される

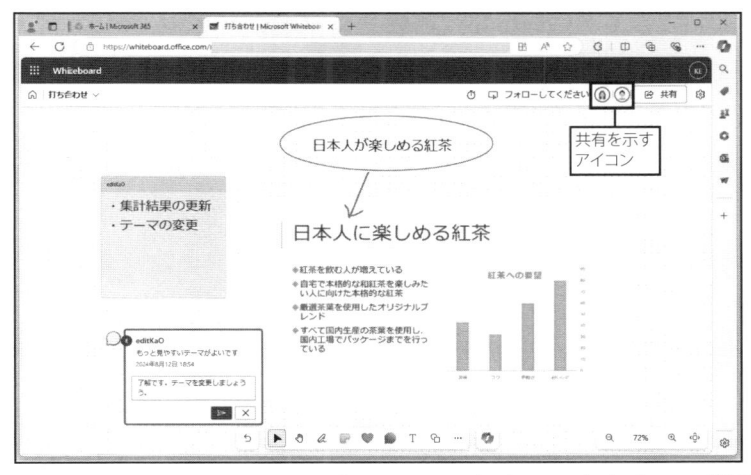

共有相手がメールの通知にあるリンクの「開く」をクリックすると、ホワイトボードの画面が起動される。この画面で共同作業が可能だ。例えば、コメントに返信すると、返信した内容はすぐにホワイトボード上に反映される

　まず、Whiteboard アプリを起動し、画面右上の「共有」をクリックすると、右側に表示される「共有」画面で、共有するユーザーを設定し、

メールで招待するか、その URL のリンクをメールなどで知らせる。現在、共有できるのは、Microsoft 365 内の組織内のアカウントを持つユーザーだ。

　共有するユーザーがリンク先の URL にアクセスすると、ホワイトボードが画面に表示される。ユーザーが編集した内容は、共有者のホワイトボードにもリアルタイムで反映される。他の Office アプリのように、どこを変更したかなどの履歴は付かない。

Teamsの会議中に共有する

　Teams の Web 会議中に、ホワイトボードを共有することもできる。会議中にアイデアを出し合ったり、口頭では伝わりにくい内容を説明したりするのに便利だ。

　利用するには、Teams 内で Web 会議中に、画面上部の「共有」をクリックする。画面下に、PC 上のデスクトップウィンドウやファイル、ホワイボードが表示される。この中から「Microsoft Whiteboard」をクリックする。

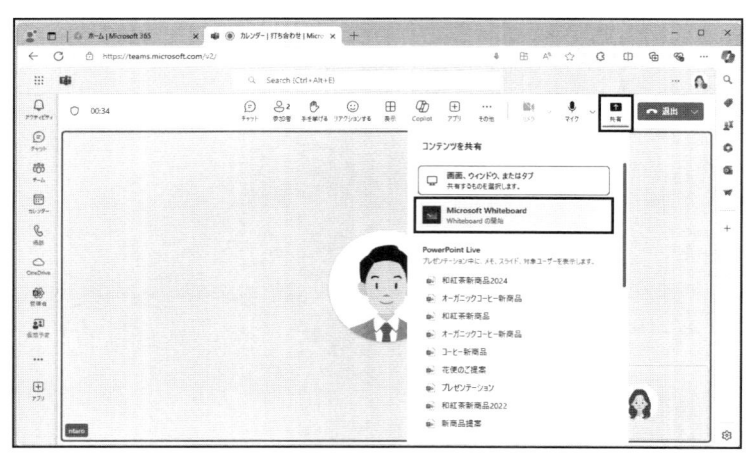

TeamsのWeb会議中にホワイトボードを表示したい場合は、画面上部の「共有」の「Microsoft Whiteboard」をクリックする

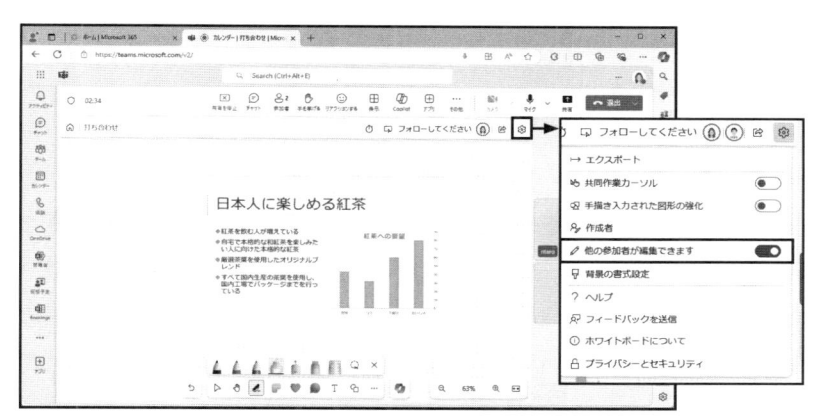

Teams内でホワイトボードの画面が開く。画面はスライドを画像として追加している。編集できない
場合は、画面右上の「設定」の「他の参加者が編集できます」がオンになっているか確認する

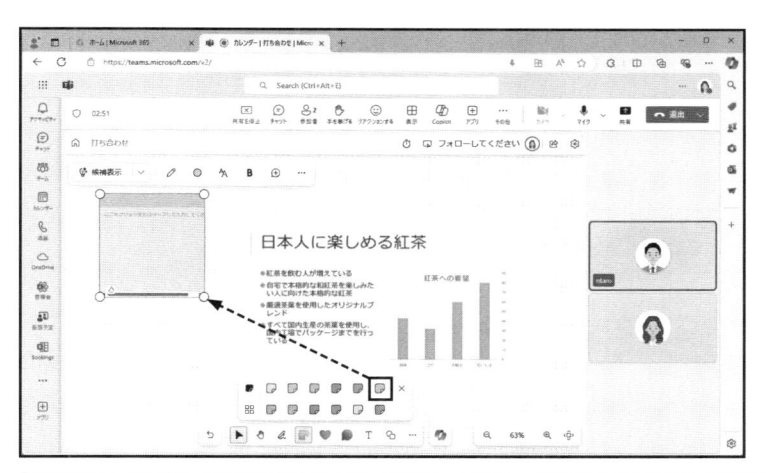

「付箋またはメモグリッドを追加する」をクリックすると、付箋の一覧が表示されるので、目的のアイ
コンを選択して画面上をクリックすると追加できる

　Teamsで開いたホワイトボードでは、Teamsの機能も使用できる。例
えば、会議中にメモや音声、チャットを使いながら進めることで、より
効率的に話を進めることができるようになる。

　Whiteboardアプリでは、ブレーンストーミングや戦略などのカテゴ

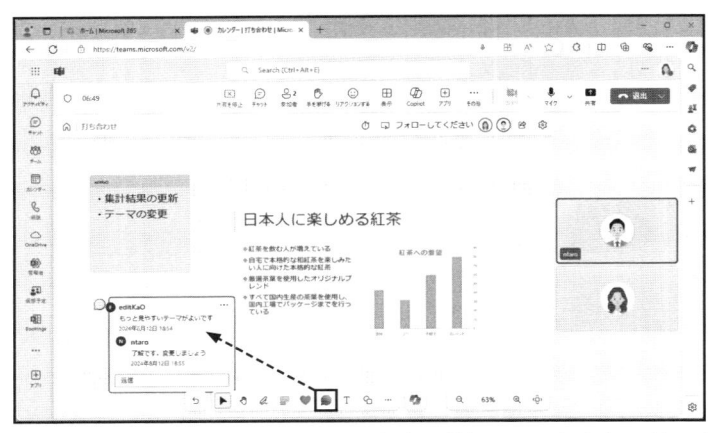

複数のユーザーとコメントのやり取りをしたい場合は、「新しいコメント」をクリックして、追加先をクリックする。コメントを入力して「送信」をクリックする。相手からのコメントが入ると、リアルタイムで反映される

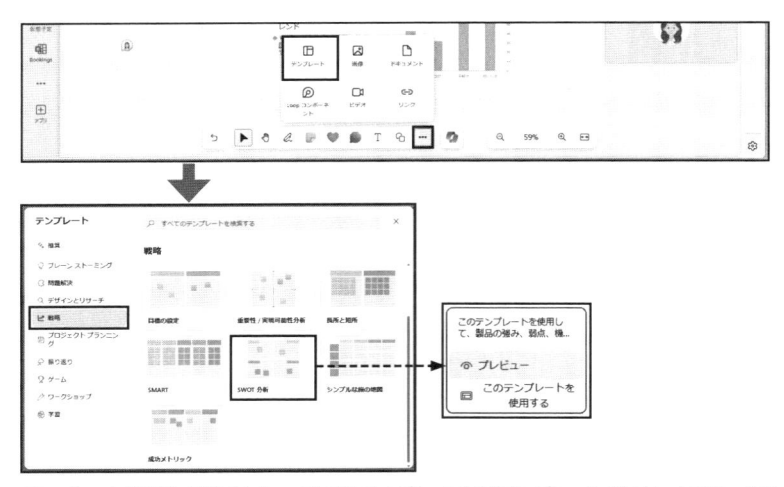

テンプレートを利用するには、「…」(その他のオプション)の「テンプレート」をクリックする。「テンプレート」画面が表示され、左側でカテゴリーを選択すると、右側にテンプレートの一覧が表示される。目的のテンプレートをクリックすると、「プレビュー」と「このテンプレートを使用する」が表示される

リーに分かれたテンプレートを使ってホワイトボードを効率的に作成できる。

今回は「戦略」の「SWOT 分析」をクリックし、「このテンプレートを使用する」をクリックする。

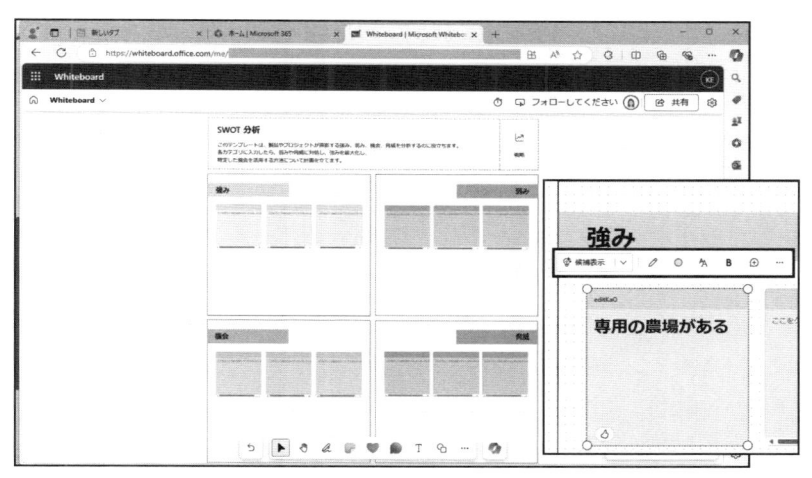

「このテンプレートを使用する」をクリックすると、SWOT分析のテンプレートが表示される。各色のメモをクリックすると、文字が入力できる。入力時には書式設定のためのツールバーが表示される。ツールバーの左側の「候補表示」をクリックすると、Copilotによる入力の候補を表示して追加できる

8-4 時間管理ベタなあなたにTeamsがアドバイス、Microsoft Vivaインサイトを使おう

　Microsoft Viva インサイトは、マイクロソフトが提供するプラットフォーム Microsoft Viva の機能の 1 つで、ユーザーの行動や習慣を分析してよりよい仕事環境を提案するアプリだ。時間管理が苦手な人をはじめ、テレワークで仕事とプライベートの時間をどうやって区切ればよいかと悩む新社会人にもお薦めだ。今回は、Viva インサイトを紹介する。

Vivaインサイトを起動する

　Viva インサイトには、個人向けのパーソナルインサイト、管理職などが利用するチームのインサイト、組織のインサイトなどがある。このうち、パーソナルインサイトは、Microsoft 365 のプランを利用しているユーザーが利用できるが、他のインサイトは有償になる。

　今回は、個人の Viva インサイトを Teams にアプリとして追加してみよう。追加するには、画面左側の「…」（その他のアプリを表示する）

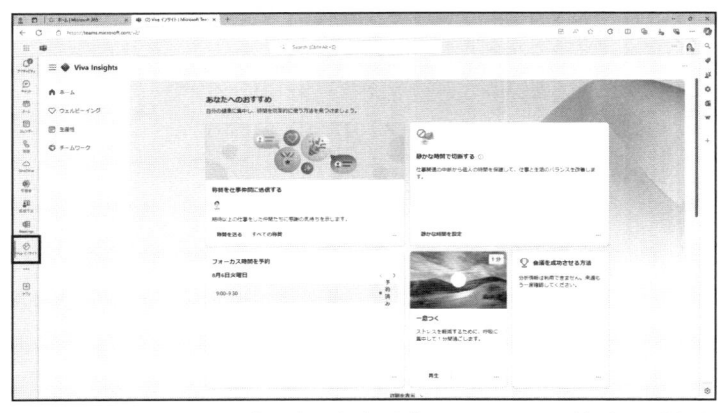

画面左側の「…」（その他のアプリを表示する）から「Vivaインサイト」を追加する。追加すると、Vivaインサイトの「ホーム」画面が表示される

画面右上の「…」をクリックし、「設定」をクリックする。「設定」の「稼働日」をクリックし、「稼働日」で勤務する曜日にチェックを付け、勤務時間を設定する。タイムゾーンを確認し、「変更を保存」をクリックする

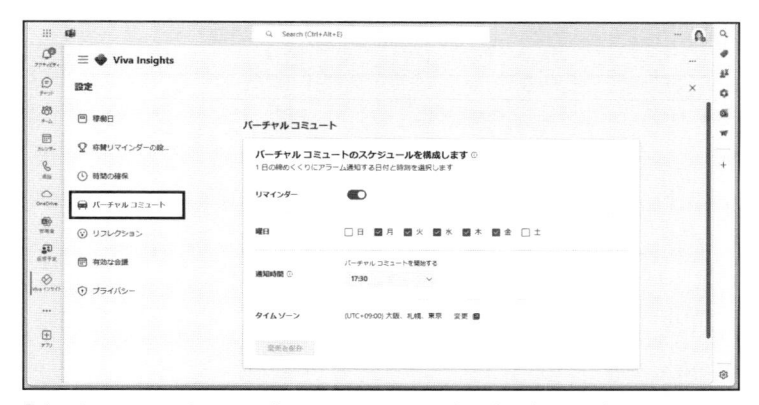

「バーチャルコミュート」では、バーチャルコミュートを表示する時間を設定できる

から「Viva インサイト」を検索して追加する。

　Viva インサイトは、Outlook や予定表、Teams の会議、チャットなどと連動している。これらのやり取りから行動を分析してどのような習慣があるかを分析し、作業に集中するための時間や休憩を意識的にとるようにアドバイスしてくれる。なお、この分析結果は個人のみが確認できる。

　Outlook などで稼働日を設定している場合は、その設定が反映される。

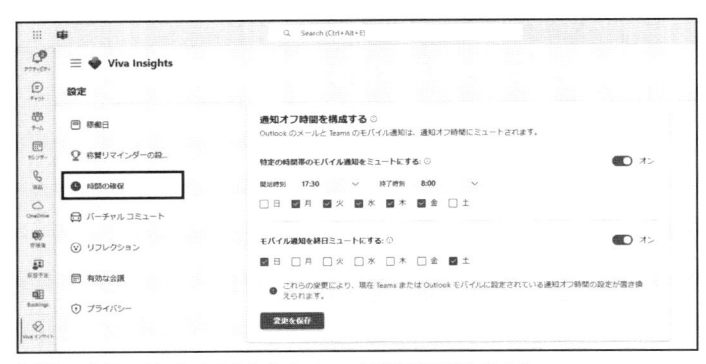

「時間の確保」では、集中するためのフォーカス時間を設定できる

　まだ設定していない場合は、稼働時間を含めた設定を確認しておこう。
　「バーチャルコミュート」は、1日の終わりに、未完了のタスクを設定したり、今日の調子を投稿したりできる機能で、仕事を終了するタイミングを知らせる。ここで、その画面を表示するスケジュールを設定可能だ。「時間の確保」では、集中するためのフォーカス時間を設定できる。仕事に集中するための時間を1日で何時間か、午前と午後のどちらにするかなどを設定する。なお、環境によって、フォーカス時間の変更がこの画面からできない場合がある。
　他にも「称賛リマインダー」や「リフレクション」、「有効な会議」の設定が可能だ。

Vivaインサイトの便利な機能を確認する

　設定を終了したら、具体的に機能を確認していこう。Viva インサイトの「ホーム」では、あなたへのおすすめや進行状況、インスピレーションライブラリのセクションがある。
　「ウェルビーイング」は、仕事の習慣や時間を管理し、仕事とプライベートの時間を整理するための機能だ。
　「生産性」は、会議の習慣や分析情報を表示する機能だ。「チームワーク」は他のユーザーとコミュニケーションした時間や傾向を分析し、自

分がどの程度、共同作業に時間を使っているかを把握できる。これらを活用して、仕事とプライベートの時間を上手に分けよう。

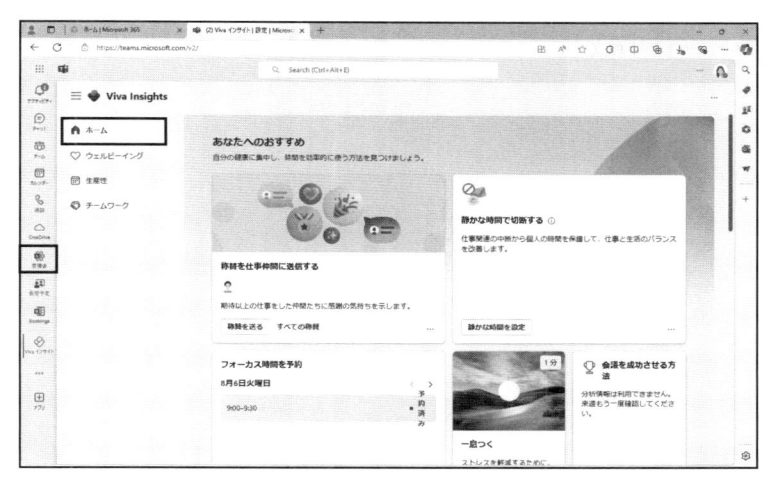

「ホーム」では、同僚の賞賛や集中して作業するためのフォーカス時間の確認、休憩をとるといった操作が可能だ。画面をスクロールすれば、バーチャルコミュートや生活・仕事に関する情報を提供する「インスピレーションライブラリ」を確認できる

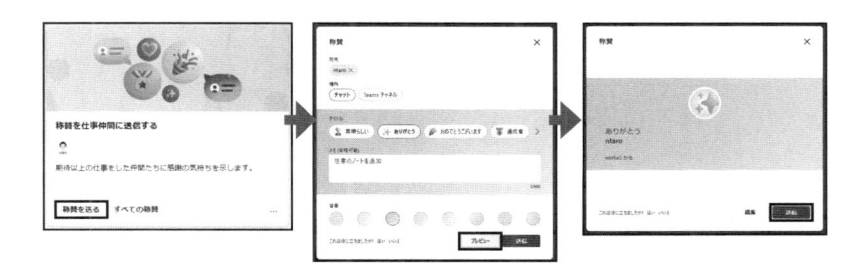

「称賛を送る」をクリックすると、称賛を送る宛先や場所、タイトルなどを指定できる。「プレビュー」をクリックして送信後のイメージが問題なければ、「送信」をクリックする

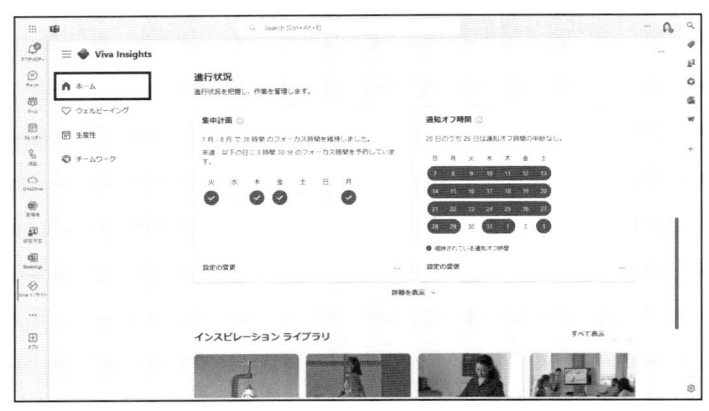

「進行状況」の「集中計画」では、集中して作業するためのフォーカス時間を確認しよう。「通知オフ時間」では、通知がオフされていた日を確認できる

「インスピレーションライブラリ」は同僚との付き合い方や仕事の進め方などのアドバイス情報をまとめた機能だ。一覧に表示されているサムネイルをクリックすると、その内容を確認できる

「ウェルビーイング」の「感情をリフレクトする」は今日の調子を投稿する機能だ。いずれかの表情のアイコンをクリックすると、選択したものによって変化するメッセージが表示される

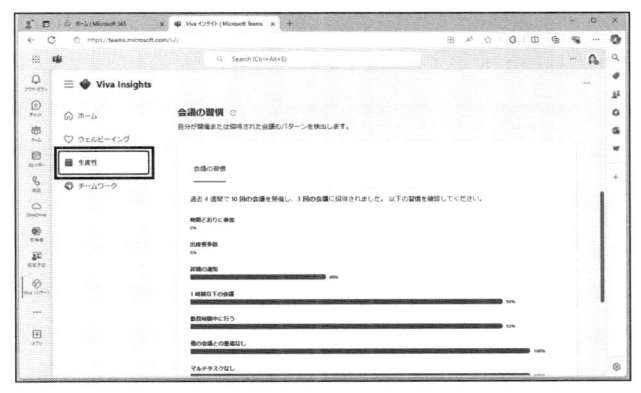

「生産性」は、実際に開催した会議や招待された会議の時間を分析し、パターンを検出してくれる

8-5　Microsoft ListsはTeamsからも操作可能、編集にはあのアプリを使う

　進捗確認や情報を共有するためのアプリ Microsoft Lists では、Teams から Lists のデータを登録してチームで管理することが可能だ。今回は、Lists アプリを Teams で操作する方法を紹介する。

Teamsに作成したリストを追加する

　Lists アプリを Teams 内でも使えるようにするには、追加したいチャネルにタブを追加する。追加するには、チャネルを表示して「＋」（タブを追加）をクリックし、表示された画面で Lists アプリを選択する。

　Lists アプリ同様、新規でリストを作成することもできるが、Lists ア

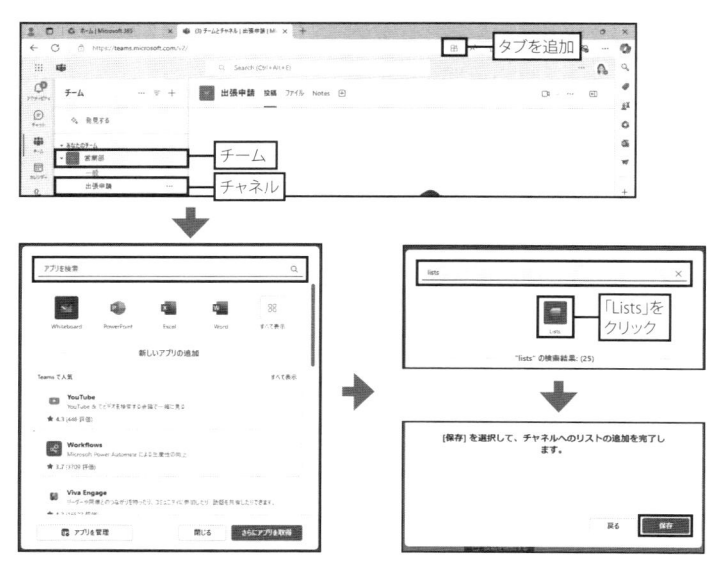

チーム内のチャネルにリストを追加できる。追加するには、画面上部の「＋」(タブを追加)をクリックする。この画面でアプリを表示して追加する。今回は「アプリを検索」ボックスから検索して表示された「Lists」をクリックする。次に表示された画面で「保存」をクリックする

チャネルに「Lists」のタブが追加される。「Listsにようこそ」画面が表示され、2種類のリストの作成方法が表示される。作成方法は、Listsアプリと同様だ。新規作成は「リストの作成」、作成済みのリストを追加するには「既存のリストを追加」をクリックする

「リストの作成」をクリックすると、空白のリストやテンプレートからリストを作成することができる。なお、この画面の「既存のリストから」をクリックすると、既存のリストの項目だけを使ってリストを作成できる

　プリで作成済みのリストを追加することも可能だ。追加するには、SharePointサイトのリンクをコピーするか、リスト作成時に「保存先」でチームに指定したリストから選択する。

「既存のリストを追加」をクリックすると、「既存のリストを追加」画面が表示される。既に「営業部」チームで、Listsアプリから「営業部出張申請用」のリストを作成済みだ。今回はこれを追加してみよう。「またはチームからリストを選択する」に表示されているこのリストをクリックする

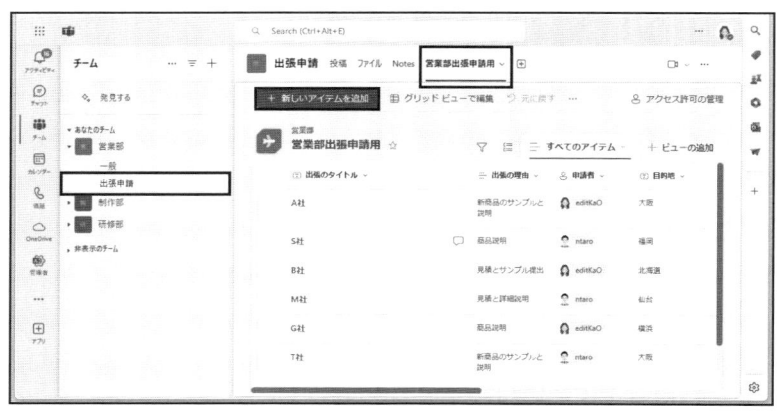

作成済みのリスト名でタブが追加され、リストの内容が表示される。「新しいアイテムを追加」をクリックすれば、新規のデータを入力することも可能だ

　Microsoft Lists で作成したリストは、SharePoint にすべて保存されている。また、Teams で作成したチームは、自動的に SharePoint にそのチームのサイトが作成される。そのチームに作成したリストは、自動的に SharePoint のサイトに追加されるため、それを利用するというわけだ。

　今回は、Lists アプリで同じチームに作成したリストを追加してみよう。リストを追加すると、チームのチャネルにタブが追加され、リストが表示される。

通知やルール機能はSharePointから確認できる

　Lists アプリ同様、データや項目の追加操作はできるが、Teams に追加されたリストからは、編集時の自動通知やルールの作成はできない。利用するには、Lists アプリから操作することもできるが、Teams の画面上部の「…」をクリックし、「SharePoint で開く」をクリックし、SharePoint でリストを開いて操作することも可能だ。

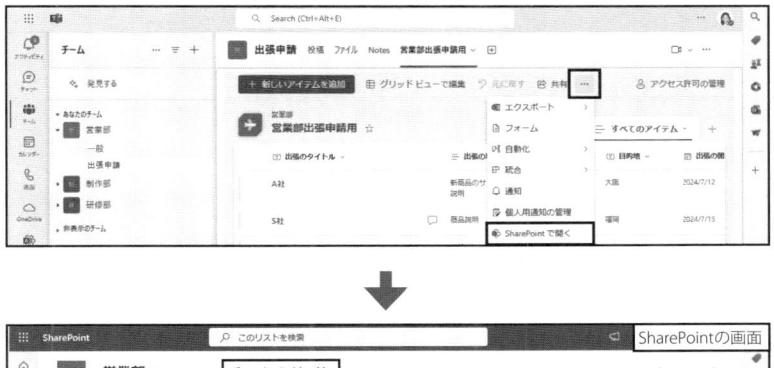

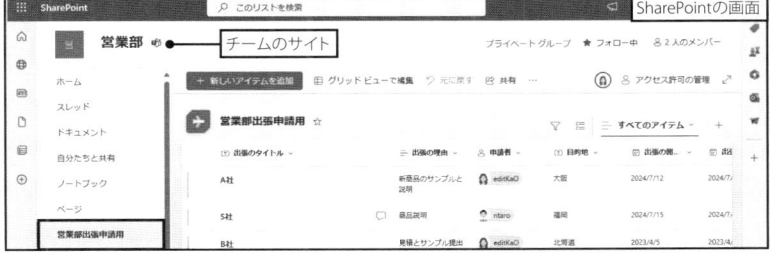

通知やルール機能を利用するには、「…」をクリックし、「SharePointで開く」をクリックして、SharePointでリストを開く。Teamsで作成したチームは、自動的にSharePointにそのチームのサイトが作成される。そのチームに作成したリストは、自動的にSharePointのサイトに追加される

リスト内でチャットを始める

　Teams にリストを追加すると、そのチームのリストでチャットをすることも可能だ。チャットをするには、チャットしたいリストをダブルクリックするなどして編集画面を表示する。

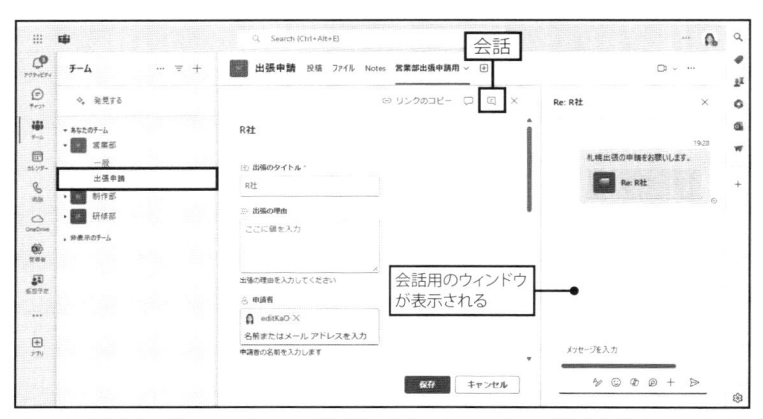

チャットを始めたいリストのデータの編集画面を表示する。画面上部の「会話」をクリックすると、右側に会話用のウィンドウが表示される。下側のメッセージのテキストボックスでチャットが可能だ

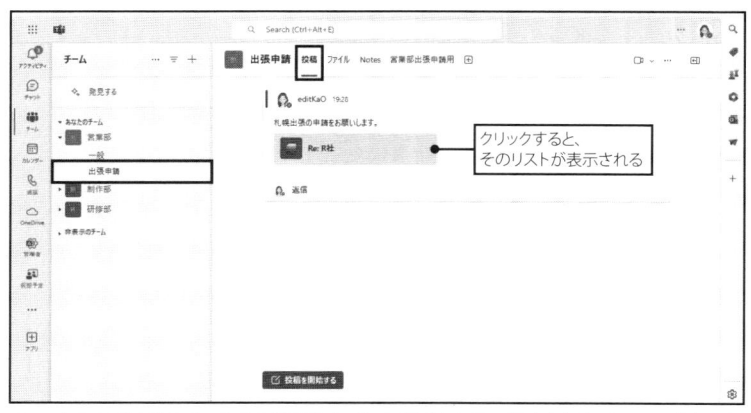

チャットの内容はそのチャネルの「投稿」タブにも表示される。投稿されたメッセージ内に表示されているリストをクリックすると、そのリストのタブが表示され、該当のリストが表示される

■ 著者プロフィール

阿部 香織（あべ かおり）／ edit KaO

IT 企業や出版社勤務などを経て独立。IT 関連の資格書籍や大学生向けの教材、社会人向けの Office や Microsoft 365 関連のマニュアル、書籍の企画や執筆、編集、e ラーニング教材などの制作を行っている。

現在、日経クロステックにて Microsoft 365 のアプリやサービスの活用をテーマにした Web 記事「Microsoft 365 徹底活用術」を連載中。

最近の著書に「情報利活用 表作成 Excel 2021 対応」（日経 BP）、編集書に「かんたん合格 IT パスポート過去問題集」（インプレス）がある。

Microsoft
365 で仕事効率超アップ
Copilot&アプリ
連携・活用術

2024 年 9 月 24 日　第 1 版第 1 刷発行

著　　　者	阿部 香織（edit KaO）
編　　　集	齊藤 貴之
発　行　人	浅野 祐一
発　　　行	株式会社 日経 BP
発　　　売	株式会社 日経 BP マーケティング
	〒 105-8308
	東京都港区虎ノ門 4-3-12
装　　　丁	葉波 高人（ハナデザイン）
制　　　作	ハナデザイン
印刷・製本	TOPPAN クロレ株式会社

ⓒ Kaori Abe 2024 Printed in Japan

ISBN 978-4-296-20582-0